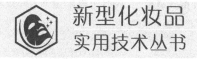
新型化妆品实用技术丛书

疗效化妆品
设计与配方

李东光 主编

LIAOXIAO HUAZHUANGPIN
SHEJI YU PEIFANG

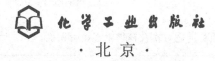
·北京·

本书对疗效化妆品的分类、功效评价方法等进行了简单介绍,重点阐述了祛斑化妆品、美白化妆品、抗衰老化妆品等的配方设计原则以及配方实例,包含150余种环保、经济的配方供参考。

本书可供从事化妆品配方设计、研发、生产、管理等人员使用,同时可供精细化工专业的师生参考。

图书在版编目(CIP)数据

疗效化妆品:设计与配方/李东光主编. —北京:化学工业出版社,2018.8(2023.2重印)
(新型化妆品实用技术丛书)
ISBN 978-7-122-32359-0

Ⅰ.①疗… Ⅱ.①李… Ⅲ.①化妆品-设计②化妆品-配方 Ⅳ.①TQ658

中国版本图书馆CIP数据核字(2018)第125676号

责任编辑:张 艳 刘 军　　　　　文字编辑:陈 雨
责任校对:王素芹　　　　　　　　装帧设计:王晓宇

出版发行:化学工业出版社(北京市东城区青年湖南街13号　邮政编码100011)
印　　装:北京盛通数码印刷有限公司
710mm×1000mm　1/16　印张14　字数270千字　2023年2月北京第1版第6次印刷

购书咨询:010-64518888　　　　　售后服务:010-64518899
网　　址:http://www.cip.com.cn
凡购买本书,如有缺损质量问题,本社销售中心负责调换。

定　价:49.80元　　　　　　　　　　　　　　　　　版权所有　违者必究

前言

化妆品是用来清洁、营养和修饰人体的，可以保持皮肤、毛发和指甲健康，但不具备改变其生理机能的药理效果。近年来，随着社会经济的发展和科学技术的进步，消费者对化妆品的作用从观念上发生了很大的变化，更加注重化妆品的生理和卫生方面的作用，而对美容色彩的评价和心理文明的关注在逐渐地减少，疗效化妆品也因此得到迅速发展。现在，化妆品的配方师们在使用具有特殊功效的化学成分以外，也将一些全新的、有效的活性成分迅速应用到疗效化妆品的配方中。疗效化妆品在产品成分、剂型和功效范围及配制中，不仅要符合相关的化妆品的法规，而且还得符合相关医药卫生法规。

疗效化妆品内容广泛，品种繁多，其中美白、抗皱、祛斑、祛痘的功能性化妆品的市场需求很大，人们对它们的研究开发做了大量的工作，市场上不断地涌现出新的配方和特殊成分。随着化妆品发展的渐趋成熟，化妆品市场必将推出更有效、更新的产品才能吸引消费者。而占据化妆品市场半壁江山的疗效化妆品更是如此。随着科技的发展和医学的进步，高科技美容时代也必然成为大势所趋。然而要保持其长盛不衰的地位也必将要求其加入更多的新元素。

由于国内外化妆品技术发展日新月异，新产品层出不穷，所以，要想在激烈的市场竞争中立于不败之地，必须不断开发研究新产品，并推向市场。为满足有关单位技术人员的需要，在化学工业出版社组织下，我们收集了大量的新产品、新配方资料，编写了这本《疗效化妆品 设计与配方》，详细介绍了疗效化妆品的原料配比、制备方法、原料配伍、产品特性等。本书可供从事化妆品科研、生产、销售人员参考。

本书由李东光主编，参加编写的还有翟怀凤、李桂芝、吴宪民、吴慧芳、邢胜利、蒋永波、李嘉等。由于水平所限，书中疏漏之处在所难免，敬请广大读者提出宝贵意见。主编 E-mail 为 ldguang@163.com。

主编
2018 年 5 月

目录
CONTENTS

第一章　概述

一、疗效化妆品的分类 …………………………………… 1
二、疗效化妆品的主要功能 ……………………………… 2
三、疗效化妆品的发展 …………………………………… 2

第二章　祛斑化妆品

第一节　祛斑化妆品配方设计原则 ……………………… 4
　一、祛斑化妆品的特点 ………………………………… 4
　二、祛斑化妆品的分类及配方设计 …………………… 4
第二节　祛斑化妆品配方实例 …………………………… 7
　配方 1　茶树油祛斑剂 ………………………………… 7
　配方 2　纯天然生物提取祛斑液 ……………………… 8
　配方 3　当归人参祛斑霜 ……………………………… 9
　配方 4　鳄梨防色素沉着面霜 ………………………… 9
　配方 5　葛根异黄酮祛斑霜 …………………………… 10
　配方 6　含褪黑素化妆品 ……………………………… 11
　配方 7　含有壬二酸的祛斑护肤化妆品 ……………… 12
　配方 8　含有珍珠水解液脂质体的祛斑霜 …………… 14
　配方 9　护肤祛斑膏 …………………………………… 15
　配方 10　护肤祛斑液 ………………………………… 16
　配方 11　解毒祛斑膏 ………………………………… 16
　配方 12　抗过敏、祛斑除皱草药化妆品 …………… 17
　配方 13　抗皱祛斑祛痘清除剂 ……………………… 18
　配方 14　灵芝祛斑防皱系列化妆品 ………………… 19
　配方 15　纳米硒元素中药负离子远红外抗衰老祛斑霜 … 25
　配方 16　能消除面部雀斑的外用面霜 ……………… 28
　配方 17　祛斑除痘化妆品 …………………………… 29
　配方 18　祛斑防皱霜 ………………………………… 30

配方 19	祛斑防皱制剂	32
配方 20	祛斑功能的化妆品	32
配方 21	祛斑功效纳米乳	34
配方 22	祛斑护肤化妆品	39
配方 23	祛斑护肤品	40
配方 24	祛斑霜	41
配方 25	祛斑养颜面霜	41
配方 26	祛斑液	42
配方 27	祛雀斑面霜	43
配方 28	消斑祛痤养颜膏	44
配方 29	药物洁面霜	45
配方 30	植物祛斑功能液	45
配方 31	草药祛斑润肤霜	46
配方 32	复合美白淡斑液	47
配方 33	复合美白祛斑修复组合化妆品	49
配方 34	瓜蒌展皱祛斑美白霜	52
配方 35	美白淡斑霜化妆品	53
配方 36	含薰衣草提取物的美白祛斑化妆品	55
配方 37	含有黄荆干细胞的美白祛斑化妆品	56
配方 38	含有人参提取物的美白祛斑化妆品	58
配方 39	基于植物提取物的祛斑美白化妆品	58
配方 40	兼具祛痘、祛斑和美白功能的化妆品	60
配方 41	具有祛斑功能的化妆品	61
配方 42	美白祛斑组合物及化妆品	62
配方 43	祛斑护肤化妆品	63
配方 44	祛斑化妆品（一）	64
配方 45	祛斑化妆品（二）	66
配方 46	祛斑化妆品（三）	68
配方 47	祛斑美白化妆品（一）	69
配方 48	祛斑美白化妆品（二）	70
配方 49	祛斑美白润肤化妆品	71
配方 50	美白祛斑化妆品	72
配方 51	草药美白祛斑化妆品	74
配方 52	草药祛斑组合化妆品	75

第三章 美白化妆品

第一节 美白化妆品配方设计原则 ·················· 81
 一、美白化妆品的特点 ······················ 81
 二、美白化妆品的分类及配方设计 ·················· 81
第二节 美白化妆品配方实例 ··················· 84
 配方 1 白油芸香苷美白乳液 ·················· 84
 配方 2 保健美白霜 ····················· 84
 配方 3 纯植物瞬间快速去皱美白润肤液 ············ 86
 配方 4 纯中药美白保湿面膜 ················· 87
 配方 5 纯中药美白护肤液 ·················· 87
 配方 6 多功能防晒防冻美白润肤保湿霜 ············ 88
 配方 7 防皱、美白、祛痘、祛疤痕化妆品 ··········· 89
 配方 8 肤感清爽的啫喱美白防护乳粉 ············· 90
 配方 9 复方阿魏酸川芎嗪美白霜 ··············· 91
 配方 10 甘草美白润肤乳 ·················· 92
 配方 11 甘草细胞提取物美白润肤霜 ············· 94
 配方 12 核酸溶斑美白霜化妆品 ··············· 95
 配方 13 肌肤美白液 ···················· 96
 配方 14 灵芝孢子美白液 ·················· 98
 配方 15 美白、保湿柔肤水 ················· 99
 配方 16 美白保湿化妆品（一） ··············· 100
 配方 17 美白保湿抗衰老护肤品 ··············· 101
 配方 18 美白保湿滋养凝胶 ················· 102
 配方 19 美白淡斑滋润嫩肤面膜 ··············· 103
 配方 20 美白防晒化妆品 ·················· 105
 配方 21 美白护肤品 ···················· 107
 配方 22 美白褪黑化妆品 ·················· 108
 配方 23 美白保湿化妆品（二） ··············· 110
 配方 24 美白化妆品 ···················· 112
 配方 25 美白肌肤化妆品 ·················· 113
 配方 26 美白洁肤霜 ···················· 115
 配方 27 美白抗衰老化妆品 ················· 115
 配方 28 美白抗衰老活性化妆品 ··············· 117
 配方 29 美白抗氧化化妆品 ················· 118

配方 30　美白抗皱护肤乳剂 ··· 120
　　配方 31　美白抗皱修复液 ··· 121
　　配方 32　美白嫩肤系列化妆品 ··· 123
　　配方 33　车前草增白霜 ·· 127
　　配方 34　纯草药祛斑祛刺防皱增白霜 ··································· 128
　　配方 35　特效抗皱增白霜 ··· 129
　　配方 36　鸵鸟油保湿增白霜 ·· 130
　　配方 37　增白化妆品 ··· 131
　　配方 38　增白霜 ··· 133
　　配方 39　养颜增白霜 ··· 134

第四章　抗衰老化妆品

第一节　抗衰老化妆品配方设计原则 ··· 135
　一、抗衰老化妆品的特点 ·· 135
　二、抗衰老化妆品的分类及配方设计 ······································· 135
第二节　抗衰老化妆品配方实例 ·· 137
　　配方 1　保湿美白抗衰老化妆品 ·· 137
　　配方 2　纯植物抗衰老美肤剂 ·· 138
　　配方 3　番茄红素美白保湿抗衰老乳液 ································· 140
　　配方 4　防晒、保湿、抗衰老氨基酸化妆品 ·························· 141
　　配方 5　枸杞抗衰老护肤品 ··· 142
　　配方 6　含慈姑提取物的保湿抗衰老化妆品 ·························· 143
　　配方 7　含黄花菜提取物的保湿抗衰老化妆品 ······················· 145
　　配方 8　含金针菇提取物的保湿抗衰老类化妆品 ··················· 147
　　配方 9　含木耳提取物的保湿抗衰老化妆品 ·························· 149
　　配方 10　含苤蓝提取物的保湿抗衰老化妆品 ························ 151
　　配方 11　含香椿提取物的保湿抗衰老化妆品 ························ 153
　　配方 12　具有抗平皱纹、平滑皮肤功效的抗衰老化妆品 ········ 155
　　配方 13　具有抗衰老功效的化妆品 ····································· 157
　　配方 14　具有美白、淡斑及抗衰老功效的化妆品 ················· 160
　　配方 15　具有美白、抗衰老、去皱、祛斑功能的化妆品 ········ 162
　　配方 16　具有皮肤抗衰老功效的化妆品 ······························ 163
　　配方 17　具有修护和抗衰老功效的双层精华液 ···················· 166
　　配方 18　抗衰老纯植物化妆品 ··· 167
　　配方 19　抗衰老防晒霜 ·· 168

配方 20	抗衰老隔离防晒霜	170
配方 21	抗衰老护肤霜	171
配方 22	螺旋藻抗衰老化妆品	172
配方 23	抗衰老化妆品（一）	174
配方 24	抗衰老化妆品（二）	175
配方 25	抗衰老化妆水	176
配方 26	含抗衰老活性物化妆品	177
配方 27	抗衰老保湿化妆品	181
配方 28	抗衰老精华液	182
配方 29	抗衰老洗面奶	185
配方 30	抗衰老新型化妆品	187
配方 31	抗衰老眼霜	189
配方 32	抗衰老系列化妆品	191
配方 33	抗衰老面霜	193
配方 34	抗衰老面霜化妆品	195
配方 35	美白抗衰老化妆品（一）	196
配方 36	美白抗衰老护肤品	198
配方 37	美白抗衰老化妆品（二）	200
配方 38	美白抗衰老洁面乳	202
配方 39	祛皱抗衰老化妆品	204
配方 40	含辅酶 Q10 润肤防皱抗衰老化妆品	206
配方 41	天然抗衰老红石榴护肤品	209
配方 42	天然抗衰老化妆品	210
配方 43	天然抗衰老面膜液	211
配方 44	抗衰老化妆品组合物	213

参考文献

第一章
概述
Chapter 01

一、疗效化妆品的分类

疗效化妆品是在化妆品中添加了药用组分，使化妆品既可以清洁、保养、美化修饰和改变皮肤的外观，还可以深入皮肤深层，阻止黑色素生成，甚至刺激真皮组织的增生，达到美容、祛斑、养颜的效果。

根据化妆品中所添加药物的来源可将其分为天然疗效化妆品与化学疗效化妆品两类，根据所加药物的作用可将其分为营养型疗效化妆品与药物型疗效化妆品，根据使用部位可将其大致分为护肤类疗效化妆品、发用类疗效化妆品、美容类疗效化妆品和健美类疗效化妆品等。

天然疗效化妆品，所加药物采自天然。这些天然药物有动物性与植物性之分，常添加于化妆品中的动物性药物有：胎盘液、蛋黄油、胶原质（水解蛋白、水解明胶、水解皮胶、水解骨胶等）、蜂蜜、蜂王浆、珍珠、貂油、牛奶、猪皮、猪毛、蚕丝、脐带等有效的提取物。

天然疗效化妆品中，常加的植物性药物有：花粉、人参、首乌、灵芝、芦荟、白芷、当归、桔梗、升麻、麻黄、杏仁、薏米、桃仁、槐花、啤酒花、黑芝麻、小麦胚芽、大蒜、辣椒、黄瓜、冬瓜、苹果、香蕉、樱桃、草莓、杨梅、指甲花、胡萝卜素、柠檬、番茄、银耳、松针侧柏叶、七叶树等有效提取物。

化学疗效化妆品中，常加的化学合成药品有各种维生素（维生素 A、维生素 B、维生素 C、维生素 D、维生素 E、维生素 P 等）、激素（雌酮、雌醇、已烯雌酚等）、收敛剂（硫酸铝、明矾、乳酸、鞣酸、柠檬酸、苯酚磺酸铝等）抗组胺剂（盐酸二苯胺等）、氨基酸类以及奎宁、乙酸铅、间苯酚等。

营养型疗效化妆品是在基质组分中添加若干剂量的营养物质如动植物提取液、多种维生素等而达到健美皮肤、延缓衰老的目的。营养型疗效化妆品主要利用皮肤的吸收能力和化妆品的渗透能力，使含有营养素的化妆品被皮肤吸收。

药物型疗效化妆品是指添加了药物后具有某一方面的功效的化妆品，如祛斑、祛痘去臭去皱等。

护肤类疗效化妆品是指用于面部皮肤护理的疗效化妆品、如护肤膏霜、护肤乳液等。

发用类疗效化妆品是指用于毛发护理的疗效化妆品，如用于染发、乌发、防脱发等。

美容类疗效化妆品是指用来美化和修饰面部、眼部、唇部及指甲等部位的化妆品。

健美类疗效化妆品是指能防止皮肤晒黑、舒展皱纹或美乳减肥等，可使体形健美的化妆品，如防晒化妆品、祛斑化妆品、美乳化妆品、减肥化妆品等。

疗效类化妆品的特点是针对性强，通过化妆品的配合使用与身体内部调理，使皮肤患处得到改善和治疗。

随着人们生活水平的提高，疗效化妆品已经成为现代人不可或缺的日用品之一，不仅是女性消费者习惯使用各种类型的疗效化妆品来解决自己的皮肤问题，也有越来越多的男性开始接受广告宣传的观念，尝试使用疗效化妆品进行日常的清洁与保养。

二、疗效化妆品的主要功能

① 功能活化。主要针对高浓度的维生素C、果酸、抗氧化剂等保养品，所谓的功能活化，是因为它们大都含有生物活性（BIO—ACTIVE）物质。这些生物活性物质通常是以浓度区分，如果是高浓度活性物质被用在药品制造，具有某些医疗效果，就归类为药品；如果是低浓度活性物质，而应对美容需求时，则视为化妆品。

② 辅助医疗。用于抗皮脂、抑制痤疮、杀菌、抗霉菌、染发的产品。

③ 修护保养。针对过敏性肤质或异位性皮肤炎患者使用的温和清洁保养品。

④ 术后护理。针对磨皮、激光手术后适用的修护、防晒、美白或遮瑕保养品。当然，这种产品不能完全取代医疗手段，它通常只是具有活化及修护功效，让皮肤生理机能维持健康正常。对于问题严重的肌肤，医疗保养品只是作为医学治疗的辅助保养，不一定能完全治愈，必要的情况下还是需要找专业的医师治疗。

三、疗效化妆品的发展

我国的疗效化妆品市场巨大且具备良好的发展条件。我国中药的开发和利用在世界范围遥遥领先，其药效确切，可成为疗效化妆品的最好原料，比如，生姜、辣椒、首乌、侧柏能生发育发；从余甘子中提取的小分子量单宁能减少因紫外线照射引起的红斑，可作为一种卓越的防晒剂原料。又如益补气血的人参，活血行气的当归，嫩肤消斑的珍珠等传统中药，早已成为化妆品研发中最受青睐的原料；再如，灵芝、花粉、鹿茸、胎盘、牛乳等提取物内含丰富的氨基酸、维生素及天然保湿因子，更是受到国内外美容权威专家的好评与消费者的公认。从市场角度看，我国幅员辽阔，季节温差及天气变化较大，干、冻、裂成为秋冬季节皮肤存在的最大问题，同时消费者也存在许多特殊的使用习惯与认知。这些均为疗效化妆品提供了机会。

疗效化妆品是化妆品发展的更高层次。目前正处在上升阶段，势头十足。这类产品正是消费者对化妆品寄予的新的希望和期盼。化妆品生产企业、消费者、我国化妆品主管部门都十分关注这类产品的发展。疗效化妆品的发展有着十分广阔的前景。

1. 新的原料技术都在大力支持疗效化妆品的发展

① 疗效化妆品的原料种类不断的开发、增加，特别是生物合成技术提供的生物活性物质，还有草药提取物的精华物质，每年都有新的发展。近年来开发的生物活性物质有：橙皮苷、鞣花酸、维生素 H、超活性精纯维生素 C、维生素 B_3、白雨衣草和覆盆子混合提取物、西洋母菊提取物等。世界因地域宽广，各国都有一些独特的草药植物，可生产出高品质的药物化妆品。

② 茶叶提取的茶多酚等物质为业界所关注。红茶中的凝胶，在吸收紫外线和修复皮肤深层的 DNA 有较大效果，尤其对紫外线的 UVB 区，有较大的吸收效果、可提供双倍的防晒保护。绿茶中的多酚儿茶素和儿茶酚，具有抗氧化、清除自由基和杀菌作用。白茶的提取物，能有效促进皮肤细胞的免疫力，具有抗氧化能力，还可保护皮肤免受阳光的伤害。

③ 随着国际贸易的发展，新的生物活性物质可由国外进口，拓宽了我国化妆品行业使用生物原料和化工原料的种类。

2. 美容院的开设、美容技术的进步，将有力推动疗效化妆品的发展

疗效化妆品的功效、疗效，通过美容院的美容师和美容技法，效果倍增。以中医理论为基础的美容技法的应用和推广，有助于疗效化妆品的发展。特别是祛斑化妆品，借助于美容技法和中医的内调外养，内外兼治的五行理念，进行全身调理，方可对色斑的淡化和消除显出明显的效果。

3. 我国疗效化妆品的领先技术可以推向国际市场

我国丰富的草药资源，是疗效化妆品的可靠的后盾，也是疗效化妆品出口的有力的保证。目前，我国的配加草药提取物的祛斑化妆品、相关的祛斑美容技法以及成功的中医调理理念和实践经验，三位一体，深受世界人民的欢迎，有广阔的市场前景。

第二章
祛斑化妆品
Chapter 02

第一节 祛斑化妆品配方设计原则

一、祛斑化妆品的特点

祛斑霜是指对皮肤表面的一些色斑（如肝斑、雀斑及老年斑等）具有一定抑制、化解及祛除作用的皮肤用乳化膏霜。色斑的形成是在紫外线、激素、遗传及老化等因素影响下色素在皮肤上沉着的结果，因此，此类产品主要是依靠在膏霜基质中添加抑制和还原黑色素的有效成分而达到祛斑的目的，目前常用的祛斑添加剂有熊果苷、曲酸、维生素C衍生物、果酸及一些中药提取物等。

对美白、祛斑产品的要求是安全、温和、有效，要求产品的品质更高、更具科技先进性，品牌更具知名度。

二、祛斑化妆品的分类及配方设计

设计祛斑化妆品，就要考虑祛斑的作用和效果。祛斑化妆品首先要符合国家化妆品标准规定的各项检测指标的要求，还要考虑配方中使用原料种类及配比问题。功效成分如果选用单一活性成分，效果就不太明显。多种成分复配才能功效显著。另外乳化体系的选择，防变色剂、紫外吸收剂、油相的选择与复配等，均影响体系的稳定、外观和效果。

祛斑配方可选用的剂型比较多，主要有膏霜、乳液、液态（油、水）、面膜等。可以根据产品的特点和使用要求来选择不同的剂型。可以单一配制，也可系列化配制。

迄今为止，人类对祛斑药物已做了大量的研究工作，从而使色素斑的预防与治疗有了长足的进步。医学临床证明，目前已发现添加于化妆品中具有较好祛斑效果的药物有三类：化学药物、生化药物和草药。

① 熊果苷。熊果苷是对苯二酚衍生的苷类，它是对苯二酚与单葡萄糖形成的糖苷。它存在于熊果叶、鹿衔草、鹿蹄草、虎耳草、东北珍珠梅的叶花、

野梨叶、越橘叶及景天、三七根部。其中鹿衔草含量高达7.93%。熊果苷具有竞争性酪氨酸酶的作用，作用有可逆性，但却没有氢醌的毒性。它的安全性已被广泛认可，对褐斑、雀斑、晒斑的功效性，在临床上已被大量证实。

② 维生素C及其衍生物。维生素C在生物氧化还原作用中和细胞呼吸中起着重要的作用，维生素C参与氨基酸代谢，神经传递的合成，胶原蛋白和组织细胞的合成。维生素C在皮肤科临床上大剂量口服来治疗肝斑（黄褐斑）和里尔黑皮症等后天性色素沉着症，有明显效果。维生素C可以抑制皮肤上异常色素的沉着，抑制在酪氨酸-酪氨酸酶的反应而起到抗敏化作用。维生素C还有使酪氨酸生成中间体多巴色素还原的作用，阻止了黑色素的产生。

水溶性维生素C的稳定性差，不易被皮肤吸收。现在开发的维生素C衍生物——高级脂肪酸酯和磷酸酯类的衍生物，具有很好的稳定性，皮肤吸收的效果良好，维生素C类衍生物有生物共辅因子和抗氧化剂的功能，可以防紫外线辐射、减少紫外线的伤害和引发红斑。

这些衍生物在皮肤或者肝脏能被水解为维生素C，而发挥维生素C的药理作用。在临床上用10%维生素C-磷酸酯做成的膏霜治疗黄褐斑、雀斑，有效率在55%以上。

在疗效化妆品中应用维生素C衍生物的脂溶性，用于膏霜与乳液的配方，用于防治皮肤异常色素的沉着、老年斑、雀斑、黄褐斑（肝斑）、黑皮病及毛囊角质化，用量一般为棕榈酸抗坏血酸酯0.5%～2.0%，维生素C-磷酸镁盐酯30%。

③ 维生素A和维甲酸。维生素A是正常皮肤发育所必需的，它保持各种表皮组织正常状态。皮肤衰老时，角蛋白细胞的新陈代谢活性减弱，角蛋白细胞中呼吸酶的活性下降。皮肤枝状细胞繁殖减少，色素沉积增加。维生素A和维甲酸可活化皮肤，产生更多的表皮蛋白，成型较好的角蛋白层覆盖，形成较厚的表皮。维甲酸加速细胞的交替，减少表皮通过的时间，从而使黑色素细胞的黑色体不能有效地输送到角朊细胞中，调节和改变了角朊的合成，减轻了黑色素的沉着。临床上常与其他的脱色剂联合使用，用量为0.01%～0.1%。亚麻酸、亚油酸、壬二酸、胎盘蛋白亦有相似的作用。

④ 维生素B（包括维生素B_1，维生素B_2，维生素B_6）、烟酸、泛酸等。这类维生素对皮肤的新陈代谢影响很大。维生素B_2的丁酸酯能被皮肤吸收，它具有防治皮肤粗糙、祛斑、治疗粉刺和头屑的作用。维生素B_6是很多酶和辅酶分子结构的一部分，影响到蛋白质合成和代谢，也影响到皮肤健康。维生素B_6的二辛酸酯，脂溶性很好，能消化吸收，皮肤吸收对脂溢性皮炎、头皮屑、落屑性皮肤和湿疹均有效，用于防治皮肤粗糙、脂溢性皮炎、一般性痤疮等。

α-硫辛酸亦是维生素，在体内作为丙酮酸脱氢酶的辅助因子，具有较强的抗氧化作用，强于维生素C、维生素E，具有去除自由基、整合自由基金属离了，提高谷胱甘肽转移酶的活性，从而生成大量还原型谷胱甘肽，谷胱甘肽的巯基能与酪氨酸酶的铜离子结合而抑制酪氨酸酶的活性，减少黑色素的生成。

维生素 B_5、烟酰胺或尼克酰胺，是烟酸的活性成分，主要存在于豆类中。它以辅酶的形式参与 200 多种酶反应。研究表明，维生素 B_5 对酪氨酸酶的活性、黑色素合成和细胞量均无影响，对角质层形成细胞的增量也无影响，但它可以抑制黑素体从黑色素细胞到周围角质形成细胞的转运，因此，它可以保湿，有效减少黑色素的沉着，增加皮肤的光泽。

⑤ 维生素 E 中 α-生育酚的生物活性最高，α-生育酚结构上：含有羟基和苯并吡喃环以及叶绿醇衍生的支链。酚羟基使 α-生育酚具有很好的抗氧化性，支链使它具有亲油性，使它倾向于生物膜结合，它不仅能去除自由基，而且其本身能俘获激发态的氧原子，防止细胞膜因氧化而损伤，具有阻碍黑色细胞膜脂质过氧化，增加谷胱甘肽含量，产生脱色效果，因而 α-生育酚乙酸酯能用于护肤，治疗皮肤粗糙、斑疹、小皱纹、黑斑、黄斑、雀斑和粉刺。

⑥ 曲酸。曲酸是由葡萄糖经曲霉念珠菌在 30～32℃ 好氧条件下发酵而成，存在于曲中，是人们食用的，使用安全。曲酸对人体皮肤的黑色素生成有较强的抑制作用，安全无毒，不会引起永久性白斑后遗症。曲酸及其衍生物与 SOD、氨基酸、天然提取物复合使用效果更好。曲酸也是优良、安全的皮肤美白剂。

⑦ 壬二酸及其衍生物。壬二酸是天然存在的九碳二羧酸。它具有抑制酪氨酸酶活性的功能，干扰功能活跃或活动异常的黑色素细胞 DNA 合成和线粒体活性，它对活性黑色素细胞有抑制作用，但对正常黑色素细胞不影响。它对好氧和厌氧菌均有较强的抗菌作用。它能调节皮脂的分泌，达到抑制脂溢性皮炎，抑制表皮细胞的异常过程的效果。壬二酸选择性地作用于异常黑色素细胞，临床上可以用它治疗黄褐斑、炎症后色素沉着。壬二酸的优点是安全有效，无致畸作用。壬二酸作用缓慢，在与维甲酸、果酸等联合作用时，可产生协同作用，是传统的美白、祛斑、祛痘的原料。壬二酸不溶于水，它的衍生物溶于醇和水，能被皮肤吸收。

⑧ α-羟基酸亦称为水果酸。水果酸（果酸）是由水果中提取的有机酸的总称。它们的共同特点是在 α-位置上有一个羟基（AHA）或者羰基（AKA）的取代，所以称为 α-羟基酸或酮酸，自然界存在于水果甘蔗、酸乳、酸奶（乳酸）等中。

低浓度的 α-羟基酸可降低角质层细胞的黏着力，使死亡细胞脱落，促使基底层细胞的新生，高浓度则引起表皮松懈。pH 值为 2.8～4.8 时，根据作用时间，α-羟基酸可仅起表皮剥脱作用，也能被中和。皮肤异常角化作用表现为表皮细胞加厚和致密。这是由于角质细胞的黏着力增加，使正常脱皮速度下降，会引起鳞癣、粉刺、痘、湿疹、牛皮癣和皮肤干燥。控制角质细胞的黏着力，减少异常角化表皮的厚度，是治疗上述皮肤病变和防止皮肤老化的有效方法。

有许多其他的α-羟基酸及其衍生物，如葡萄糖醛酸，β-羟基丁酸、β-羟基辛酸、丙酮酸乙酯和α-神经酰胺等，都在不同程度上和α-羟基酸有相似酸性能，所以在护肤配方中使用的是复合物。α-羟基酸天然提取物比合成物对皮肤的刺激性要低。

一些有生理活性的芳香族有机酸，它们都属于酚酸。阿魏酸在化妆品中有抗氧化、祛除活性氧和抗紫外线的作用。它和香豆酸对皮肤护理、保湿和亮肤十分有效。咖啡酸和它的衍生物有除去色素沉积的作用。桂皮酸、原儿茶酸及水杨酸有很强的抗菌作用，对皮肤感染有治疗作用。茴香酸、对羟基苯甲酸能抑制酪氨酸酶的活性，防止黑色素形成。

第二节　祛斑化妆品配方实例

配方1　茶树油祛斑剂

原料配比

	原料	配比(质量份)
A	羟基乙烯聚合物	60～70
	月桂基聚乙烯醚	30～40
B	丙二醇	40～50
	甘油	40～50
	液体石蜡	60～70
	纯水	1000
C	乳化硅油	20～30
	水溶性月桂氮酮	10～20
D	茶树油	20～30
	水溶性茶树露	300～500
E	甘草黄酮	6～8
	曲酸	3～5
	熊果苷	4～6

制备方法

（1）将羟基乙烯聚合物和月桂基聚乙烯醚缩合成化合物A；将丙二醇、甘油、液体石蜡和纯水在高剪切的搅拌下制成B。

（2）将乳化硅油、水溶性月桂氮酮混合成C。将甘草黄酮、曲酸、熊果苷混合成E。

（3）将茶树油、水溶性茶树露制成D。

（4）然后将B、C和D加入到A中，使其搅拌成凝胶状后，加温至40～50℃加入E制备成凝胶。

原料配伍　本品各组分质量份配比范围为：羟基乙烯聚合物60～70，月桂基聚乙烯醚30～40，丙二醇40～50，甘油40～50，液体石蜡60～70，纯水

1000，乳化硅油 20~30，水溶性月桂氮酮 10~20，茶树油 20~30，水溶性茶树露 300~500，甘草黄酮 6~8，曲酸 3~5，熊果苷 4~6。

产品应用　本品是一种茶树油祛斑剂。

产品特性　茶树油中含有大量的松油醇、α-松油烯、γ-松油烯、1,8-桉叶油素，是一个天然的防腐剂，它具有明显的抗菌和杀菌的作用，能有效地防治细菌感染。本品使用茶树油制备成凝胶状态，将其放置在相关位置，能使皮肤快速吸收，充分发挥药效，促进皮肤代谢，因此，具有较好的祛斑、抗菌和杀菌效果。

配方 2　纯天然生物提取祛斑液

原料配比

原料	配比（质量份）				
	1#	2#	3#	4#	5#
丹参	70	65	50	60	60
水牛角	80	85	60	80	80
桃仁	—	30	—	—	40
水	3000	2500	600	2000	2000
酶解液	0.3	0.3	0.2	0.2	0.3

酶解液

原料	配比（质量份）							
	6#	7#	8#	9#	10#	11#	12#	13#
纤维素酶	1	1	1	1	1	1	1	1
酵母菌	0.5	0.6	0.7	0.8	0.9	1	0.75	0.85
蛋白酶	0.7	0.6	0.05	0.1	0.5	0.3	0.01	1

制备方法

（1）将丹参水牛角浸泡于水中，加入酶解液，所述酶解液质量分数为1%~5%。酶解液中各物质的比例如下：纤维素酶与酵母菌、蛋白酶按照质量计算，比例为1：（0.5~1）：（0.01~1）；浸泡时间8~12h，水温在30~50℃。

（2）将浸泡过的混合物放入蒸煮容器中，在50~100℃的条件下，蒸煮0.8~8h。

（3）将蒸煮过的液体进行2~3次的过滤，得到本产品。

原料配伍　本品各组分质量份配比范围为：丹参 50~80，水牛角 60~100，水 600~4000，桃仁 20~40。

所述酶解液中各物质的比例如下：纤维素酶与酵母菌、蛋白酶按照质量计算，比例为1：（0.5~1）：（0.01~1）。

产品应用　本品是一种纯天然生物提取祛斑液，可以直接用提取液涂于皮肤表面，也可以按照现有技术配制成膏霜或乳液。

产品特性

（1）本品利用中药材"君臣辅佐"的性质，筛选出最简单却最有效的配方。

(2) 本产品涂抹于皮肤表面，不蜕皮，不反弹，使用方便，安全，无不良反应。

(3) 本品经过酶解工艺后，使得原料中的有益成分极大程度地被提取出来，极大限度地避免了原料的浪费，提高了产品的生产率，产量高。

配方3 当归人参祛斑霜

原料配比

原料		配比(质量份)
甲组分	硬脂酸	5
	单硬脂酸甘油酯	12
	液体石蜡	12
	羊毛脂	8
	凡士林	8
乙组分	当归提取物	1
	菟丝子提取物	1
	川芎提取物	0.5
	白芷提取物	0.5
	人参提取物	2
	蒲公英提取物	0.8
丙组分	玫瑰香精	0.05
	防腐剂	0.02

制备方法 将甲组分与乙组分分别加热至70℃，在此温度下，边搅拌边将乙组分加入甲组分中进行乳，当温度降至45℃时，加入丙组分，搅拌均匀，静置冷却即得。

原料配伍 本品各组分质量份配比范围为：

甲组分：硬脂酸5；单硬脂酸甘油酯12；液体石蜡12；羊毛脂8；凡士林8。

乙组分：当归提取物1；菟丝子提取物1；川芎提取物0.5；白芷提取物0.5；人参提取物2；蒲公英提取物0.8。

丙组分：玫瑰香精0.05；防腐剂0.02。

当归具有扩张头皮毛细血管、促进血液循环、促进细胞新陈代谢、抑制色素沉着的作用，用于祛斑霜中，可用于营养皮肤，减轻色素沉着，增加皮肤弹性。人参可以延缓皮肤衰老，加快皮肤中毛细血管血液循环，起到营养、滋润的作用。

产品应用 本品是一种当归人参祛斑霜。

产品特性 将中药成分加入祛斑霜中，也能营养滋润皮肤，增加皮肤营养供应，防止皮肤脱水干燥，同时还能有效祛斑。

配方4 鳄梨防色素沉着面霜

原料配比

原料	配比(质量份)	
	1#	2#
曲酸	3	1
鳄梨提取物	0.8	0.5
狗尾草提取物	0.3	0.1
单硬脂酸酯	4	2
丙三醇单硬脂酸酯	8	5
硬脂酸	6	5
二十二碳醇	1.5	1
液体石蜡	13	10
丙三醇三辛酸酯	12	10
对羟基苯甲酸乙酯	0.5	0.2
1,3-丁二醇	7	5
乙二胺四乙酸(EDTA)钠	0.03	0.01
亚麻籽油	0.8	0.4
杏仁油	0.05	0.03
精制水	加至100	加至100

制备方法 将各组分按常规方法制成霜剂。

原料配伍 本品各组分质量份配比范围为：曲酸1~3、鳄梨提取物0.5~0.8、狗尾草提取物0.1~0.3、单硬脂酸酯2~4、丙三醇单硬脂酸酯5~8、硬脂酸5~6、二十二碳醇1~1.5、液体石蜡10~13、丙三醇三辛酸酯10~12、对羟基苯甲酸乙酯0.2~0.5、1,3-丁二醇5~7、乙二胺四乙酸钠0.01~0.03、亚麻籽油0.4~0.8、杏仁油0.03~0.05、精制水加至100。

产品应用 本品主要是一种鳄梨防色素沉着面霜。

产品特性 本品能够有效地促进血液循环，具有防止色素沉着、防治色斑的功效。

配方5 葛根异黄酮祛斑霜

原料配比

原料	配比(质量份)	
	1#	2#
甘油单硬脂酸酯	2	1
聚乙烯乙二醇单硬脂酸酯	5	2
角鲨烷	10	8
甘油三辛酸酯	12	8
EDTA二钠	0.2	0.1
硬脂醇	7.5	5.5
葛根黄酮苷	0.5	0.2
柠檬酸钠	2	1
离子交换水	加至100	加至100

制备方法 按常规方法制成霜剂。

原料配伍 本品各组分质量份配比范围为：甘油单硬脂酸酯1~2，聚乙烯乙二醇单硬脂酸酯2~5，角鲨烷8~10，甘油三辛酸酯8~12，EDTA二钠0.1~0.2，硬脂醇5~8，葛根黄酮苷0.2~0.5，柠檬酸钠1~2，离子交换水加至100。

产品应用　本品是一种葛根异黄酮祛斑霜，抹于皮肤，长期使用，可以明显使雀斑、老年斑变淡至消失。

产品特性　本品中含有的葛根黄酮苷能够抑制黑色素的沉积，使形成色斑的黑色素消失，从而使色斑减淡、消失。

配方6　含褪黑素化妆品

原料配比

原料	配比(质量份)			
	1#	2#	3#	4#
去离子水	加至100	加至100	加至100	加至100
聚氧乙烯	—	—	—	8
甘油(药用级)	5	5	—	—
蔗糖椰油酸酯	1	1	—	—
汉生胶	0.5	0.5	—	—
卡波姆	0.3	0.3	—	—
白油	10	5	—	—
辛酸/癸酸甘油三酯	10	5	—	—
山梨醇脂肪酸酯	1	1	—	—
二甲基硅油	1	1	—	—
三乙醇胺	中和至pH为7	中和至pH为7	—	中和至pH为7
防止皮肤衰老组合物添加剂	10	5	7	20
丙二醇	—	—	2	—
增溶剂LRI	—	—	1	—
碱性防腐剂	—	—	0.4	—
香精	0.5	0.5	0.5	0.5
极美2型复配物	—	1	—	—
乙醇	—	—	—	15
卡波姆934	—	—	—	0.35
聚氧乙烯氢化蓖麻油	—	—	—	1
异噻唑啉酮	—	—	—	0.05

防止皮肤衰老组合物添加剂

原料	配比(质量份)	原料	配比(质量份)
褪黑素	20	去离子水	70
β-葡聚糖	10		

制备方法

（1）防止皮肤衰老组合物添加剂的制备：将褪黑素、β-葡聚糖、去离子水置于混合器中，搅拌均匀，即可获得所说的防止皮肤衰老的组合物。

（2）防皱护肤霜（1#）的制备：将去离子水、甘油（药用级）、蔗糖椰油酸酯、汉生胶、卡波姆加热至85℃待用；将白油、辛酸/癸酸甘油三酯、山梨醇脂肪酸酯、二甲基硅油加热至85℃，慢慢加入水相，均质3000r/min，加完后保持5min。停止均质，保持搅拌，加入三乙醇胺中和至pH值为7左右。冷却至50℃，加入上述的防止皮肤衰老组合物添加剂、香精搅拌均匀。35℃停车出料，即获得防皱护肤霜。

（3）抗皱护肤乳液（2#）的制备：将去离子水、甘油（药用级）、蔗糖椰油酸酯、汉生胶、卡波姆加热至85℃待用；将白油、辛酸/癸酸甘油三酯、山梨醇脂酸酯、二甲基硅油加热至85℃，慢慢加入水相，均质3000r/min，加完后保持5min。停止均质，保持搅拌，加入三乙醇胺中和至pH值为7左右。冷却至50℃，加入上述的防止皮肤衰老组合物添加剂、香精、极美2型复配物搅拌均匀，35℃停车出料。

（4）抗皱化妆水（3#）的制备：在室温下，将丙二醇、增溶剂LRI混合溶解。在搅拌下加入香精和碱性防腐剂，手工搅拌至透明。在分散锅内放入去离子水，加入上述的防止皮肤衰老组合物添加剂，搅拌使之混合均匀。将增溶液投入分散锅，搅拌至均匀透明。

（5）抗皱面膜（4#）制备：将去离子水、聚氧乙烯加入搅拌锅，加热至82℃，搅拌溶解，再加入乙醇、卡波姆934、聚氧乙烯氢化蓖麻油，以三乙醇胺中和至pH值为7。冷却至50℃，再加入上述的防止皮肤衰老组合物添加剂、香精及异噻唑啉酮搅拌均匀，35℃停车出料。

原料配伍 本品各组分质量份配比范围为：聚氧乙烯8，甘油（药用级）5，蔗糖椰油酸酯1，汉生胶0.5，卡波姆0.3，白油5～10，辛酸/癸酸甘油三酯5～10，山梨醇脂肪酸酯1，二甲基硅油1，三乙醇胺中和至pH值为7，防止皮肤衰老组合物添加剂5～20，丙二醇2，增溶剂LRI1，碱性防腐剂0.4，香精0.5，极美2型复配物1，乙醇15，卡波姆9340.35，聚氧乙烯氢化蓖麻油1，异噻唑啉酮0.05，去离子水加至100。

所述防止皮肤衰老组合物添加剂各组分质量份配比范围为：褪黑素20，β-葡聚糖10，去离子水70。

所述的褪黑素为一种固体粉末，为市售商品。

所述的β-葡聚糖为一种透明液体，市售商品。

产品应用 本品是一种皮肤抗皱化妆品。

产品特性 本品将褪黑素和β-葡聚糖按一定比例进行复配，组成一种皮肤抗皱组合物，使这两种物质相互增效发挥更大的效力，产生协同综合效应，使其抗皱的效果达到单个有效添加剂所无法比拟的水平。

配方7　含有壬二酸的祛斑护肤化妆品

原料配比

壳聚糖壬二酸盐

原料	配比(质量份)
脱乙酰度不低于50%的壳聚糖	10
壬二酸	5
去离子水	适量

祛斑护肤霜

	原料	配比(质量份)
水相	壳聚糖壬二酸盐	5
	维生素E乙酸酯	0.8
油相	十六烷醇	4
	凡士林	4
	甘油硬脂酸酯	1
	聚氧乙烯十六烷基醚	30
	香精	适量
	防腐剂	适量

制备方法

(1) 壳聚糖壬二酸盐的制备：将脱乙酰度不低于50%的壳聚糖加入到去离子水中，搅拌，放入50℃左右的水浴中边搅拌边加入壬二酸，不断搅拌，直到反应完毕生成均匀的壳聚糖壬二酸盐溶胶，干燥溶胶得到固体的壳聚糖壬二酸盐。

(2) 祛斑护肤霜制备：先将壳聚糖壬二酸盐和维生素E乙酸酯溶于水中，搅拌溶解制成水相备用，再将十六烷醇、凡士林、甘油硬脂酸酯和聚氧乙烯十六烷基醚混合，加热至70℃使它们充分熔化制油相备用，然后将水相与油相混合，添加适量香精和防腐剂，搅拌并使其乳化，乳化后冷却至室温，陈化24h后，得到含有壬二酸的祛斑护肤霜。

原料配伍 本品各组分质量份配比范围为：壳聚糖壬二酸盐2.8~8.2，维生素E乙酸酯0.5~1.5，十六烷醇2~5，凡士林或液体石蜡2~5，聚氧乙烯十六烷基醚25~35，甘油硬脂酸酯1~3，香精适量，防腐剂适量。

所述壳聚糖壬二酸盐各组分质量份配比范围为：脱乙酰度不低于50%的壳聚糖10，壬二酸5，去离子水适量。

产品应用 本品是一种含有壬二酸的祛斑护肤化妆品。

产品特性 本品包括油相和水相，水相中含有祛斑护肤化妆品总质量2.8%~8.2%的壳聚糖壬二酸盐。壳聚糖壬二酸盐是由壬二酸与壳聚糖按质量比1：(1~2)制成，在不高于70℃的温度条件下反应得到，壳聚糖的分子中脱乙酰度不低于50%；这样在祛斑护肤化妆品中壬二酸的有效含量可以达到4%。壳聚糖壬二酸盐应用于祛斑护肤化妆品中，既具有壬二酸的抑菌、消除黑色素和粉刺的作用；又具有壳聚糖的生物相溶性和成膜性，能抑制细菌和霉菌，还能抑制黑色素形成酶的活性；壳聚糖能与表皮脂膜层中神经酰胺作用，可填充在表皮产生的干裂缝中及被皮肤表面吸收并形成保护膜，可起到调节皮脂正常分泌和促进皮肤细胞再生的作用，而且使两者的生物活性达到叠加。因此壳聚糖壬二酸盐不但具有抗菌、祛斑、保湿、抗皱和抗粉刺的功效，而且还能被皮肤表面吸收并形成保护膜，调节皮脂正常分泌和促进皮肤细胞再生，使皮肤更细腻和洁白；所以使用本品后皮肤的质感较好，无不良反应。本品是一种壬二酸的有效含量较高，集抗菌、祛斑、抗粉刺、美白、保湿和抗皱等优点于一体的护肤化妆品，本品无不良反应。

配方 8 含有珍珠水解液脂质体的祛斑霜

原料配比

原料		配比（质量份）	
		1#	2#
油相	甘油单硬脂酸酯	6	8
	辛酸/癸酸甘油三酯	3	3
	二甲基硅油	2.5	3
	白矿油	4	2
	硬脂酸	2	3
水相	丙三醇	4	5
	聚丙烯酸增稠剂	0.3	0.2
	丙二醇	2	4
	对羟基苯甲酸甲酯	0.2	0.2
	去离子水	适量	适量
	珍珠水解液脂质体	2	4
	β-羟基-D-吡喃葡萄糖苷	3	4
	维生素C棕榈酸酯	1	2
	三乙醇胺	0.4	0.3
	香精	0.2	0.2
	咪唑烷基脲	0.3	0.3
	去离子水	70	60

制备方法

（1）将甘油单硬脂酸酯、辛酸/癸酸甘油三酯、二甲基硅油、白矿油、硬脂酸混合搅拌并加热至70～85℃，保温15～25min得到油相混合料。

（2）将聚丙烯酸增稠剂用去离子水浸泡2～4h，然后将其与丙三醇、丙二醇、对羟基苯甲酸甲酯加入乳化锅内，混合搅拌并加热温度至70～85℃，保温15～25min得到水相混合料。

（3）将油相混合料于搅拌过程中加入到乳化锅中与水相混合料混合均匀，然后高速均质6～10min，冷却至50～60℃；将β-羟基-D-吡喃葡萄糖苷加入到去离子水中并加热至50～60℃，使β-羟基-D-吡喃葡萄糖苷溶解后加入乳化锅，再依次加入珍珠水解液脂质体、维生素C棕榈酸酯、三乙醇胺、香精、咪唑烷基脲，边搅拌边降温至35℃以下出料得成品。

原料配伍 本品各组分质量份配比范围为：甘油单硬脂酸酯4～10，辛酸/癸酸甘油三酯2～4，二甲基硅油1～3.5，白矿油1～4，硬脂酸1～4，丙三醇2～6，聚丙烯酸增稠剂0.1～0.5，丙二醇1～4，对羟基苯甲酸甲酯0.1～0.3，珍珠水解液脂质体1~5，β-羟基-D-吡喃葡萄糖苷1~5，维生素C棕榈酸酯0.5~3，三乙醇胺0.1~0.5，香精0.1~0.3，咪唑烷基脲0.2~0.5，去离子水60~70。

产品应用 本品是一种美容化妆品，为一种含有珍珠水解液脂质体的祛斑霜。

产品特性 本祛斑霜工艺简单，有效地利用珍珠中的有效成分和活性物质，将珍珠水解液脂质体中含有的多种氨基酸和微量元素、多肽等营养物质，辅以β-羟基-D-吡喃葡萄糖苷、熊果苷和维生素C棕榈酸酯等多种美白祛斑成分进行有机结合，不仅可以抑制皮肤中酪氨酸酶的活性，而且可以淡化黑色素，补充肌肤所需养分，并且可以防止因脱皮而造成的皮肤过敏、变薄，祛斑效果不反弹，达到真正美白祛斑的目的。

配方9　护肤祛斑膏

原料配比

原料	配比（质量份）	原料	配比（质量份）
珍珠粉	60	白果	50
当归	65	维生素E	10
人参	15	基质	760
川芎	30	纯净水	400
红花	10		

制备方法

（1）把珍珠粉装入无菌有盖玻璃瓶备用。

（2）把维生素E装入无菌有盖玻璃瓶备用。

（3）把按配比配齐的混合物研磨成细粉，后经细筛过粉末放入煎药机的容罐并加入400mL纯净水，浸泡0.5h后开始加热，煎1h，经过6~8次过滤后装入罐中，再低温加热蒸发至170mL液体备用。

（4）取混合后的基质装入无菌可耐热容器里，加热并顺时针搅拌至液化后停止加热至70~80℃，而后加入混合物液体和维生素E，再顺时针搅拌至温度为50℃左右。最后加入优质珍珠粉，继续按顺时针不停搅拌至冷却成膏。

原料配伍 本品各组分质量份配比范围为：珍珠粉60，当归65，人参15，川芎30，红花10，白果50，维生素E10，基质760，纯净水400。

所述的基质由凡士林（72）甘油（4）组成。

所述的珍珠粉为优质珍珠粉，其粒度为200目。

所述的其他原料应为粉质，其粒度小于200目。

产品应用 本品是一种以优质珍珠粉等为原料制成的外用护肤祛斑膏，可直接作用于患处，治疗效果好，见效快，无任何不良反应。

产品特性 本品根据中医学内病外治的理论，在实质配方中使用了珍珠粉及中药进行配制。这种采用具有益气补血、活血祛斑、养颜美容、护肤抗氧化作用的药物配伍而制成的外用药,可直接作用于患处,治疗效果好,见效快,无任何不良反应。

配方 10 护肤祛斑液

原料配比

原料	配比(质量份)	原料	配比(质量份)
芦荟提取液	40	加氢角鲨烷	10
提纯甘油	5	曲酸及其衍生物	30
维生素 E	15		

制备方法

(1) 将各组分加入容器内,搅拌均匀即可。芦荟提取方法是:将芦荟的叶子烘至4~5成干,然后用榨汁机榨汁,用滤纸过滤,去除杂质,取出液体。

(2) 甘油的提纯方法是将甘油放入酒精灯试管内加热,在加热过程中有一部分的物质挥发掉,剩余物用滤纸过滤,将杂质滤出,过滤液为提纯甘油。

原料配伍 本品各组分质量份配比范围为:芦荟提取液 40,提纯甘油 5,维生素 E15,加氢角鲨烷 10,曲酸及其衍生物 30。

产品应用 本品主要是一种护肤祛斑的外用擦剂,是一种对黄褐斑有明显效果的外用擦剂。该产品不但适用于黄褐斑患者擦用,还可用于健康肌肤的护理和保健。本品使用时,可根据需要,每天两次或多次将此护肤祛斑液直接擦于肌肤即可。

产品特性 该产品治疗保健效果明显、见效快、无不良反应,尤其是对黄褐斑患者有明显的效果。该产品不但适用于黄褐斑患者擦用,还可用于健康肌肤的护理和保健。

配方 11 解毒祛斑膏

原料配比

原料	配比(质量份)		
	1#	2#	3#
土茯苓汁	57	54	56
硬脂酸	4	4	4
十八醇	5	4	4
甘油	8	7	6
蓖麻油	8	7	6
次硝酸铋	4	5	5
三乙醇胺	4	5	5
羊毛脂	2	3	3
水杨酸	2	3	3
樟脑	3	4	4
白降汞	3	4	4

制备方法

（1）将土茯苓洗净后用蒸馏水或纯净水浸泡 1~3h，然后用微火煎制 1h，得滤汁。

（2）将硬脂酸、十八醇、羊毛脂、水杨酸、樟脑按质量份放入容器，另取甘油、蓖麻油、三乙醇胺、土茯苓汁按质量份放入另一容器中，将两容器中的两相溶液分别加热至 70~80℃时，趁热将两相溶液混合，并搅拌至乳化状态为止，该乳化状态的膏体冷却至 30~40℃时，按质量份要求加入次硝酸铋、白降汞并搅匀。

（3）再用胶体磨乳化一遍即成。

原料配伍　本品各组分质量份配比范围为：土茯苓汁 54~64，硬脂酸 4~8，十八醇 3~7，甘油 5~13，蓖麻油 5~13，次硝酸铋 4~8，三乙醇胺 4~10，羊毛脂 2~3，水杨酸 2~4，樟脑 3~5，白降汞 3~9。

产品应用　本品是一种解毒祛斑膏，属于人体肌肤药用化妆品。本品使用方法是：每天晚间洗脸后搽于面部。其作用是祛斑、除痘、祛皱纹。

产品特性

（1）本品用土茯苓汁代替膏体里面的水，土茯苓的作用是专门解汞中毒，既让汞起到了祛斑作用，又不让身体健康受到损害。除解汞毒外，土茯苓的作用还有除湿、治疗癣、治痈肿，使用后能使皮肤光滑嫩白，祛斑祛皱，使用无不良反应，同时达到肌肤保健和药用的功效。

（2）本品具有解汞毒作用，能祛斑、除痘、祛皱纹，同时还能治疗各种皮肤疾病，长期使用无不良反应。它既能保健皮肤，又具有药用效果，是较理想的药用化妆品。它的生产工艺方法简单，制造成本低廉。

配方 12　抗过敏、祛斑除皱草药化妆品

原料配比

原料		配比(质量份)
草药提取液	川芎	30
	黄精	20
	熟地	20
	三七	10
	枸杞	10
	桃仁	5
	虫草	5
	乙醇液	30
草药粉末	黄芩	40
	十大功劳	30
	丹参	15
	白芷	15
草药药物提取液		6
草药药物粉末		1
化妆品基质		适量

制备方法

(1) 取川芎、黄精、熟地、三七、枸杞、桃仁、虫草经洗涤、烘干、碾碎后装入反应容器中,再加入含60%浓度的乙醇液,经1h回流提取;然后加入含30%浓度的乙醇液,再重复提取一次,将两次提取液合并,减压浓缩回收乙醇,最后用高速离心机分离沉淀即可获取上述草药提取液。

(2) 取黄芩、十大功劳、丹参、白芷经洗涤、烘干、粉碎、混匀即获取本品的草药药物粉末。

配制本品的化妆品时,将上述所提取的草药药物提取液与草药药物粉末按6∶1比例配制,并加入基质即可分别制成化妆霜剂、化妆乳剂、化妆面膜等系列化妆品。

原料配伍 本品各组分质量份配比范围为:川芎30,黄精20,熟地20,三七10,枸杞10,桃仁5,虫草5,乙醇液30,黄芩40,十大功劳30,丹参15,白芷15,化妆品基质适量。

所述草药化妆品所采用的草药药物中含有丰富的氨基酸、各种活性酶、微量元素等人体生理所需物质以及抗过敏性物质,这些物质具有行气活血、滋补肝肾、消炎解毒的作用,尤其是本品采用复合配方经化学浸提后其疗效更显著。

所述草药化妆品所采用的各种草药药物分别起着抗氧化、防腐蚀、乳化等作用,因而促使各种草药成分能互相调节,达到抗过敏,祛黄褐斑、雀斑,除皱、治疗痤疮等各类损美性皮肤病的综合治疗目的。

产品应用 本品主要用作祛斑化妆品。

产品特性 本品的草药化妆品无不良反应,使用时将它敷于脸部即能抗过敏,祛黄褐斑、雀斑,收缩皮肤,消除皱纹和治疗痤疮等各类损美性皮肤病,具有显著的综合性疗效,易于推广使用。

配方13 抗皱祛斑祛痘清除剂

原料配比

原料	配比(质量份)		原料	原料配比(质量份)	
	1#	2#		1#	2#
海带粉	50~60	55	维生素B_1粉	3~5	4
紫菜粉	6~8	7	维生素B_2粉	3~5	4
蝉皮粉	10~15	13	维生素B_6粉	3~5	4
麦麸	8~10	9	维生素C粉	3~5	4

制备方法 将各组分混合均匀制得。其中海带粉、紫菜粉、蝉皮粉和麦麸为一组包在一起,维生素B_1粉、维生素B_2粉、维生素B_6粉与维生素C粉为一组,构成二合一粉剂。

原料配伍 本品各组分质量份配比范围为:海带粉50~60,紫菜粉6~8,蝉皮粉10~15,麦麸8~10,维生素B_1粉3~5,维生素B_2粉3~5,维生素B_6粉3~5及维生素C粉3~5。

产品应用 本品是一种抗皱祛斑祛痘清除剂(又称一洗净)。本品使用时,每100g二合一粉剂,其中先将海带粉、紫菜粉、蝉皮粉及麦麸倒入100℃的2000~

3500mL水中浸泡，当水温降至50～60℃时，再加入维生素B_1粉、维生素B_2粉、维生素B_6粉与维生素C粉，充分溶解后用纱布浸药液敷在患处20～30min，每天晚上敷用一次（趁热敷用，药液凉后不再敷用，一般温度在25～60℃之间敷用）。

产品特性　本品使用方便，安全，无不良反应，效果好，费用低。

配方14　灵芝祛斑防皱系列化妆品

原料配比

富硒锗灵芝营养润肤霜

	原料	配比（质量份）
甲	液体石蜡	8
	医用白凡士林	12
	单硬脂酸甘油酯	10
	橄榄油	3
	羊毛脂	16
	蛇油	4
乙	富硒灵芝干燥菌丝体	1
	富锗灵芝干燥菌丝体	1
	三乙醇胺	0.3
	5%麦饭石去离子水	43.9
丙	香精	0.3
	扑尔敏	0.2
	防腐剂	0.3

制备方法　将甲组和乙组分别加热至80℃，在搅拌情况下将乙组徐徐加入甲组中，使其乳化，继续搅拌，当温度降低至45℃时，将丙组香精、防腐剂、扑尔敏加入继续搅拌均匀，冷却至室温即得本品。

富硒锗抗皱护肤霜

	原料	配比（质量份）
甲	十八醇	2
	白蜂蜡	3
	硬脂酸	6
	角鲨烷	10
	液体石蜡	16
	蛇油	2
	蜂胶	2
	羊毛脂	1.5
乙	富硒灵芝干燥菌丝体	1
	富锗灵芝干燥菌丝体	1
	去离子水	51.7
	麦饭石纳米粉	1.5
	电气石纳米粉	1.5
丙	对羟基苯甲酸甲酯	0.2
	茉莉香精	0.3
	扑尔敏	0.3

制备方法　将甲组和乙组分别加热至80℃，然后将乙组徐徐加入甲组中

进行乳化,用真空均质乳化机乳化,当温度降低至45℃时,加入丙组对羟基苯甲酸甲酯、香精和扑尔敏,继续搅拌均匀,冷却至室温即得本品。

防皱霜

	原料	配比(质量份)
甲	十八醇	2.5
	羊毛脂	2
	单硬脂酸甘油酯	0.8
	液体石蜡	13
	橄榄油	3
	蛇油	2
乙	富硒灵芝干燥菌丝体	1.0
	富锗灵芝干燥菌丝体	1
	去离子水	余量
	麦饭石纳米粉	1
	电气石纳米粉	1
丙	布罗波尔(防腐剂)	0.01
	茉莉香精	0.5
	扑尔敏	0.2

制备方法 将甲组和乙组分别加热至80℃,在此温度下将乙组徐徐加入甲组中进行乳化,用真空均质乳化机乳化,当温度降低至45℃时,加入丙组香精、防腐剂和扑尔敏,继续搅拌均匀,冷却至室温即得本品。

眼霜

	原料	配比(质量份)
甲	GC	4
	角鲨烷	5
	十八醇	2
	氮酮	1.5
	红没药醇	0.2
	辅酶Q10	0.05
	对羟基苯甲酸丙酯	0.06
	肉豆蔻酸异丙酯	3
乙	1,3-丁二醇	4
	尿囊素	0.2
	对羟基苯甲酸甲酯	0.12
	5%麦饭石去离子水	余量
	NMF-50	3
	抗过敏剂GD-2901	3
	卡波姆2020	0.3
	电气石纳米粉	0.5
丙	CMG	0.2
	丙二醇	4
	富硒灵芝干燥菌丝体	0.2
	富锗灵芝干燥菌丝体	2
	1%透明质酸溶液	10
	内皮素拮抗剂	0.02

续表

原料		配比(质量份)
丁	三乙醇胺(20%)	0.3
	香精	0.3
	杰马-115	0.3

制备方法 先将丙组混合、溶解、加热至40℃备用,将甲组、乙组分别加热至80℃,将甲组加入乙组中,在均质乳化机中乳化3min后搅拌降温至45℃,加入丙组,加入20%三乙醇胺调整pH值至6,加入香精、杰马-115继续搅拌至35℃即得。

富硒锗灵芝抗皱霜

原料		配比(质量份)
甲	Blobase S	4
	二甲基硅油	1
	角鲨烷	4
	对羟基苯甲酸丙酯	0.05
	辅酶Q10	0.05
	维生素E	1.5
	GC	2
	霍霍巴油	1.5
	羟脯氨酸二棕榈酸酯	1
	肉豆蔻酸异丙酯	3
	BHT	0.02
	氮酮	2
乙	1,3-丁二醇	4
	羟丙基纤维素	0.3
	NMF-50	3
	尿囊素	0.2
	抗过敏剂GD-2901	3
	海藻寡糖	4
	对羟基苯甲酸甲酯	0.12
	5%麦饭石去离子水	余量
丙	丙二醇	4
	CMG	0.2
	0.5%透明质酸溶液	8
	富硒灵芝干燥菌丝体	2
	电气石纳米微粉	1
	富锗灵芝干燥菌丝体	2
丁	杰马-115	0.3
	香精	0.2

制备方法 先将丙组混合加热至40℃溶解备用,再取甲组前7种组分混合加热至90℃,持续20min,灵芝降温至80℃,再加入肉豆蔻酸异

丙酯、BHT、维生素E、氮酮；另取乙组1,3-丁二醇、羟内基纤维素投入80℃的5%麦饭石去离子水中，分散后加入其他原料，加热灭菌80℃。待甲、乙两组温度均相等时，在75℃将甲组加入乙组中，在真空均质乳化机中均质乳化3min后搅拌降温至45℃，加入丙组药物溶解，丁组继续搅拌至36℃即得。

祛斑霜

	原料	配比(质量份)
甲	GD-9022	1.6
	单硬脂酸甘油酯	1
	十六十八混合醇	2
	角鲨烷	5
	二甲基硅油	1.5
	氢化聚癸烯	5
	维甲酸酯	0.1
	维生素E	1
	氮酮	2
	曲酸二棕榈酸酯	2
	维生素C二棕榈酸酯	1
	BHT	0.02
	红没药醇	0.2
	对羟基苯甲酸丙酯	0.06
乙	1,3-丁二醇	4
	尿囊素	0.3
	NMF-50	4
	海藻寡糖	0.12
	5%麦饭石去离子水	余量
	EDTA二钠	0.05
丙	乳化剂343	1.5
	甘草黄酮	5
丁	丙二醇	3
	CMG	0.2
	维生素B_3	3
	0.5%透明质酸溶液	8
	富硒灵芝干燥菌丝体	3
	富锗灵芝干燥菌丝体	3
戊	杰马-115	0.3
	香精	0.3

制备方法 先将丁组混合均匀，加热至40℃备用。另取甲、乙组分别加热灭菌至90℃，持续20min，等降至80℃时将甲组在搅拌下慢慢加入乙组中，用均质机均质3min后，搅拌降温至70℃时加入乳化剂343，60℃时加入甘草黄酮，降温至45℃时加入丁、戊组组分，继续搅拌，降温至36℃即得，放置12h质检合格后分装。

富硒锗TiO_2祛斑霜

原料		配比(质量份)
甲	GD-9122	7.5
	角鲨烷	6
	二甲基硅油	1.5
	维生素 E	1.5
	氮酮	2
	曲酸二棕榈酸酯	2
	TiO$_2$	0.5
	维生素 C 二棕榈酸酯	2
	蛇油	2
	对羟基苯甲酸丙酯	0.06
	BHT	0.02
乙	1,3-丁二醇	3
	NMF-50	3
	尿囊素	0.3
	麦饭石纳米粉	1
	去离子水	余量
	TiO$_2$	1
	NMF-50	3
	SiO$_2$	1
	电气石纳米粉	1
	对羟基苯甲酸甲酯	0.12
	抗过敏剂 GD-2901	2
丙	甘草黄酮	4
丁	丙二醇	3
	富硒灵芝干燥菌丝体	2
	富锗灵芝干燥菌丝体	2
	CMG	0.2
	肝素	0.2
	去离子水	5
戊	杰马-115	0.3
	香精	0.3

制备方法 先将丁组肝素、CMG 与丙二醇溶解后，加入去离子水及丁组其他原料，混合均匀，加热至 40℃备用。取甲、乙组分别加热至 80℃灭菌，甲、乙两组温度相同时将甲组缓缓加入乙组中，均质 3min 后，降温至 60℃时加入甘草黄酮，50℃加入丁、戊组组分，继续搅拌，降温至 36℃即得。

原料配伍 本品各组分质量份配比范围为：

(1) 富硒锗灵芝营养润肤霜由下列原辅材料组成（%）：

甲：液体石蜡 3~13，医用白凡士林 7~17，单硬脂酸甘油酯 5~15，橄榄油 1~5，羊毛脂 11~21，蛇油 2~6；

乙：富硒灵芝干燥菌丝体 0.5~1.5，三乙醇胺 0.05~0.8，富锗灵芝干燥菌丝体 0.5~1.5，5%麦饭石去离子水 37~50；

丙：香精 0.05~0.8，扑尔敏 0.03~0.6，防腐剂 0.05~0.8。

(2) 富硒锗抗皱护肤霜由下列原辅材料组成（%）：

甲：十八醇 0.5~4，白蜂蜡 1~5，硬脂酸 2~10，角鲨烷 5~15，液体石蜡 11~21，蛇油 0.5~4，蜂胶 0.5~4，羊毛脂 0.3~2；

乙：富硒灵芝干燥菌丝体 0.2~2，富锗灵芝干燥菌丝体 0.2~2，去离子水 46~56，麦饭石纳米粉 0.3~2，电气石纳米粉 0.3~2；

丙：对羟基苯甲酸甲酯 0.05~0.5，茉莉香精 0.06~0.6，扑尔敏 0.06~0.6。

（3）防皱霜由下列原辅材料组成（%）：

甲：十八醇 2~3，羊毛脂 1~3，单硬脂酸甘油酯 0.3~1.3，液体石蜡 8~18，橄榄油 2~5，蛇油 1~3；

乙：富硒灵芝干燥菌丝体 0.5~1.5，富锗灵芝干燥菌丝体 0.5~1.5，去离子水余量，麦饭石纳米粉 0.5~1.5，电气石纳米粉 0.5~1.5；

丙：茉莉香精 0.1~0.8，扑尔敏 0.05~0.7，布罗波尔（防腐剂）0.005~0.05。

（4）眼霜由下列原辅材料组成（%）：

甲：GC 2~6，角鲨烷 3~8，十八醇 1~3，氮酮 0.5~2，红没药醇 0.05~0.7，辅酶 Q10 0.01~0.08，对羟基苯甲酸丙酯 0.02~0.1，肉豆蔻酸异丙酯 1~5；

乙：1,34-丁二醇 2~6，尿囊素 0.06~0.6，对羟基苯甲酸甲酯 0.05~0.5，5%麦饭石去离子水余量，NMF-50 1~5，抗过敏剂 GD-2901 2~5，卡波姆 2020 0.1~0.5，电气石纳米粉 0.1~0.9；

丙：CMG 0.05~0.4，富硒灵芝干燥菌丝体 1~3，1%透明质酸溶液 5~15，丙二醇 2~6，富锗灵芝干燥菌丝体 1~3，内皮素拮抗剂 0.01~0.03；

丁：三乙醇胺（20%）0.1~0.5，香精 0.1~0.5，杰马-115 0.1~0.5。

（5）富硒锗灵芝抗皱霜由下列原辅材料组成（%）：

甲：Blobase S 2~6，二甲基硅油 0.5~1.5，角鲨烷 2~6，对羟基苯甲酸丙酯 0.01~0.09，辅酶 Q10 0.01~0.09，维生素 E 0.5~2，GC 1~3，霍霍巴油 0.5~2，羟脯氨酸二棕榈酸酯 0.5~2，肉豆蔻酸异丙酯 1~5，BHT 0.01~0.3，氮酮 1~3；

乙：1,3-丁二醇 2~6，羟丙基纤维素 0.05~0.6，NMF-50 1~5，尿囊素 0.04~0.8，抗过敏剂 GD-2901 1~5，海藻寡糖 2~6，对羟基苯甲酸甲酯 0.05~0.5，5%麦饭石去离子水余量；

丙：丙二醇 2~6，CMG 0.05~0.5，0.5%透明质酸溶液 3~13，富硒灵芝干燥菌丝体 1~3，电气石纳米微粉 0.5~1.5，富锗灵芝干燥菌丝体 1~3；

丁：杰马-115 0.05~0.8，香精 0.01~0.5。

（6）祛斑霜由下列原辅材料组成（%）：

甲：GD-9022 0.5~3，单硬脂酸甘油酯 0.5~1.5，十六十八混合醇 1~3，角鲨烷 2~8，二甲基硅油 0.4~3，氢化聚癸烯 2~8，维甲酸酯 0.05~0.5，维生素 E 0.5~1.5，氮酮 1~3，曲酸二棕榈酸酯 1~3，维生素 C 二棕榈酸酯 0.5~2.5，BHT 0.02~0.06，红没药醇 0.05~0.6，对羟基苯甲酸丙酯 0.03~0.09；

乙：1,3-丁二醇 2~6，尿囊素 0.05~0.8，NMF-50 2~6，海藻寡糖 0.05~

0.5，5%麦饭石去离子水余量，EDTA 二钠 0.03～0.08；

丙：乳化剂 343 1～2，甘草黄酮 3～7；

丁：丙二醇 2～4，CMG 0.05～0.5，维生素 B_3 2～4，0.5%透明质酸溶液 3～11，富硒灵芝干燥菌丝体 2～4，富锗灵芝干燥菌丝体 2～4；

戊：杰马-115 0.2～0.5，香精 0.01～0.5。

(7) 富硒锗 TiO_2 祛斑霜由下列原辅材料组成（%）：

甲：GD-9122 5～10，角鲨烷 3～9，二甲基硅油 0.5～2，维生素 E 0.5～2，氮酮 1～3，曲酸二棕榈酸酯 1～3，TiO_2 0.2～0.8，维生素 C 二棕榈酸酯 1～3，蛇油 1～3，对羟基苯甲酸丙酯 0.02～0.09，BHT 0.01～0.03；

乙：1,3-丁二醇 1～5，NMF-50 1～5，尿囊素 0.1～0.5，麦饭石纳米粉 0.5～1.5，去离子水余量，TiO_2 0.5～1.5，NMF-50 1～5，SiO_2 0.5～2，电气石纳米粉 0.5～2，对羟基苯甲酸甲酯 0.01～0.3，抗过敏剂 GD-2901 1～3；

丙：甘草黄酮 2～6；

丁：丙二醇 2～5，富硒灵芝干燥菌丝体 1～3，富锗灵芝干燥菌丝体 1～3，CMG 0.1～0.3，肝素 0.1～0.3，去离子水 2～7；

戊：杰马-115 0.1～0.5，香精 0.1～0.5。

本品用具有远红外辐射性能的天然矿物原料麦饭石和电气石纳米微粉及有关中药原料微粉粒，它们的微粉材料中含有二氧化硅、二氧化钛、三氧化二钴、硅酸盐，含有对人体有益的多种微量元素，如钾（K）、钠（Na）、钙（Ca）、镁（Mg）、磷（P）、铜（Cu）、锌（Zn）、锰（Mn）、硒（Se）、锗（Ge），其中尤其是硒（Se）、锗（Ge）这两种地球上稀少、人类又很难从平常的动植物食物中摄取得到。

所述有机锗含有多个 Ge—O 键，具有很强的氧化脱氢能力，进入人体血液后与血红蛋白相结合，随血管输及至全身以保证细胞的有氧代谢，起到了部分净化血液的作用，这种"增氧排废"机制有益于中风、脑外伤综合征、老年性痴呆等病人的康复。同时有机锗与硒元素一样有强力清除自由基的作用。

产品应用 本品是纳米负离子远红外富硒锗灵芝祛斑防皱霜。

产品特性 用麦饭石、电气石、富硒锗灵芝干燥菌丝体、纳米微粉配制的祛斑防皱霜，通过远红外作用，能使药效深入皮下组织 3～5mm，升温发热，促进血管扩张，加速微循环和生理机能同时还能不断释放微量元素，清洁皮肤细胞，并自发产生负离子，净化周围空气，增强皮肤细胞含氧量，促进新陈代谢调节，使拮抗体内元素平衡，尤其增强了硒锗元素对人体的补充，增强了机体的免疫功能，永保皮肤青春的活力，防止皮肤老化和皱纹。

配方 15　纳米硒元素中药负离子远红外抗衰老祛斑霜

原料配比

TiO_2 祛斑霜

原料	配比(质量份)	原料	配比(质量份)
对苯二酚	2	麦饭石纳米粉	2
维生素C	2	亚硫酸氢钠	2
维生素E	0.5	SM凝胶(硅酸铝镁)	8
纳米硒	1	双甲氨基月桂乙酯	5
载银纳米二氧化钛(AT)抗菌剂	3	防腐剂	0.2
电气石纳米粉	1.5	香精	0.2
去离子水	10	聚乙二醇400	62.6

制备方法

(1) 取聚乙二醇400溶剂水浴加热至100℃,在搅拌状态下依次加入对苯二酚、维生素C、维生素E、载银纳米二氧化钛(AT)抗菌剂;

(2) 取亚硫酸氢钠、纳米硒、电气石纳米粉、麦饭石纳米粉溶入去离子水中,然后将水溶液加入步骤(1)中搅拌均匀;

(3) 向步骤(2)溶液中加入SM凝胶(硅酸铝镁),强力搅拌1~1.5h,使凝胶完全化开;

(4) 将步骤(3)溶液冷却至25℃以下,加入双甲氨基月桂乙酯和防腐剂、香精,高速强力搅拌30~45min即可制成成品。

蛇油特效祛斑防老霜

	原料	配比(质量份)
油相	杏仁油	5
	白油	5
	蛇油	2
	十六醇	2
	鲸蜡	4
	十八醇	2
	单硬脂酸甘油酯自乳化	2
	蜂蜡	2
	失水山梨醇倍半油酸酯	2
	硬脂酸	2
	熊果苷	3
	维生素C	1
	维甲酸	0.1
	麦饭石纳米粉	2
	纳米硒	1.5
	电气石纳米粉	1.5
水相	甘油	5
	维生素E	3
	维生素A	1.5
	果酸	16
	三乙醇胺	3
	防腐剂	0.3
	抗氧化剂	0.2
	香精	0.3

续表

原料		配比(质量份)
水相	精制水	33
	载银纳米二氧化钛(AT)抗菌剂	0.6

制备方法 油相和水相分别加热至80℃后,油、水两相混合入均质乳化剂中搅拌冷却至45℃,加防腐剂、抗氧化剂、香精再搅拌至冷却,检测后分装。

特效人参蛇胆祛斑霜

原料	配比(质量份)	原料	配比(质量份)
人参	14	十六醇	10
芦荟	7	十八醇	13
白藓皮	10	氢醌	7
藏红花	5	十二烷基硫酸钠	7
芙蓉花	5	硫酸氢钠	7
珍珠纳米粉	7	麦饭石纳米粉	2.5
蛇胆纳米粉	1.5	电气石纳米粉	2.5
载银纳米二氧化钛(AT)抗菌剂	0.5	防腐剂	适量
纳米硒	1	香精	适量

制备方法

(1) 将白藓皮、藏红花、芙蓉花3味中药用蒸馏法制得蒸馏液300mL备用;

(2) 取芦荟、人参2味中药与蒸馏后的药渣一起蒸煮2次,每次2h,合并滤液浓缩为1mL含生药1g的浓缩液,加等量乙醇静置24h过滤减压回收乙醇,继续浓缩到200mL,加上述蒸滤液300mL即为中药提取液;

(3) 麦饭石、电气石用纳米处理装置技术粉碎过600目筛,中心粒径为0.5~2μm;

(4) 将余下的药物载银纳米二氧化钛(AT)抗菌剂、麦饭石纳米粉、电气石纳米粉物料与十六醇、十八醇、十二烷基硫酸钠、硫酸氢钠、氢醌一起加热溶解,待温度达80℃时,再加入温度相当80℃的中药提取液,保持一段时间80℃加热的温度使药液粉末充分混合溶解均匀,并不断向同一方向搅拌至冷却,最后将珍珠纳米粉、纳米硒缓缓加入,搅拌乳化均匀,加防腐剂、香精,待温度达30℃时抽样检测包装。

原料配伍 本品各组分质量份配比范围为:

(1) TiO_2祛斑霜:对苯二酚1~3,维生素C 1~3,维生素E 0.2~1,纳米硒0.5~1.5,载银纳米二氧化钛(AT)抗菌剂2~4,电气石纳米粉1~2,去离子水7~13,麦饭石纳米粉1~3,亚硫酸氢钠1~3,SM凝胶(硅酸铝镁)5~11,双甲氨基月桂乙酯4~6,防腐剂0.1~0.3,香精0.1~0.3,聚乙二醇400 57~67。

(2) 蛇油特效祛斑防老霜:

油相：杏仁油4～6，白油4～6，蛇油1～3，十六醇1～3，鲸蜡3～5，十八醇1～3，单硬脂酸甘油酯自乳化1～3，蜂蜡1～3，失水山梨醇倍半油酸酯1～3，硬脂酸1～3，熊果苷2～4，维生素C 0.5～1.5，维甲酸0.05～0.6，麦饭石纳米粉1～3，纳米硒1～2，电气石纳米粉1～2。

水相：甘油4～6，维生素E 2～4，维生素A 1～2，果酸11～21，三乙醇胺2～4，防腐剂0.1～0.5，抗氧化剂0.1～0.3，香精0.1～0.5，精制水28～38，载银纳米二氧化钛（AT）抗菌剂0.2～1。

(3) 特效人参蛇胆祛斑霜：人参10～18，芦荟6～9，白藓皮5～15，藏红花4～6，芙蓉花4～6，珍珠纳米粉6～9，蛇胆纳米粉1～2，载银纳米二氧化钛（AT）抗菌剂0.2～0.8，纳米硒0.5～2，十六醇8～12，十八醇10～16，氢醌6～8，十二烷基硫酸钠6～9，硫酸氢钠6～8，麦饭石纳米粉2～3，电气石纳米粉1～3。

产品应用 本品主要用作祛斑霜。

产品特性

(1) 本品纳米硒元素中药负离子远红外抗衰老祛斑霜，是属于化妆品祛斑霜生产配制技术领域。人到老年尤其是古稀之年，面部皮肤出现一种褐色斑块，是人体衰老的一种象征。研究发现硒与维生素E合用对消除面部褐色的斑块有很强的抑制作用，用纳米硒其活性提高了5倍，消除老年斑效果更显著突出。麦饭石纳米粉、电气石纳米粉中具有SiO_2、TiO_2、Fe_2O_3、Al_2O_3等远红外抗电磁波物料，能深入皮肤深层3～5mm，自动升温发热，促进新陈代谢和血液循环，加强皮肤元素平衡和营养，促进细胞活力。由于电气石是不断产生负离子的天然矿石，负离子能增加人体血液含氧量，促进人体健康益寿，是空气中的维生素和长寿素。

(2) 本品霜剂对皮肤色素斑、老年斑、雀斑、蝴蝶斑有预防作用，对润肤美容、嫩肤、防老化有着显著的突出的效果。

配方16 能消除面部雀斑的外用面霜

原料配比

原料	配比(质量份)	
	1#	2#
雪花膏	1000	1000
水杨酸	20	40
对苯二酚	50	30
无水亚硫酸钠	20	40
二氧化钛	20	10
尿素	1	2

制备方法

(1) 先按各组分的配比备齐原料；

(2) 将固态的无水亚硫酸钠粉碎后过100目筛；

(3) 在容器内先后放入雪花膏、水杨酸、对苯二酚、二氧化钛及无水亚硫酸钠,搅拌 20~30min,使其混合均匀,成为膏状的面霜;

(4) 分装入库。

原料配伍 本品各组分质量份配比范围为:水杨酸 20~40,对苯二酚 30~50,无水亚硫酸钠 20~40,二氧化钛 10~20,尿素 1~2,其余为软膏基质。

所述的该面霜的软膏基质中还有尿素,其配比为 1~2。

产品应用 本品主要主治黄褐斑、雀斑、色素斑、皮肤粗糙、真菌感染。

用法是:先用温水清洗脸部和手指,再用食指将本品面霜 0.5g 左右涂抹在面部,特别是面部的各种斑点,然后用指腹将面霜按摩均匀即可,每日早、中、晚各用一次,长期使用还能使面部皮肤保持柔软、光滑、鲜嫩的本色,使被祛掉的雀斑、黄褐斑不再复发。

产品特性 本品是在现有的软膏基质中加入了少量的水杨酸、对苯二酚、无水亚硫酸钠、二氧化钛后制成的一种面霜。本品有祛斑、增白、除皱、防晒、保湿的功能。因所用原料对人体无毒、无害,因此它使用安全,无不良反应,使用后不脱皮,不红肿。

配方 17 祛斑除痘化妆品

原料配比

原料	配比(质量份)							
	1#	2#	3#	4#	5#	6#	7#	8#
大茎麻	30	30	120	50	30	30	60	40
大黄	10	15	50	20	25	15	3	8
白芷	20	10	20	10	20	10	10	10
载体	适量	适量	适量	适量	适量	适量	适量	适量
75%乙醇	适量	适量	适量	适量	适量	适量	适量	适量
鸡蛋清	适量	适量	适量	适量	适量	适量	适量	适量
蜂蜜	适量	适量	适量	适量	适量	适量	适量	适量
珍珠粉	适量	适量	适量	适量	适量	适量	适量	适量

制备方法 将上述组合物提取有效成分后,将其附着在化妆品可接受的载体上即可。大茎麻最好为新鲜大茎麻,并采用以下方式进行前期处理:将新鲜大茎麻放在 40~50℃ 的温度下烘烤 4~5h 制成干大茎麻。

制作方法 1:将干大茎麻、大黄、白芷粉碎成 100 目细粉,加浓度为 75% 的乙醇浸泡 24h,取上清液,除去乙醇,浓缩得膏状提取物,敷面。

制作方法 2:将新鲜大茎麻放在 50℃ 的温度下烘烤 4h 备制成干大茎麻,与大黄、白芷混合后粉碎成 100 目细粉,加水调成泥状,敷面。

制作方法 3:将新鲜大茎麻放在 40℃ 的温度下烘烤 5h 备制成干大茎麻,与大黄、白芷混合后粉碎成 100 目细粉,加鸡蛋清、蜂蜜、珍珠粉,调匀做成面膜,敷面。

原料配伍 本品各组分质量份配比范围为：大荸麻30～120，大黄3～50，白芷10～20，载体、75%乙醇、鸡蛋清、蜂蜜、珍珠粉适量。

产品应用 本品是一种护肤产品。

产品特性

(1) 在本品组分中，大荸麻含有丰富的蛋白质、多种维生素、胡萝卜素、磷、镁、铁、锌、锰、硅、硫、钙、钠、钴、铜、甲酸、鞣酸和钛等，可以补充皮肤所需的营养物质。其中所含的甲酸，可延缓细胞衰老，使细胞保持活力和富有弹性；所含的鞣酸，可增强皮肤的柔润和光泽；所含的多种维生素，对促进皮肤新陈代谢有重要的作用。

(2) 将新鲜大荸麻放在40～50℃的烤房中烘烤4～5h后，可除去大荸麻中对人体有刺激的成分，同时不影响原有的性能和功效。

(3) 白芷除了具有解热、镇痛、抗炎等作用，还能改善局部血液循环，消除色素在组织中过度堆积，促进皮肤细胞新陈代谢。大黄具有清热泻火，凉血解毒的功效。

(4) 使用本品所述配方制成的化妆品，不仅能促进皮肤细胞新陈代谢，使皮肤润滑有光泽，而且对黄褐斑、蝴蝶斑、痤疮具有明显治疗的效果，且无任何不良反应。

配方18 祛斑防皱霜

原料配比

原料		配比（质量份）
中药膏	藏红花	10
	血竭	10
	白芷	10
	白及	10
	白附子	10
	当归	10
	枸杞	10
	川芎	10
	穿山甲	10
	地骨皮	10
	赭石	10
	百部	10
	鸡冠花	10
	凌霄花	10
	玫瑰花	10
	金银花	10
	槐花	10
	人参	10
	黄芪	10
	水	适量

续表

原料		配比(质量份)
西药膏	维生素 E	2
	维生素 B_6	2
	氢醌	4～10
	甲硝唑	4
	赛庚啶	4
	甘油	20
	基质	58～64
祛斑防皱霜	中药膏	100
	西药膏	100
	抗氧化剂	适量
	防腐剂	适量
	香料	适量

制备方法

(1) 将上述中药配方药物按常规方法煎制成汁，浓缩成膏状；

(2) 将上述西药配方药物制成粉状，调成膏状；

(3) 再将上述中药膏和西药膏各取等量混合，加适量抗氧化剂、防腐剂、香料调和即成。使用本品时应避开眉毛和头发，每日早、晚各一次，涂于面部即可。

原料配伍 本品各组分质量份配比范围为：中药膏100，西药膏100，防腐剂适量、抗氧化剂适量、香料适量。

西药膏组成：维生素 E2，维生素 B_6 2，氢醌 4～10，甲硝唑 4，赛庚啶 4，甘油 20，基质 58～64。

中药组成：藏红花10、血竭10、白芷10、白及10、白附子10、当归10、枸杞10、川芎10、穿山甲10、地骨皮10、赭石10、百部10、鸡冠花10、凌霄花10、玫瑰花10、金银花10、槐花10、人参10、黄芪10。

穿山甲：起到搜风通络，软坚散结作用，主治血瘀经络形成的雀斑、黄褐斑等。

白及、白芷、白附子：起到祛风化痰，润肤滋肤，灭瘢除干、防皱作用。

地骨皮、金银花、赭石：具有祛风、清热凉血、降低血管脆性作用。

人参、黄芪：起到促进新陈代谢、增强机体免疫力，增强微血管抵抗力的作用。

西药配方药物中维生素 E：可增强毛细血管的抵抗力，改善皮肤血液循环，维持毛细血管正常的通透性。

维生素 B_6：能促进氨基酸的吸收和蛋白质的合成。

氢醌：可以抑制黑色素合成所必需的酪氨酸酶的活性。

甲硝唑：有杀灭皮肤毛囊虫及消炎作用。

赛庚啶：有脱敏、止痒解疼作用。

产品应用 本品是一种祛斑美容化妆品。

产品特性 本品祛斑效果好，同时具备防皱、增白、保湿、营养皮肤的护肤功效。

配方 19　祛斑防皱制剂

原料配比

原料	配比(质量份)					
	1#	2#	3#	4#	5#	6#
白酒	10	8	12	10	8	12
三七	475	450	500	475	450	500
冰片	475	450	500	475	450	500
白芷	375	350	400	375	350	400
五倍子	275	250	300	275	250	300
红花	47	40	50	47	40	50
白菊花	90	80	100	90	80	100
枸杞	325	300	350	325	300	350
人参	90	80	100	90	80	100
丹参	375	350	400	375	350	400
党参	275	250	300	275	250	300
蜂蜜	—	—	—	375	300	400

制备方法　按照上述配比取白酒备用，将三七、冰片、白芷、五倍子、红花、白菊花、枸杞、人参、丹参、党参粉碎成粉末状，混合均匀后与蜂蜜一并置入白酒中，搅拌均匀，温度保持在20℃以上，每3~4天搅拌一次，30~35天制成本品中药液体制剂。

原料配伍　本品各组分质量份配比范围为：白酒8~12，三七450~500，冰片450~500，白芷350~400，五倍子250~300，红花40~50，白菊花80~100，枸杞300~350，人参80~100，丹参350~400，党参250~300，蜂蜜300~400。

上述各药组合具有消炎、解毒、杀菌、活血、行瘀血、活血润肤、益面色、展皱、消斑等功效，作用于面部，增加面部血液循环、微循环，从而达到使皮肤慢慢恢复正常状态，消除色斑，容颜光亮，皮肤皱纹展开或延缓产生皱纹时间的目的。

产品应用　本品是采用中药原料为主的祛斑防皱制剂。

产品特性　本品制剂是以中药为主要原料的外用品，各中药组合按照本品所述方法制作，无任何不良反应，对皮肤无任何刺激。

配方 20　祛斑功能的化妆品

原料配比

原料		配比（质量份）		
		1#美白乳液	2#交联枯草杆菌蛋白酶祛斑霜	3#交联枯草杆菌蛋白酶祛斑膏
A相	维生素E衍生物	1	1	—
	丙三醇	10	10	—
	丙二醇	—	—	5
	交联枯草杆菌蛋白酶	2	5	8
	葡萄糖保湿剂	—	0.5	0.5
	胶原蛋白	—	—	0.5
	透明质酸	0.5	—	—
	卡波胶	—	0.5	—
	分散胶	0.5	—	2
B相	硬脂酸甘油酯	2	2	—
	十六十八醇	10	—	—
	甘油三酯	—	6.5	—
	乳化蜡	—	—	5
	开心果油	—	—	3
	植物油	3	3	3
	合成角鲨烷	—	—	5
	硬脂酸	—	1	—
	维生素A棕榈酸酯	1	—	—
	硅油	2	2	1
	多重乳化剂	3	3	—
防腐剂、香精		适量	适量	适量
去离子水		加至100	加至100	加至100

制备方法

（1）美白乳液：将A相与适量去离子水在75～80℃混合均匀，此为液体A。将B相在75～80℃混合均匀，此为液体B。将液体A和液体B混合均质、乳化搅拌，并冷却到40～45℃，加入适量香精、防腐剂继续搅拌均匀，装入已灭菌消毒的瓶中，封口即可。

（2）交联枯草杆菌蛋白酶祛斑霜：将A相与适量去离子水在75～80℃混合均匀，此为液体A。将B相在75～80℃混合均匀，此为液体B。将液体A和液体B混合均质、乳化搅拌，并冷却到40～45℃，加入适量香精、防腐剂继续搅拌均匀，装入已灭菌消毒的瓶中，封口即可。

（3）交联枯草杆菌蛋白酶祛斑膏：将A相与适量去离子水在75～80℃混合均匀，此为液体A。将B相在75～80℃混合均匀，此为液体B。将液体A和液体B混合均质、乳化搅拌，并冷却到40～45℃，加入适量香精、防腐剂继续搅拌均匀，装入已灭菌消毒的瓶中，封口即可。

原料配伍 本品各组分质量份配比范围为：交联枯草杆菌蛋白酶0.5～10，维生素E衍生物1，丙三醇10，丙二醇5，葡萄糖保湿剂0.5，胶原蛋白0.5，透明质酸0.5，卡波胶0.5，分散胶0.5～2，硬脂酸甘油酯2，十六十八醇10，甘油三酯6.5，乳化蜡5，开心果油3，合成角鲨烷5，硬脂酸1，维生素A棕榈酸酯1,硅油1~2,多重乳化剂3,防腐剂、香精适量,去离子水加至100。

在本品上述技术方案中可采用不同化妆品基质和辅料,分别制成以下系列化妆品:洁面乳、柔肤水、抗衰精华素、贴面膜、眼部护理液、营养乳/霜、去角质素、美白乳/霜、嫩白面膜、眼部精华、美白修复精华液、祛斑日霜、祛斑晚霜。

产品应用 本品主要用作祛斑功能的化妆品。

产品特性 本品在阻止原有皱纹继续扩大的同时,还能阻止新皱纹的产生。同时,它还能加速化妆品中其他有效养分的活性吸收,加速肌肤代谢,起到快速淡化斑点的作用。

配方21 祛斑功效纳米乳

原料配比

夜用型皮肤外用祛斑功效纳米乳

原料	配比(质量份)	原料	配比(质量份)
肉豆蔻酸异丙酯	131	谷胱甘肽	23.8
辛酸癸酸聚乙二醇甘油酯	307.5	辅酶Q10	6.5
聚甘油脂肪酸酯	102.5	氮酮	6.5
三重蒸馏水或蒸馏水	338.6	维生素E	22.9
乳糖酸	23.8	Symwhite-377德国高效美白祛斑剂	13.1
葡萄糖酸内酯	23.8		

制备方法

(1) 准确称取第三代果酸——乳糖酸置于经过清洗消毒的干燥三角烧瓶之中,加入三重蒸馏水或者蒸馏水进行充分溶解后,再准确称取第二代果酸——葡萄糖酸内酯,将其用三重蒸馏水或者蒸馏水溶解后倒入盛有乳糖酸溶液的三角烧瓶之中,再在此三角烧瓶中加入小分子抗氧化剂——谷胱甘肽;然后,迅速将上述成分在一定温度条件下进行充分混合,混合均匀后,再用彩色记号笔将此混合溶液清楚地标记为水相(Ⅰ)。

(2) 准确称取肉豆蔻酸异丙酯(IPM),置于另一个经过清洗消毒的干燥三角烧瓶之中,再准确称取新型Symwhite-377德国高效美白祛斑剂,并直接加入至盛有肉豆蔻酸异丙酯(IPM)的三角烧瓶之中,轻轻混匀后,再将此三角烧瓶放置于一定温度的恒温水浴箱中恒温水浴,并用超声振荡器进行振荡超声,使之完全溶解,将溶解后的上述体系自然放置,待恢复至室温后,再依次分别加入辅酶Q10、维生素E和氮酮,开启超声振荡器进行超声振荡并进行充分混合溶解后,用记号笔将此溶液清楚标记为油相(Ⅱ)。

(3) 准确称取辛酸癸酸聚乙二醇甘油酯和聚甘油脂肪酸酯,并将这两种原料置于第三个经过清洗消毒的洁净干燥三角烧瓶之中,加盖,并将此三角烧瓶迅速置于液体快速混合器上,打开液体快速混合器进行充分混合,使之形成乳化剂/助乳化剂（S/C）混合物，几分钟后，关闭液体快速混合器，取下三角烧瓶，并用记号笔将此溶液清楚标记为 S/C 混合物相（Ⅲ）。

（4）先分别取水相（Ⅰ）、S/C 混合物（Ⅲ）置于第四个经过清洗消毒的洁净干燥三角烧瓶之中，进行充分混合后，再在室温 25℃ 条件下或者自然室温中，将其放入超声振荡器中振荡并超声，或者在室温 25℃ 条件下或者自然室温中，启动定时恒温磁力搅拌器进行搅拌。然后，再在此容器中直接加入油相（Ⅱ），并将整个体系在超声振荡器中超声，或者在室温 25℃ 条件下或者自然室温中，启动定时恒温磁力搅拌器进行搅拌。

（5）关闭超声振荡器或者定时恒温磁力搅拌器，取下 2000mL 三角烧瓶，观察其外观，如是清亮橘黄色、流体性和分散性好、有明显可见乳光者，即为皮肤外用的 1000g 第一代夜用皮肤祛斑功效纳米乳；并将此 1000g 第一代夜用皮肤祛斑功效纳米乳迅速分装于不同规格的避光玻璃容器之中，迅速加盖、包装，并置于干燥、通风、阴凉、避光的室温之中密闭保存即可。

日用型皮肤外用祛斑功效纳米乳

原料	配比（质量份）	原料	配比（质量份）
肉豆蔻酸异丙酯	154.2	谷胱甘肽	17.4
辛酸癸酸聚乙二醇甘油酯	366	辅酶 Q10	7.7
聚甘油脂肪酸酯	122	氮酮	7.7
三重蒸馏水或蒸馏水	248	维生素 E	27
甘醇酸	34.6	Symwhite-377 德国高效美白祛斑剂	15.4

制备方法

（1）分别准确称取第一代果酸——甘醇酸并置于经过清洗消毒的干燥三角烧瓶之中，再加入三重蒸馏水或蒸馏水进行充分溶解后，再准确称取含巯基小分子抗氧化剂——谷胱甘肽，直接加入至盛有甘醇酸溶液的上述三角烧瓶中，并在一定温度条件下进行充分混合，混合均匀后，用彩色记号笔将此混合溶液清楚地标记为水相（Ⅰ）。

（2）准确称取一定质量的肉豆蔻酸异丙酯（IPM），置于另一个经过清洗消毒的三角烧瓶之中；再准确称取适量的 Symwhite-377 德国高效美白祛斑剂直接加入至盛有肉豆蔻酸异丙酯（IPM）的三角烧瓶之中，轻轻混合均匀。再将此三角烧瓶放置于一定温度的恒温水浴中，并用超声振荡器进行振荡超声，使之完全溶解；将溶解后的上述体系自然放置，待恢复至室温后，依次分别加入辅酶 Q10、维生素 E 和氮酮，利用超声振荡器进行充分混合溶解后，用记号笔将此溶液清楚标记为油相（Ⅱ）。

（3）分别准确称取辛酸癸酸聚乙二醇甘油酯和聚甘油脂肪酸酯，并将这两种原料置于第三个经过清洗消毒的洁净干燥三角烧瓶之中，加盖并将此三角烧瓶迅速置于液体快速混合器上，打开液体快速混合器进行充分混合，使之形成乳化剂/助乳化剂（S/C）混合物，几分钟后，关闭液体快速混合器，取下三角烧瓶，并用记号笔将此溶液清楚标记为 S/C 混合物相（Ⅲ）。

(4) 按照油相（Ⅱ）∶S/C（Ⅲ）∶水相（Ⅰ）＝21.2%∶48.8%∶30%的比例，先分别取水相（Ⅰ）、S/C混合物（Ⅲ）置于第四个经过清洗消毒的洁净三角烧瓶之中，并将两液相进行充分混合后，再在室温25℃条件下或者自然室温中，将其放入超声振荡器中振荡并超声，或者在室温25℃条件下或者自然室温中，启动定时恒温磁力搅拌器进行搅拌。然后，再在此容器中直接加入油相（Ⅱ），并将整个体系在超声振荡器中超声振荡，或在室温25℃条件下或者自然室温中，启动定时恒温磁力搅拌进行搅拌。

(5) 关闭超声振荡器或者定时恒温磁力搅拌器，取下三角烧瓶，观察其外观，如是清亮橘黄色、流体性和分散性好、有明显可见乳光者，即为皮肤外用的1000g第一代日用皮肤祛斑功效纳米乳；并将此1000g第一代日用皮肤祛斑功效纳米乳迅速分装于不同规格的避光玻璃容器之中，迅速加盖、包装，并置于干燥、通风、阴凉、避光的室温之中密闭保存即可。

辅助型皮肤祛斑功效纳米乳

原料	配比(质量份)	原料	配比(质量份)
肉豆蔻酸异丙酯	84.7	氮酮	11
辛酸癸酸聚乙二醇甘油酯	330	Symwhite-377德国高效美白祛斑剂	14.3
聚甘油脂肪酸酯	110	柠檬酸	4.6
三重蒸馏水或蒸馏水	325.6	二水合柠檬酸三钠	2.8
30%过氧化氢	117		

制备方法

(1) 准确称取柠檬酸和二水合柠檬酸三钠同置于经过清洗消毒的三角烧瓶之中，加入三重蒸馏水或蒸馏水进行充分溶解后，最后加入30%过氧化氢，混合均匀后，用彩色记号笔将此溶液清楚地标记为水相（Ⅰ）。

(2) 准确称取肉豆蔻酸异丙酯（IPM），置于另一个经过清洗消毒的三角烧瓶之中，再准确称取新型Symwhite-377德国高效美白祛斑剂，直接加入至盛有肉豆蔻酸异丙酯的三角烧瓶之中，轻轻混合均匀后，再将此三角烧瓶放置于一定温度的恒温水浴中，并用超声振荡器进行振荡超声，使之完全溶解，将溶解后的上述体系自然放置，待恢复至室温后，称取氮酮并加入其中，充分混合溶解后，用记号笔将此溶液清楚标记为油相（Ⅱ）。

(3) 准确称取辛酸癸酸聚乙二醇甘油酯和聚甘油脂肪酸酯，并将这两种原料置于第三个经过清洗消毒的洁净三角烧瓶之中，加盖并将此三角烧瓶迅速置于液体快速混合器上，打开液体快速混合器进行充分混合，使之形成乳化剂/助乳化剂（S/C）混合物，几分钟后，关闭液体快速混合器，取下三角烧瓶，并用记号笔将此溶液清楚标记为S/C混合物相（Ⅲ）。

(4) 先分别取水相（Ⅰ）、S/C混合物（Ⅲ）并同置于第四个经过清洗消毒的洁净三角烧瓶之中，将两液相充分混合后，再在室温25℃条件下或者自然室温中，将其放入超声振荡器中超声振荡，或在室温25℃条件下或者自然室温中，启动定时恒温磁力搅拌器进行搅拌。然后，再在此容器中直接加入油相（Ⅱ），并将整个体系在超声振荡器中超声振荡，或者在室温 25℃ 条件下或者自然室温中，启动定时恒温磁力搅拌器进行搅拌。

（5）关闭超声振荡器或者定时恒温磁力搅拌器，取下三角烧瓶，观察其外观，如是清亮透明、流体性和分散性好、有明显可见乳光者，即为皮肤外用的 1000g 皮肤祛斑辅助纳米乳。将此 1000g 皮肤外用祛斑辅助纳米乳迅速分装于不同规格的避光玻璃容器之中，迅速加盖、包装，并置于干燥、通风、阴凉、避光的室温之中密闭保存即可。

原料配伍　本品各组分质量份配比范围为：

夜用型皮肤外用祛斑功效纳米乳的配方组成及用量：肉豆蔻酸异丙酯 110～150，辛酸癸酸聚乙二醇甘油酯 280～320，聚甘油脂肪酸酯 80～120，三重蒸馏水或蒸馏水 310～350，乳糖酸 18～28，葡萄糖酸内酯 18～28，谷胱甘肽 18～28，辅酶 Q10 3～9，氮酮 3～9，维生素 E 18～28，Symwhite-377 德国高效美白祛斑剂 8～16。

日用型皮肤外用祛斑功效纳米乳的配方组成及用量：肉豆蔻酸异丙酯 120～180，辛酸癸酸聚乙二醇甘油酯 320～380，聚甘油脂肪酸酯 100～150，三重蒸馏水或蒸馏水 220～280，甘醇酸 28～38，谷胱甘肽 12～22，辅酶 Q10 6.0～12.0，氮酮 3.8～9.8，维生素 E 18～38，Symwhite-377 德国高效美白祛斑剂 8.8～19.8。

辅助型皮肤祛斑功效纳米乳的配方组成及用量：肉豆蔻酸异丙酯 68～98，辛酸癸酸聚乙二醇甘油酯 280～380，聚甘油脂肪酸酯 80～138，三重蒸馏水或蒸馏水 280～368，30%过氧化氢 98～138，氮酮 8.8～13.8，Symwhite-377 德国高效美白祛斑剂 8.8～18.8，柠檬酸 3.8～6.8，二水合柠檬酸三钠 1.8～3.8。

所述肉豆蔻酸异丙酯（IPM）作为油相，法国天然植物提取的辛酸癸酸聚乙二醇甘油酯（labrasol）作为乳化剂，聚甘油脂肪酸酯（plurol oleique）为助乳化剂，蒸馏水作为水相。由于乳化剂辛酸癸酸聚乙二醇甘油酯有助于油相肉豆蔻酸异丙酯和水相蒸馏水的相互交融并形成乳滴，而助乳化剂聚甘油脂肪酸酯也是皮肤美白或增白外用纳米乳形成的重要条件。特别是由于聚甘油脂肪酸酯与辛酸癸酸聚乙二醇甘油酯各自特殊的理化特性，使助乳化剂聚甘油脂肪酸酯可以插入到与乳化剂辛酸癸酸聚乙二醇甘油酯的界膜中，形成复合凝聚膜，提高膜的凝固性和柔顺性，并可增加与辛酸癸酸聚乙二醇甘油酯的溶解度，且进一步降低界面张力，有利于形成更加稳定的皮肤美白或增白外用纳米乳。

产品应用　本品是一种美容保健化妆品，可用于人体皮肤色素的抑制及淡化或减轻面部皮肤色斑，特别是黄褐斑。

产品特性

（1）起效时间缩短：三联整合皮肤外用祛斑功效纳米乳中的日用和夜用纳

米乳体系中均含有第一、二、三代果酸，具有剥脱浅表性色斑的作用，使色斑颜色变淡，加上辅助祛斑功效纳米乳的协同作用，使祛斑起效时间缩短。

（2）治疗效果提高：三联整合皮肤外用祛斑功效纳米乳中的日用和夜用及辅助纳米乳体系中均含有新型 Symwhite-377 德国高效美白祛斑剂，使之形成高浓度梯度并在作用部位皮肤迅速形成祛斑功效成分"储库"，加上新型被动靶向透皮传递给药系统（TDDS）——纳米乳作为功效成分的载体，有利于 Symwhite-377 德国高效美白祛斑剂最大限度发挥其作用优势，使祛斑治疗的效果提高。特别是纳米乳系统不仅球形颗粒的粒径极小、纳米级颗粒分布极其均匀、被动靶向作用明显、透皮吸收好、穿透能力强，加上能使祛斑功效成分的分散性、增溶性、包容性、包裹性、缓释性、控释性、流动性增强，因此，更加有利于祛斑治疗的效果提高。

（3）舒适性更好：纳米乳质地极其均匀、细腻、润滑、光泽，涂抹于面部或皮肤十分舒适，产品外观漂亮、晶莹剔透、清澈透明且微带乳光，胶而不粘、浓而不稠、油而不腻，且作用温和，稳定性、感官性等良好，因此，其使用的舒适性更好。

（4）安全性更佳：无论是夜用型，还是日用型或者是辅助型祛斑功效纳米乳，均未使用任何含汞类化合物（氯化汞、氯化氨基汞或碘化汞等）等危害性极大的添加剂，也未添加含对苯二酚（氢醌）等细胞毒性较大的添加剂和有可能诱导癌变等不良反应的曲酸等，而是使用一些具有同样作用功效的无细胞毒性的皮肤美白祛斑功效成分（如德国生产的 Symwhite-377 德国高效美白祛斑剂等），加上合理使用性能温和、刺激性较小的第二、三代果酸或控制剂量使用第一代果酸，同时使用法国生产的植物提取物辛酸癸酸聚乙二醇甘油酯和聚甘油脂肪酸酯等原料，虽具有自然、潜在性的角质溶解和隐性剥脱，但皮肤无潮红、无灼痛、无刺激性；甚至连一些对皮肤可能出现刺激性的防腐剂、渗透剂、乳化剂或表面活性剂、助乳化剂或助表面活性剂等都未加入，因此，实际应用时安全性更佳。

（5）产品稳定性更好：本品采用的新型纳米乳体系本身具有对热稳定性，即使是高速离心，其油相和水相均不会出现分离现象，较传统乳剂和膏霜剂更加稳定，而且均未使用含有氢醌、曲酸、维生素C、酚类化合物等理化性质均不稳定，尤其是对光照、氧气、酸碱度（pH）、温度等外界环境影响因素耐受性较差的祛斑功效成分，加上祛斑功效成分与纳米乳载体的完美匹配，使其稳定性更好。

（6）透皮吸收好：本品采用的新型空白纳米乳的粒径在 0～80nm 之间（主要分布在 30～40nm 的范围内），具有极其微小的粒径，即使添加了各种不同类型的祛斑功效成分或添加剂，其粒径也在 100nm 左右（主要分布在 80～90nm 的范围内），具有粒径微小、分布均匀、易于透皮吸收的特点。同时，本品采用的新型空白纳米乳体系本身具有溶解表皮角质层的作用，能使皮肤屏障功能减弱，加上该体系还能扩大表皮细胞间隙，能使表皮棘细胞连接丝断裂，有利于祛斑功效成分的透皮吸收；而且，本品的纳米乳体系具有增溶祛斑功效成分的作用，使功效成分在单位体积内的含量或浓度大大提高，从而使其在皮肤表面上作用时迅速形成高浓度功效成分储库，这些祛斑功效成分按照高浓度梯度形成被动靶向作用，加快透皮渗透和吸收。

(7) 具有缓释、控释和长效作用：皮肤外用祛斑纳米乳渗透进入皮肤后能在皮肤内部形成药物储库，达到缓释、控释和长效作用，对于防止祛斑后的反弹或复发具有重要意义。

(8) 本品采用的是目前最具特色的新型药物被动靶向载体——纳米乳载体系统，较目前采用的传统工艺生产的膏剂、霜剂、乳剂、凝胶剂、精华素等剂型的肉眼感官性更好，稳定性更佳，透皮吸收更强，使用感觉更舒适，实际效果更显著。而且，由于本品工艺简单，操作方便，制备容易，无须特殊仪器设备和提供能量，常温下即可生产和配制，既不破坏所添加的祛斑功效成分的含量及其生物活性，又不改变纳米乳载体系统的特性，既不污染空气和环境，又能节省时间和能源，还能降低成本和消耗，且易推广和应用。总的来说，本品的祛斑作用强，起效时间快，维持时间长，不良反应小，顺应性好，生产方便，操作简单，成本低等。

配方22 祛斑护肤化妆品

原料配比

原料	配比（质量份）					
	1#	2#	3#	4#	5#	6#
黄芪	20	5	10	15	30	35
丹参	6	12	8	15	5	10
陈皮	5	13	20	8	3	17
甘草	5	8	15	2	18	10
水	适量	适量	适量	适量	适量	适量
化妆品基质	适量	适量	适量	适量	适量	适量

制备方法

(1) 按照用量分别称取各原料药；

(2) 将黄芪、甘草混合，并于水中浸泡0.5~2h，黄芪和甘草的总量与水的配比为（0.5~1g）:（10~30mL），加热至80~100℃，保温0.5~1.5h；

(3) 将陈皮、丹参混合，并于水中浸泡2~4h，陈皮和丹参的总量与水的配比为（0.5~1g）:（15~40mL），加热至100℃，保温20min~1h；

(4) 对上述步骤 (2) 和 (3) 分别进行粗过滤，并将滤液合并；

(5) 将步骤 (4) 的过滤液冷却至30~50℃，进行真空抽滤，取过滤液，得到活性提取物。

其中所述步骤 (4) 中粗过滤是用200~300目纱网过滤。其中所述步骤 (5) 中真空抽滤是用板框过滤，真空度为0.05~0.1MPa，滤板细度为1~

5μm。采用所述制备方法可以较好地提取出原料药中的活性成分。

本品的护肤组合物,可以制成各种剂型的祛斑护肤品,如祛斑霜、祛斑啫喱、祛斑乳、祛斑水、护手霜等。制备方法为常规方法。

原料配伍 本品各组分质量份配比范围为:黄芪5~35,丹参5~15,陈皮3~20,甘草2~18,化妆品基质适量。

产品应用 本品是一种用草药组合物制备的具有祛斑功效的护肤化妆品。将本护肤组合物涂于色斑处,可以在较短的时间内使皮肤变白,色斑消退。

产品特性 本品是以中药为主要原料的外用制剂,各药组合按照本品所述方法制备,无任何不良反应,对皮肤无任何刺激。

配方23 祛斑护肤品

原料配比

原料	配比(质量份)	
	1#	2#
甘油	10	10
硬脂酸	5.5	5.5
硬脂酸甘油酯	4	4
矿油(又称二甲基硅油)	2	2
生育酚(维生素E)	2	2
熊果苷	1.5	1.5
当归根提取物	1.5	1.2
白术根提取物	1.5	1.2
白及根提取物	1	1.2
薰衣草精油	1.2	1.2
鲸蜡醇	1	1
三乙醇胺	0.8	0.8
羟苯乙酯	0.15	0.15
水	加至100	加至100

制备方法

(1) 将水、甘油加入熔融罐,加热至85~95℃,过滤后转入真空均质乳化罐内;

(2) 将硬脂酸、硬脂酸甘油酯、矿油、生育酚、鲸蜡醇、防腐剂加入另一熔融罐,加热至85~95℃,过滤后转入步骤(1)真空均质乳化罐内;

(3) 真空均质乳化罐内原料在85~95℃保温搅拌15~25min后,冷却搅拌至室温,加入熊果苷、当归根提取物、白术根提取物、白及根提取物、薰衣草精油,搅拌均匀,经检验合格后出料,得所述祛斑护肤品。

原料配伍 本品各组分质量份配比范围为:甘油9~11,硬脂酸5~6,硬脂酸甘油酯3~5,矿油1.5~2.5,生育酚1.5~2.5,熊果苷1~2,当归根提取物1~1.5,白术根提取物1~1.5,薰衣草精油1~1.5,鲸蜡醇0.8~1.2,白及根提取物1~1.5,三乙醇胺0.7~1.0,防腐剂0.1~0.2,水加至100。

所述防腐剂为羟苯乙酯。

产品应用 本品是一种祛斑护肤品。

产品特性 本品所述祛斑护肤品含有多种美白祛斑及修复活性成分，有效抑制酪氨酸酶活性，从而全面抑制黑色素形成，并能加速新陈代谢，修复受损肌肤，对皮肤进行全面养护，提高皮肤细胞的代谢功能，祛斑见效快，效果好，对人体无不良反应。

配方 24 祛斑霜

原料配比

原料	配比（质量份）	原料	配比（质量份）
水	62.3	聚山梨醇酯-60	2
丙二醇	8	二氧化钛	2
矿油	6	山梨醇酐单硬脂酸酯	1
鲸蜡硬脂醇	6	黄原胶	0.3
熊果苷	5	羟苯甲酯	0.2
棕榈酸异丙酯	5	羟苯丙酯	0.1
聚二甲基硅氧烷	2	香精	0.1

制备方法

（1）油相物料的处理：将矿油、鲸蜡硬脂醇、棕榈酸异丙酯、聚二甲基硅氧烷、山梨醇酐单硬脂酸酯、羟苯丙酯混合加热至75℃。

（2）水相物料的处理：将水、丙二醇、熊果苷、聚山梨醇酯-60、二氧化钛、羟苯甲酯混合加热至75℃。

（3）将油相物料和水相物料混合搅拌30min（1000r/min），搅拌冷却至50℃；加入香精，继续搅拌冷却至35℃，即得本品的祛斑霜。

原料配伍 本品各组分质量份配比范围为：水60~70，丙二醇5~10，矿油5~10，鲸蜡硬脂醇4~10，熊果苷3~8，棕榈酸异丙酯3~7，聚二甲基硅氧烷1.5~3.5，聚山梨醇酯-60 1~3，二氧化钛1~3，山梨醇酐单硬脂酸酯0.5~1.5，黄原胶0.1~1，羟苯甲酯0.1~0.5，羟苯丙酯0.1~0.5，香精0.1~0.5。

产品应用 本品为祛斑霜。

产品特性 本品的祛斑霜，采用优良美白剂熊果苷，能迅速地渗入肌肤而不影响肌肤细胞，与造成黑色素产生的酪氨酸结合，加速麦拉宁的分解与排除。此外，熊果苷还能保护肌肤免受自由基的侵害，亲水性强，对于黄褐斑、雀斑、黑斑、日晒斑、药物过敏遗留下来的色素沉着有很强的治疗作用，但浓度过低，其效果的持久性会减弱，所以5%浓度是最安全和最高效的淡斑浓度。5%浓度的熊果苷比维生素C淡斑作用要快，而且淡斑的持久性稳定，对皮肤不会产生刺激性作用。

配方 25 祛斑养颜面霜

原料配比

原料	配比(质量份)	原料	配比(质量份)
海螵蛸	20	栝楼	20
细辛	20	食醋	适量
干姜	20	牛骨髓	适量
秦椒	20	香精	适量

制备方法

(1) 将各种中药切片,按比例混合好备用;

(2) 取药量总质量之和四倍的食醋放入混合后的药切片浸渍 36h;

(3) 取药量总质量之和加大一倍的牛骨髓、香精备用;

(4) 将牛骨髓在不锈钢容器内以 50~60℃加热溶化后放入浸好的药渣煎煮,其油温控制在 100℃以内,待醋耗尽后且药渣成焦黄色即可;

(5) 趁热将药渣滤出,药液再经白布过滤,使药液呈无混浊感的透明体,冷却到 40~50℃时加入香精搅拌均匀后冷却成膏体。

原料配伍 本品各组分质量份配比范围为:海螵蛸 20,细辛 20,干姜 20,秦椒 20,栝楼 20,食醋适量,牛骨髓适量,香精适量。

产品应用 本品是药物化妆品,为祛斑养颜面霜。

产品特性

(1) 该化妆品纯属天然植物中药的制品,不含任何化学药品,更无激素,作用平和,无任何不良反应,见效快且疗效稳定,男女可用,老少皆宜;

(2) 该霜剂中的各药物根据药理合理搭配组方,按中医的辨症施治的原理针对皮肤斑、干暗等问题对面部皮肤进行全面的调理和保养,由于能做到标本兼顾,因此能取得见效快的效果;

(3) 由于该霜剂对皮肤具有全面呵护的作用,将其用在手脚上还有防治干裂的明显效果。

配方 26 祛斑液

原料配比

原料	配比(质量份)		
	1#	2#	3#
丹参	4	5	6
川芎	7	8	9
独活	4	5	6
黄柏	4	5	6
甘油	4	5	6
十二醇硫酸钠	0.9	1	2
50%乙醇	6	7	8
抗氧化剂	0.1	0.2	0.3
橄榄油	3	4	5
液体石蜡	4	5	6

制备方法

(1) 将草药丹参、川芎、独活、黄柏提炼取药汁备用；
(2) 用甘油、十二醇硫酸钠、50%乙醇、抗氧化剂配制成水剂；
(3) 用橄榄油、液休石蜡配制油剂。

将水剂和油剂分别加温至70～85℃后将水剂缓慢倒入油剂中，再将提炼出的中药汁加入，同一方向搅拌均匀即可。

原料配伍　本品各组分质量份配比范围为：丹参4～6，川芎7～9，独活4～6，黄柏4～6，甘油4～6，十二醇硫酸钠0.9～2，50%乙醇6～8，抗氧化剂0.1～0.3，橄榄油3～5，液体石蜡4～6。

产品应用　本品主要是一种祛斑液。

产品特性　本品能将已成形的黑色素转化为浅色素，加速黑色素代谢脱落，从而可有效地祛除色素。

配方27　祛雀斑面霜

原料配比

原料	配比(质量份)		
	1#	2#	3#
白附子	10	20	15
蛤粉	12	30	20
茯苓	15	10	13
白及	15	10	13
白蔹	15	10	13
密陀僧	15	10	13
山茶	13	6	10
珍珠粉	5	4	3
蜂蜜	适量	适量	适量

制备方法

(1) 取白附子10～20份、蛤粉10～30份、茯苓10～15份、白及10～15份、白蔹5～15份、密陀僧10～15份、山茶6～13份、珍珠粉2～5份；

(2) 步骤(1)中除珍珠粉外，其他组分分别去灰、去渣后打成粉末分类存放；

(3) 按步骤(1)进行配制混合，充分搅拌混合均匀；

(4) 将步骤(3)充分搅拌混合均匀的组分混合物倒入容器中，分多次慢慢加蜂蜜搅拌直至搅拌到糊状为止；

(5) 搅拌均匀的糊状霜按要求定量装瓶，包装入库，待售。

原料配伍　本品各组分质量份配比范围为：白附子10～20、蛤粉10～30、茯苓10～15、白及10～15、白蔹5～15、密陀僧10～15、山茶6～13、珍珠粉2～5、蜂蜜适量。

产品应用　本品主要用作祛雀斑面霜。

产品特性　本品利用我国草药的优势，不仅可以祛雀斑，而且可以滋润保养皮肤,无任何不良反应。

配方 28 消斑祛痤养颜膏

原料配比

原料	配比(质量份)	
	1#	2#
石膏	42	57
珍珠	20	29
滑石粉	19	29
零陵香	12	14
朱砂	7	9
冰片	5	6
白僵蚕	10	14
藁本	10	14
皂角刺	12	14
当归	10	14
山柰	12	14
丹参	276	286
蜂蜜	630	640

制备方法

(1) 按产品的原料组成将石膏、珍珠、滑石粉、零陵香、朱砂、冰片、白僵蚕、藁本、皂角刺、当归、山柰、丹参、蜂蜜准备好;

(2) 将石膏在铁质容器内加热煅制,煅至发白、发酥后冷却,粉碎成 200 目细粉;

(3) 在蜂蜜中加入 1∶1 的水,稀释后放在铁质容器中烧沸,将蜂蜜加入当归中,搅拌均匀后闷润,用温火炒尽水分至松脆,磨成细粉;

(4) 将食用醋与丹参搅拌均匀,闷润,用温火炒干后磨成细粉;

(5) 珍珠放在金属容器中,用温火加温至 120~150℃,煅炒 5~8min,制成细粉;

(6) 将白僵蚕、藁本、皂角刺、零陵香、冰片、朱砂、山柰粉碎成细粉;

(7) 将上述各细粉与蜂蜜混合,搅拌均匀制成产品。

原料配伍 本品各组分质量份配比范围为:石膏 42~72,珍珠 20~39,滑石粉 19~35,零陵香 12~16,朱砂 7~12,冰片 5~10,白僵蚕 10~20,藁本 10~18,皂角刺 12~16,当归 10~20,山柰 12~16,丹参 276~296,蜂蜜 630~650。

产品应用 本品主要是一种消斑祛痤养颜膏。

产品特性 本品具有润肤增白、清热除湿、活血祛风、祛瘀、解毒、消斑的效果。本品对治疗痤疮、酒渣鼻、颜面瘙痒、过敏性皮炎和雀斑、黄褐斑等具有良好的效果。

配方 29 药物洁面霜

原料配比

原料		配比(质量份)		
		1#	2#	3#
营养提取物	丹参	34	25	32
	当归	33	25	25
	白蔹	33	35	35
	水	适量	适量	适量
	75%乙醇	适量	适量	适量
洁面霜	营养提取物	4		
	霜膏	95		
	维生素 E	1		

制备方法

(1) 按质量份取丹参 34 份,当归 33 份,白蔹 33 份,研成粗药末;

(2) 将上述粗药末装进容器内分三次水煎,将三次提取的药液合并,进行浓缩;

(3) 将 75%乙醇按与浓缩药液 3:2 的比例,加入到浓缩后的药液里,进行沉淀处理,并将过滤后的药液浓缩至稠膏状;

(4) 将上述稠膏状药物进行干燥处理,再将干燥后的药膏研为极细粉末,即得营养提取物;

(5) 用水浴加热法将 95 份霜膏加热至 80℃时,加入 4 份营养提取物,并缓慢搅拌;

(6) 稍后,慢慢加入 1 份维生素 E,搅拌至冷却,即为药物洁面霜成品。

原料配伍 本品各组分质量份配比范围为:营养提取物 3~5,维生素 E 0.5~1.5,霜膏 94~96。

所述营养提取物各组分质量份配比范围为:丹参 25~34,当归 25~33,白蔹 35,水适量,75%乙醇适量。

产品应用 本品是一种药物洁面霜。

产品特性 本品能促进皮肤微循环的改善、完善和加强皮肤的生理机能和新陈代谢,清除皮肤外表的炎症和抑制炎症的发生,并能营养肌肤,改善皮肤的粗糙,使其光滑润亮,尤其是对诸如粉刺、各种面斑和肿痛等多种皮肤病有很好的治疗和预防作用。

配方 30 植物祛斑功能液

原料配比

原料	配比(质量份)		
	1#	2#	3#
人参	4	3	3
甘草	12	11	12
槐花	13	13	13

续表

原料	配比(质量份)		
	1#	2#	3#
白蔹	6	7	6
黄芩	7	7	7
桑皮	8	8	9
葛根	6	6	5
辛夷	12	12	12
冬瓜皮	7	7	7
薏苡仁	13	13	13
月季花	4	5	4
柴胡	8	8	9
水	适量	适量	适量

制备方法 将实施例中的组分按配比进行水煎,其中:水煎1~2次;每次水煎加水在3~6倍之间,时间在15~25min之间,温度控制在90℃左右;通过澄清、过滤,即得本品。

原料配伍 本品各组分质量份配比范围为:人参3~5,甘草11~13,槐花12~14,白蔹5~7,黄芩6~8,桑皮7~9,葛根5~7,辛夷11~13,冬瓜皮6~8,薏苡仁12~14,月季花3~5,柴胡7~9,水适量。

产品应用 本品是一种从中药中提取的祛斑、护肤、美肤功能液。

产品特性 本品没有添加任何的化工添加剂,使用纯天然提取物,其效果完全依靠中药的提取物来实现,而且天然提取物是依据中医配方进行混合提取,真正体现了中药配伍使用的特点。本品能够被肌肤有效吸收,能有效祛斑,起到护肤、美肤的作用。

配方 31 草药祛斑润肤霜

原料配比

原料	配比(质量份)	
	1#	2#
硬脂酸	2	2.5
单硬脂酸甘油酯	10	10
凡士林	8	8
液状石蜡	8	10
羊毛脂	15	15
升麻、槐花和桔梗混合提取物	5	5
蒲公英提取物	4	4
乌梅提取物	5	5
三乙醇胺	1	1
香精	1	1
去离子水	加至100	加至100

制备方法

(1) 将升麻、槐花和桔梗浸入80%乙醇中,浸泡10h,加热回流6h,冷却，过滤。

（2）滤渣用80%乙醇洗涤过滤，之后将两次滤液混合减压浓缩，除去溶剂，得到提取物；蒲公英提取物与乌梅提取物提取步骤同上，仅将升麻、槐花和桔梗换成蒲公英和乌梅。

（3）制作水相：将升麻、槐花和桔梗提取物、蒲公英提取物、乌梅提取物、三乙醇胺与去离子水混合加热到85℃。

（4）将硬脂酸、单硬脂酸甘油酯、凡士林、液状石蜡、羊毛脂混合加热至85℃，缓慢加入水相中，边加边搅拌。

（5）冷却至40℃加入香精，继续搅拌，冷却至室温即可。

原料配伍 本品各组分质量份配比范围为：硬脂酸2~2.5，单硬脂酸甘油酯8~10，凡士林5~8，液状石蜡8~10，羊毛脂10~15，升麻、槐花和桔梗混合提取物2~5，蒲公英提取物2~4，乌梅提取物3~5，三乙醇胺0.5~1，香精1，去离子水加至100。

产品应用 本品是一种草药祛斑润肤霜。

产品特性 本品可促进血液循环，改善皮肤毛细血管生理机能，对皮肤有润泽效果，并能消除皮肤的粗糙，使皮肤光泽、细腻，其除斑效果显著。

配方32 复合美白淡斑液

原料配比

原料		配比（质量份）			
		1#	2#	3#	4#
中药活性提取物	人参	5	5	10	15
	黄芪	5	10	10	20
	白芍	5	20	20	25
	甘草	5	10	20	30
	芙蓉花	5	10	20	35
	乙醇	适量	适量	适量	适量
	水	适量	适量	适量	适量
中药活性提取物		2.5	5	8	25
熊果苷		0.5	5	2	5
透明质酸钠		0.05	0.1	0.1	0.2
大豆发酵提取液		5	5	10	10
1,3-丁二醇		1	5	5	10
丙二醇		1	3	3	10
吐温-80		0.2	0.4	0.4	0.8
尼泊金甲酯		0.1	0.2	0.2	0.4
尼泊金丙酯		0.1	0.1	0.2	0.4
乙醇		0.5	4	2	5
去离子水		加至100	加至100	加至100	加至100

制备方法

（1）中药活性提取物的提取纯化方法为：将人参5~15份，黄芪5~20

份，白芍5~25份，甘草5~30份以及芙蓉花5~35份按照（1∶5）~（1∶10）的药物和溶剂比例浸泡于浓度为30%~85%乙醇中，浸泡时间为24~96h；然后过滤，将滤液于50~80℃减压回收乙醇至无醇味后，加2~5倍量水稀释，再用树脂型号为D10I或AB-8的大孔树脂柱水洗到无色后，再用20%~80%乙醇洗脱到洗脱液无色，并收集乙醇洗脱液，再于50~80℃减压回收乙醇至药液与药材比为（1∶2）~（1∶10），制得中药活性提取物。

（2）将中药活性提取物2.5~25份，熊果苷0.5~5份，透明质酸钠0.05~0.2份，1,3-丁二醇1~10份，丙二醇1~10份以及大豆发酵提取液5~10份加入去离子水中，在加料过程中一边加料一边搅拌，且在加料结束之后再搅拌10~20min。

（3）在上述物料中加入尼泊金甲酯0.1~0.4份，吐温-80 0.2~0.8份，尼泊金丙酯0.1~0.4份和乙醇0.5~5份，再加入去离子水至总量达到100份，并充分搅拌均匀。

（4）紫外线灭菌40~60min，静置6~48h，取上清液即得成品。

原料配伍 本品各组分质量份配比范围为：中药活性提取物2.5~25，熊果苷0.5~5，透明质酸钠0.05~0.2，大豆发酵提取液5~10，1,3—丁二醇1~10，丙二醇1~10，吐温-80 0.2~0.8，尼泊金甲酯0.1~0.4，尼泊金丙酯0.1~0.4，乙醇0.5~5和去离子水加至100。

所述中药活性提取物的原料质量份配比为：人参5~15，黄芪5~20，白芍5~25，甘草5~30，芙蓉花5~35，乙醇适量，水适量。

本品制备的复合美白祛斑液是多种中药成分和美白祛斑活性组分的组合。其中，人参提取物能有效阻碍黑色素的生物合成，同时具有很强的抗氧化功能；黄芪提取物有滋养皮肤和抗衰老作用；甘草含有甘草黄酮等成分，具有很强的抑制酪氨酸酶活性作用，有效防止黑色素的生成和过度沉积，同时还可以有效地分解、还原在皮肤中形成的黑色素；白芍、芙蓉花具有极强的抑制酪氨酸酶的活性，能有效抑制黑色素的生成，淡化已经形成的黑色素；熊果苷有较强的抑制酪氨酸酶活性的功能，是现代化妆品中安全性较高的美白剂；透明质酸具有较强的皮肤水分及修复功能。大豆发酵提取液富含大豆异黄酮、氨基酸等成分，具有很好的抑制酪氨酸酶活性和保湿功能。

产品应用 本品主要应用于美白淡斑。

产品特性 本品应用中西医结合的理论，在美白祛斑活性物中添加了多种中药活性成分，通过中药活性成分与其他美白祛斑活性物相互协同的作用，能有效地抑制酪氨酸酶的活性，高效清除氧自由基，防止黑色素的产生，分解淡化已经形成的黑色素，同时能够调节人体的内分泌系统，修复由于激素等化学成分对皮肤造成的损伤，从而达到全面快速、标本兼治的效果。本品的复合美白祛斑液不含对人体有毒有害的物质,是一种安全有效的产品。

配方 33　复合美白祛斑修复组合化妆品

原料配比

原料		配比(质量份)				
		1#	2#	3#	4#	5#
植物水溶性提取物	人参	3	2	2.5	2	3
	白芷	3.5	2.5	3	3.5	2.5
	白花蛇舌草	2	1	1.5	1	2
	白芍	2.5	1.5	2	2.5	1.5
	三七	4	3	3.5	4	4
	当归	5	4	4.5	5	4
	川芎	5	4	4.5	4	5
	半枝莲	2	1	1.5	2	1
	乙醇	适量	适量	适量	适量	适量
	去离子水	适量	适量	适量	适量	适量
美白祛斑液	植物水溶性提取物	9	12	10	11	10
	曲酸	2	3	2.5	2.5	2.5
	丙二醇	5	10	6	9	7
	甘油	5	8	6	7	7
	维生素 B	1	2	1.5	1.5	1.5
	咖啡酸	1	2	1.5	1.5	1.5
	维生素 C	5	8	6	7	7
	维生素 E	3	5	4	4	4
	甘草黄酮	0.05	0.25	0.15	0.15	0.15
	防腐剂	0.15	0.25	0.2	0.2	0.2
	增溶剂	0.4	0.7	0.55	0.55	0.55
	香精	0.4	0.8	0.6	0.6	0.6
	去离子水	68	48	61	55	58
美白修复霜	硬脂酸	2	6	4	5	3
	十六十八醇	2	4	3	2.5	3.5
	单硬脂酸甘油酯	1	3	2	1.5	2.5
	斯盘-60	0.5	1.5	1	1	1
	吐温-60	1	3	2	2	2
	白矿油	8	12	10	9	11
	尼泊金甲酯	0.15	0.25	0.2	0.2	0.2
	尼泊金丙酯	0.05	0.15	0.1	0.1	0.1
	三乙醇胺	0.1	0.5	0.3	0.3	0.3
	丙二醇	3	7	5	6	4
	特效美白复合剂 TWC	1	3	2	2.5	1.5
	修复因子 BFGF	2	4	3	2.5	3.5
	樟脑	0.05	0.15	0.1	0.1	0.1
	防腐剂	0.1	0.3	0.2	0.1	0.2
	香精	0.05	0.15	0.1	0.1	0.1
	去离子水	7	55	67	67	67

制备方法

美白祛斑液制备方法：

（1）将所述质量份的人参、白芷、白花蛇舌草、白芍、三七、当归、川芎、半枝莲按1：（10～20）加去离子水，浸泡，煎煮，过滤，收集滤液；

（2）将滤渣按1：（10～20）加去离子水，浸泡，煎煮，过滤，收集滤液；

（3）将滤渣按1：（5～10）加95％乙醇，浸泡，过滤，收集滤液；

（4）将滤渣重复步骤（3），收集滤液；

（5）合并（1）（2）、（3）、（4）所得的滤液，得到植物水溶性提取物；

（6）将所述质量份的植物水溶性提取物、曲酸、丙二醇、甘油、维生素B、咖啡酸、维生素C、维生素E、甘草黄酮，依次加入去离子水中，边混合边搅拌均匀；

（7）加入防腐剂、增溶剂、香精，充分搅拌均匀；

（8）紫外线灭菌30～40min，滤去不溶物，出料，静置24h，检验合格后分装，即得成品。

美白修复霜制备方法：

（1）将所述的原料分为三相，A相包括硬脂酸、十六十八醇、单硬脂酸甘油酯、斯盘-60、吐温-60、白矿油、尼泊金甲酯、尼泊金丙酯；B相包括三乙醇胺、丙二醇、特效美白复合剂TWC、修复因子BFGF、樟脑；C相包括防腐剂、香精；

（2）将A相和B项分别升温至80～85℃，同时抽入到乳化锅中搅拌均匀后均质1～2min，在转速为65r/min的情况下，缓慢降温到48℃，加入C相，搅拌均匀并降温到45℃，出料，半成品检验，合格后灌装，得成品。

原料配伍 本品各组分质量份配比范围为：

美白祛斑液：植物水溶性提取物9～12，曲酸2～3，丙二醇5～10，甘油5～8，维生素B 1～2，咖啡酸1～2，维生素C 5～8，维生素E 3～5，甘草黄酮0.05～0.25，防腐剂0.15～0.25，增溶剂0.4～0.7，香精0.4～0.8，去离子水48～68。

其中，所述的植物水溶性提取物的原料的质量份配比为：人参2～3，白芷2.5～3.5，白花蛇舌草1～2，白芍1.5～2.5，三七3～4，当归4～5，川芎4～5，半枝莲1～2，乙醇适量，去离子水适量。

美白修复霜：硬脂酸2～6，十六十八醇2～4，单硬脂酸甘油酯1～3，斯盘-60 0.5～1.5，吐温-60 1～3，白矿油8～12，甲酯0.15～0.25，丙酯0.05～0.15，三乙醇胺0.1～0.5，丙二醇3～7，特效美白复合剂TWC 1～3，修复因子BFGF 2～4，樟脑0.05～0.15，防腐剂0.1～0.3，香精0.05～0.15，去离子水占7～67。

其中，防腐剂和增溶剂都是本领域即化妆品领域公知的，例如，防腐剂可采用杰马B，增溶剂可采用PEG。

本产品含有多种重要的美白祛斑及修复活性成分，以加大破坏黑色素制造程序的力度，全面抑制黑色素合成。这些美白祛斑活性成分包括：①人参提取液：其抗自由基作用较强，且含有多糖多肽及多种微量元素，具有调节代谢的功效。②白芷提取液：可以美白皮肤，供给皮肤养分。③白花蛇舌草提取液：具有清热解毒、止炎消肿、活血止痛等功效。④白芍提取液：具有活血化瘀、淡化色斑等功效。⑤三七、当归、川芎的提取液：具有活血散淤等功效。⑥半枝莲提取液：具有清热解毒、消肿止痛等功效。⑦曲酸：可抑制使黑色素活化的酪氨酸酶的活跃性，将深色的氧化性黑色素还原成浅色的还原性黑色素。⑧甘草黄酮：可100%抑制酪氨酸酶的活动，并可抑制中间体多巴醌生成黑色素。⑨维生素B：与氨基酸代谢关系甚密，能促进氨基酸的吸收和蛋白质的合成，为细胞生长所必需，对脂肪代谢亦有影响，可改善皮脂分泌，有助于增强新陈代谢，使皮肤保持更年轻的状态。⑩维生素C：是制造胶原蛋白的必需营养；能帮助肌肤抵御紫外线侵害，避免黑斑、雀斑产生，极具美白功效。⑪维生素E：具有良好的抗氧化性和生物活性，可防止皮肤粗糙、皲裂，可预防斑疹、小皱纹、黑斑、黄斑、雀斑、粉刺、皮屑和消除皮肤炎症。维生素E主要通过皮肤的角质层与毛囊沟两种途径被皮肤所吸收。⑫咖啡酸：对肌肤粗糙以及斑点有特殊功效。⑬特效美白复合剂TWC：是购买的美白复合剂，TWC是其商品名，用于增强美白效果。⑭修复因子BFGF：是生物工程最新研究成果，BFGF是碱性成纤维细胞生长因子的英文缩写，对皮肤损伤的修复起主要作用。

产品应用 本品主要应用于美容领域，本产品对于因日晒、荷尔蒙分泌失调、年龄增加而引起的雀斑、黄褐斑、老年斑及黑色素沉积等都能发挥出有效的抑制和分解作用，在美白祛斑同时，减少对皮肤的损伤，经试用无任何不良反应，是高效而安全的美白祛斑化妆品。

使用时，先涂搽复合美白祛斑液，稍等片刻，再涂搽美白修复霜，两部分需配套使用方能达到最佳效果。其中，复合美白祛斑液为透明的液体，气味轻微，pH值为4.0～6.5；美白修复霜为乳白色霜剂。整体产品应于15～25℃密封存储于阴暗干燥的环境，避免直接受阳光或强光照射。

产品特性 本产品利用多方位护养调理的原理，能达到治标兼治本的效果。为了减退面上的色素沉着，本产品利用安全有效的美白祛斑修护成分进行搭配，完成一定的美白护理，具有抑制皮肤的黑色素，促进表皮脱落，加速黑色素的排泄的功效。该组合化妆品既能够使美白祛斑快速见效，使各种色素斑彻底消失，而且能修复在美白祛斑过程中对皮肤的损伤，起到修复效果，使美白效果更持久。

配方 34　瓜蒌展皱祛斑美白霜

原料配比

原料		配比	
		1#	2#
主料	瓜蒌实	30g	10g
	甜杏仁	30g	10g
	当归	6g	3g
	川芎	6g	3g
	白芷	15g	10g
	高粱白酒	适量	适量
	水	适量	适量
辅料	小麦胚芽油	30mL	15mL
	甘油	10mL	5mL
	乳化剂	5mL	5mL
	维生素 E	2mL	1mL
	水溶液胶原蛋白	10mL	5mL
	橄榄油	10mL	15mL
	抗菌剂	0.5mL	0.8mL

制备方法

（1）选取瓜蒌实、甜杏仁、当归、川芎、白芷，将上述药物混合后，用 200g 水和 10mL 高粱白酒组成的混合液快速漂洗干净待用；稍干后用 200 目粉碎机粉碎成粗粉。

（2）萃取药液：用 95％的酒精浸泡 24h 后用六层纱布将药液滤出，用隔水蒸馏法回收酒精，余膏汁加入一定量的纯水稀释，加入消毒锅煮沸 10min，移取上清液补充失水至原液量，用稀盐酸与 10% NaOH 溶液调节 pH 值至中性待用。

（3）配制瓜蒌展皱祛斑美白霜：取小麦胚芽油、甘油、乳化剂、维生素 E、水溶液胶原蛋白、橄榄油、抗菌剂、步骤（2）制成的中药混合液；先将小麦胚芽油与维生素 E 混合稍热，然后将余者倾入小麦胚芽油与维生素 E 液中，趁热搅均匀，早晚洁面后，用手指蘸取适量瓜蒌展皱祛斑美白霜，均匀搽抹于手面部，再轻轻按摩 1min 即可，此时会觉得手面部光滑无比。

原料配伍　本品各组分配比范围为：

主料：瓜蒌实 10～30g，甜杏仁 10～30g，当归 3～6g，川芎 3～6g，白芷 10～15g，高粱白酒适量，水适量。

辅料：橄榄油 5～15mL，小麦胚芽油 15～35mL，甘油 5～15mL，乳化剂 3～8mL，维生素 E 1～3mL，水溶液胶原蛋白 5～15mL，抗菌剂 0.3～0.8mL。

产品应用 本品主要用作展皱祛斑美白霜。

产品特性 本品采用瓜蒌（在《本经》中叫栝楼）作为主要原料，因瓜蒌实主要成分含有脂肪油、有机酸、多糖等，在化妆品中既能滋润皮肤，又能营养皮肤，性味温和，可以开发一系列产品，是肌肤恢复的佳品；本配方中的甜杏仁含有脂肪油（杏仁油）约50%、蛋白质和游离氨基酸，对皮肤有保养功效；当归有补血活血的功效，可促进血液循环；川芎有活血止痛，治疗瘙痒之效；白芷具有抗菌活肿、止痛之功效，所以在配方中经配伍各组分各显其效，缺一不可。辅料为生产化妆品必不可少的原料，添加其原料可根据不同的季节和使用对象，制作成油、露、霜、面膜等。

配方 35 美白淡斑霜化妆品

原料配比

原料		配比（质量份）		
		1#	2#	3#
主体美白淡斑组分（A相）		5.21	21	10
辅助美白淡斑组分（B相）		3	0.4	2
油相组分（C相）		32.5	13.5	25
水相组分（D相）		57.29	64.3	61.8
增稠稳定组分（E相）		1	0.5	0.7
助剂组分（F相）		1	0.3	0.5
主体美白淡斑组分	光果甘草（GLYCYRRHIZA GLABRA）根提取物	0.01	5	2
	烟酰胺（VB3）	2	6	3
	熊果苷	2	6	3
	羟癸基泛醌	0.2	1	0.5
	超细钛白粉	1	3	1.5
辅助美白淡斑组分	噻克索酮	1	0.2	0.5
	生育酚乙酸酯	2	0.2	1.5
油相组分	PEG-100 硬脂酸酯	3	1	2
	鲸蜡硬脂醇	3.5	1.5	2
	聚二甲基硅氧烷	5	3	4
	辛酸/癸酸甘油三酯	8	4	6
	氢化聚癸烯	10	3	9
	貂油	3	1	2
水相组分	EDTA 二钠	0.2	0.01	0.1
	尿囊素	0.5	0.1	0.3
	甘油	10	1	5
	1,3-丁二醇	10	1	5
	黄原胶	0.3	0.1	0.2
	水	36.29	62.09	51.2

续表

原料		配比(质量份)		
		1#	2#	3#
增稠稳定组分	聚丙烯酰胺	1	—	—
	C$_{13}$~C$_{14}$异链烷烃	—	0.5	—
	C$_{13}$~C$_{14}$异链烷烃和月桂醇醚-7的混合物	—	—	0.7
助剂组分	香精和防腐剂的混合物	1	—	—
	防腐剂	—	—	0.5
	香精	—	0.3	—

制备方法

(1) 将C相升温到65~95℃，保温到75~85℃，加入B相，搅拌；

(2) 将D相升温到65~95℃，保温到75~85℃，搅拌溶解完全；

(3) 先将C混合相抽入乳化锅，再缓缓抽入D相，再加入A相，均质5~15min，保温搅拌5~15min，抽真空降温；

(4) 50~70℃时加入E相，均质2~3min，搅拌均匀；

(5) 30~50℃时加入F相，搅拌均匀，即得本品产品。

原料配伍 本品各组分质量份配比范围为：主体美白淡斑组分5.21~21，辅助美白淡斑组分0.4~3，油相组分13.5~32.5，水相组分41.5~80.19，增稠稳定组分0.5~1，助剂组分0.3~1。

所述的主体美白淡斑组分由以下配比的组分组成：光果甘草（Glycyrrhiza glabra）根提取物0.01~5，烟酰胺（VB3）2~6，熊果苷2~6，羟癸基泛醌0.2~1，超细钛白粉1~3。

所述的辅助美白淡斑组分由以下配比的组分组成：噻克索酮0.2~1，生育酚乙酸酯0.2~2。

所述的油相组分由以下配比的组分组成：PEG-100硬脂酸酯1~3，鲸蜡硬脂醇1.5~3.5，聚二甲基硅氧烷3~5，辛酸/癸酸甘油三酯3~10，氢化聚癸烯1~10，貂油1~3。

所述的水相组分由以下配比的组分组成：EDTA二钠0.01~0.2，尿囊素0.1~0.5，甘油1~10，1,3-丁二醇1~10，黄原胶0.1~0.3，水21.5~77.98。

所述的增稠稳定组分为聚丙烯酰胺、C$_{13}$~C$_{14}$异链烷烃、月桂醇醚-7中的一种或两种以上的混合物。

所述的助剂组分为香精、防腐剂中的一种或两种的混合物。

产品应用 本品是一种美白淡斑霜化妆品。

产品特性

(1) 本品中主要成分作用：甘草黄酮（Glabridin）是从特定品种甘草中提取的天然美白剂，它能抑制酪氨酸酶的活性，又能抑制多巴色素互变和DHICA氧化酶的活性，是一种快速、高效、绿色的美白祛斑化妆品添加剂，具有与SOD（过氧化物歧化酶）相似的清除氧自由基的能力，具有与维生素E相近的抗氧自由基能力。甘草黄酮是目前世界上公认的最有效的天然美白、增白、祛斑、防晒化妆品添加剂；在化妆品界誉为"美白黄金"。本品取自光果甘草提取的甘草黄酮，作为主要的美白祛斑活性成分，配合烟酰胺（VB3）、熊果苷、艾地苯醌、超细钛白粉，起到协同增效作用，再搭配辅助美白淡斑组分噻克索酮（促渗透）、生育酚乙酸酯（抗氧化，修护）。

（2）本品对于雀斑、痤疮、粉刺、黑头、黄褐斑、枯黄黑脸、太阳斑等症状有极佳的淡化效果，且有较好的增白效果。

配方36 含薰衣草提取物的美白祛斑化妆品

原料配比

原料	配比（质量份）					
	1#	2#	3#	4#	5#	6#
谷胱甘肽	10	20	12	18	14	15
薰衣草提取物	30	50	35	45	34	40
薄荷提取物	20	30	22	28	26	25
甘草提取物	10	20	12	18	14	15
维生素C乙基醚	3	8	4	7	4	6
桑叶	4	10	5	9	6	7
红景天	4	12	5	10	7	8
白术	4	10	5	9	8	7
金丝草	6	14	7	13	9	10
冬葵果	3	8	4	7	4	5
女贞子	2	8	3	7	6	5
百合	3	9	4	8	4	6
溶媒填充剂	10	20	12	18	16	15

制备方法

（1）将桑叶、红景天、白术、金丝草、冬葵果、女贞子、百合混合后加入研磨机中研磨，速率为200r/min，研磨时间为10min，得到混合物A；

（2）将混合物A加入锅中，并加入适量水进行蒸煮，20min后，进行过滤，得到滤液，并冷却至室温；

（3）将谷胱甘肽、薰衣草提取物、薄荷提取物、溶媒填充剂混合后进行充分搅拌，静置20min，得到混合物B；

（4）在混合物B中加入步骤（2）得到的滤液，加入搅拌罐中充分搅拌，搅拌速率为400r/min，搅拌时间为30min，静置10min，得到混合物C；

（5）将混合物C放入冰箱中冷藏3h后，得到美白祛斑化妆品。

原料配伍 本品各组分质量份配比范围为：谷胱甘肽10～20，薰衣草提取物30～50，薄荷提取物20～30，甘草提取物10～20，维生素C乙基醚3～8，桑叶4～10，红景天4～12，白术4～10，金丝草6～14，冬葵果3～8，女贞子2～8，百合3～9以及溶媒填充剂10～20。

产品应用 本品是一种含薰衣草提取物的美白祛斑化妆品。

产品特性 本产品制备方法简单,制得的化妆品具有消除色素沉淀、淡化皮肤出现的皱纹和色斑的功效;性质稳定,刺激性小,能够使皮肤更加细腻、光滑、嫩白和富于弹性。其中,本产品中添加的薰衣草提取物具有清热解毒,清洁皮肤,控制油分,祛斑美白,祛皱嫩肤,祛除眼袋黑眼圈,促进受损组织再生恢复等护肤功能;对人体有美容,舒缓压力,放松肌肉等作用;添加的甘草提取物能够通过抑制酪氨酸酶和多巴色素互变酶(TRP-2)的活性,阻碍5,6-二羟基吲哚(DHl)的聚合,以此来阻止黑色素的形成,从而达到美白皮肤的效果。

配方 37 含有黄荆干细胞的美白祛斑化妆品

原料配比

原料		配比(质量份)				
		1#	2#	3#	4#	5#
黄荆干细胞		5	10	20	30	25
人参提取液		2	5	15	13	8
熟地黄提取液		4	6	10	15	2
柠檬提取液		2	6	10	8	15
增稠剂	卡波980	0.25	—	—	—	—
	汉生胶	—	0.1	—	—	—
	卡波980与汉生胶	—	—	—	0.25	—
	丙烯酸酯类	—	—	0.1	—	—
	卡波980与丙烯酸酯类	—	—	—	—	0.1
保湿剂	小分子透明质酸钠	20	—	—	—	—
	海藻糖	—	18	—	—	—
	葡聚糖	—	—	20	—	—
	小分子透明质酸钠与海藻糖	—	—	—	18	—
	银耳多糖	—	—	—	—	15
乳化剂	十二烷基硫酸钠	8	—	—	4	—
	脂肪醇聚氧乙烯醚	—	6	—	—	5
	Oliver1000	—	—	7	—	—
防腐剂	山梨酸钾	0.5	—	0.3	—	0.2
	苯氧乙醇	—	0.3	—	0.4	—
油脂		3.5	2	2.5	1.5	2
三乙醇胺		0.6	0.4	0.5	0.3	0.4
去离子水		加至100	加至100	加至100	加至100	加至100

制备方法

(1) 黄荆干细胞的制备:

① 将黄荆新枝条杀菌、去除木质部和髓后,接种于诱导培养基,诱导培养基获得形成层细胞。

② 形成层细胞经培养基继代、接入增殖培养基、摇床培养获得单细胞。

③ 所述单细胞接种于增殖培养基经扩大培养，得到黄荆干细胞。

（2）植物提取液的制备：将原料按质量份配比称取人参、熟地黄、柠檬，机械粉碎为 0.2~0.5cm 粒径的碎粒，加入 10 倍质量的 60% 乙醇，常温下浸泡 10h，浸泡两次。在萃取液中加入活性炭粉末，搅拌 5~10min 后放入 5℃ 环境中静置 10~20h，上清液过 120 目筛，在 35℃ 下对滤液进行减压浓缩，浓缩成与起始原料药的质量相等的中药原料提取物浓缩液，备用。

（3）在搅拌的状态下，将增稠剂、乳化剂缓慢加入至去离子水中，加热搅拌至 80~90℃，保温至完全溶胀。

（4）向步骤（3）中的混合物加入保湿剂，继续搅拌至溶解完全后，均质 24min。

（5）向步骤（4）中的混合物加入油脂，3~5min 后，保温 10~15min 至消泡完全，待温度降至 55~60℃ 时，加入适量的三乙醇胺中和至 pH=6.0~7.0，搅拌均匀。

（6）将步骤（5）中所得的物质温度降至 40~45℃，加入黄荆干细胞、人参提取液、熟地黄提取液、柠檬提取液、防腐剂，搅拌均匀，降温至 36℃，停止搅拌，出料。

所述诱导培养基为含有 NAA、BA 和水解酪蛋白的 MS 固体培养基，所述增殖培养基为含有 2,4-D、BA、水解酪蛋白和活性炭的 MS 液体培养基。

原料配伍 本品各组分质量份配比范围为：黄荆干细胞 5~30，人参提取液 2~15，熟地黄提取液 2~15，柠檬提取液 2~15，增稠剂 0.1~0.25，保湿剂 15~20，乳化剂 4~8，防腐剂 0~0.5，油脂 1.5~3.5，三乙醇胺 0.3~0.6，去离子水加至 100。

所述的增稠剂选用指卡波 980、汉生胶、丙烯酸酯类中的一种或几种组合。

所述保湿剂选用小分子透明质酸钠、海藻糖、葡聚糖、银耳多糖中一种或几种组合。

所述的乳化剂选用十二烷基硫酸钠、脂肪醇聚氧乙烯醚、oliver1000 中的一种或几种组合。

所述防腐剂选用苯氧乙醇、山梨酸钾中的一种。

产品应用 本品是一种含有黄荆干细胞的美白祛斑化妆品，主要针对肤色暗沉、黄褐斑等色斑形成的病因和病机，利用多种中药提取物的活性成分的相互协同作用，有效地降低皮肤中黑色素过度沉积，轻松消除色斑。

产品特性 本产品选用黄荆干细胞为主原料，利用黄荆的有效成分，能够活化细胞，清除自由基，阻断黄褐斑、蝴蝶斑的产生，消除皮肤黑色素，减少、去除青春痘，使得皮肤洁白美丽。采用黄荆的干细胞对人体具有良好的相容性，更易于被人体吸收，对皮肤细胞的生长具有良好的促进作用，可以加快细胞的新陈代谢，增强皮肤细胞的活力，同时添加具有美白、活肤、促进新陈代谢、增强皮肤细胞活力等功效的熟地黄提取物、人参提取物、柠檬提取物，与黄荆干细胞发生协同作用，起到美白祛斑的作用。在多种中药提取物协同作用下，产品可以明显改善肤质，提高皮肤弹性，提高皮肤的增生能力，效果明显高于单独添加植物干细胞。

配方 38　含有人参提取物的美白祛斑化妆品

原料配比

原料	配比（质量份）	原料	配比（质量份）
人参	2	黄荆子	5
枣树皮	5	黄连	3
饿蚂蝗根	4	黄柏	3
银露梅叶	3	茵陈	3
石榴树皮	4	栀子	3
鸡娃草	2	荜茇	3
西河柳	3	川楝子	3
红药子	5	桑枝	3
佛甲草	6	花椒	3
檵木叶	5	干姜	3

　　制备方法　按质量份称取上述原料，混合均匀后粉碎成细末放入煎药器具内；加入符合生活饮用水标准的洁净水，加水量以超过药面 2~3cm 为度；浸泡 0.5h，使其充分湿润，以利药液充分煎出；用武火煮沸后改用文火煎熬 30min，除去药渣，取药液即得所述美白祛斑化妆品。

　　原料配伍　本品各组分质量份配比范围为：人参 2，枣树皮 5，饿蚂蝗根 4，银露梅叶 3，石榴树皮 4，鸡娃草 2，西河柳 3，红药子 5，佛甲草 6，檵木叶 5，黄荆子 5，黄连 3，黄柏 3，茵陈 3，栀子 3，荜茇 3，川楝子 3，桑枝 3，花椒 3，干姜 3。

　　产品应用　本品是一种含有人参提取物的美白祛斑化妆品。

　　产品特性　本产品具有很强的抗氧化作用，且为小分子物质，更容易渗入皮肤而被皮肤所吸收，不仅可以提高皮肤代谢，促进皮肤血液循环，增加皮肤营养，而且可有效地去除自由基，消除色素沉淀，淡化皮肤出现的皱纹和色斑，使皮肤更加细腻、光滑、嫩白和富于弹性，可方便地满足人们对面部皮肤的美白、抗衰老、去皱、去斑的日常护肤要求，是一种新颖并独具特色的草药化妆品。

配方 39　基于植物提取物的祛斑美白化妆品

原料配比

原料		配比（质量份）						
		1#	2#	3#	4#	5#	6#	7#
载体成分	甘油	12	12	12	12	12	—	6
	丁二醇	6	6	6	6	6	—	8
	月桂醇聚醚磷酸钾	—	—	—	—	—	15	—
	EDTA二钠	—	—	—	—	—	0.1	—
	椰油酰胺丙基甜菜碱	—	—	—	—	—	8	—
	1,2-戊二醇	6	6	6	6	6	4	5
	透明质酸钠	—	—	—	—	—	—	0.3
	去离子水	74	74	74	74	74	69	78
功效成分	翼首草提取物	3	3	3	3	3	3	3
	眼子菜提取物	1	1.5	0.75	3	0.6	1	1

制备方法 将载体成分按用量称好后，启用搅拌器搅拌30min，使用循环冷却搅拌降温至45℃时，边加功效成分边搅拌，直至搅拌均匀。

原料配伍 本品各组分质量份配比范围为：

甘油6～12，丁二醇6～8，月桂醇聚醚磷酸钾15，EDTA二钠0.1，椰油酰胺丙基甜菜碱8，1,2-戊二醇4～6，透明质酸钠0.3，去离子水69～78，翼首草提取物3，眼子菜提取物0.6～3。

所述翼首草提取物和眼子菜提取物的质量比为（2～4）:1。

所述翼首草提取物的制备方法为：

（1）将干燥的翼首草粉碎，用65%～75%乙醇溶液热回流提取，合并滤液，浓缩至无醇味得到乙醇提取浓缩液；

（2）将步骤（1）所得的乙醇提取浓缩液用水稀释，依次用石油醚、乙酸乙酯和水饱和的正丁醇萃取，减压浓缩，分别得到石油醚萃取物、乙酸乙酯萃取物和正丁醇萃取物；

（3）正丁醇萃取物用水溶解，过滤，滤液用D101大孔树脂富集活性成分，先用12%～16%乙醇冲洗7～9个柱体积，除去大极性成分，再用65%～75%乙醇洗脱8～10个柱体积，收集65%～75%乙醇洗脱液，减压浓缩，喷雾干燥即得。

所述眼子菜提取物的制备方法为：

（1）将干燥的眼子菜粉碎，用60%～70%乙醇溶液热回流提取，合并滤液，浓缩至无醇味得到乙醇提取浓缩液；

（2）将步骤（1）所得的乙醇提取浓缩液用水稀释，依次用石油醚、乙酸乙酯和水饱和的正丁醇萃取，减压浓缩，分别得到石油醚萃取物、乙酸乙酯萃取物和正丁醇萃取物；

（3）正丁醇萃取物用水溶解，过滤，滤液用AB-8大孔树脂富集活性成分，先用6%～10%乙醇冲洗5～7个柱体积，除去大极性成分，再用60%～70%乙醇洗脱9～11个柱体积，收集60%～70%洗脱液，减压浓缩，喷雾干燥即得。

产品应用 本品是一种基于植物提取物的祛斑美白化妆品。

产品特性 本产品以植物提取物为功效成分，且通过控制翼首草提取物和眼子菜提取物的含量比值，可最大化地祛斑美白，安全有效。

配方 40 兼具祛痘、祛斑和美白功能的化妆品

原料配比

原料		配比(质量份)						
		1#	2#	3#	4#	5#	6#	7#
载体成分	甘油	12	12	12	12	12	—	6
	丁二醇	6	6	6	6	6	—	8
	月桂醇聚醚磷酸钾	—	—	—	—	—	15	—
	EDTA 二钠	—	—	—	—	—	0.1	—
	椰油酰胺丙基甜菜碱	—	—	—	—	—	8	—
	1,2-戊二醇	6	6	6	6	6	4	5
	透明质酸钠	—	—	—	—	—	—	0.3
	去离子水	74	74	74	74	74	69	78
功效成分	半枫荷叶提取物	3	2.66	3.2	—	3.3	3	3
	冰草根提取物	1	1.33	0.8	—	0.7	1	1

制备方法　将载体成分按用量称好后，启用搅拌器搅拌 30min，使用循环冷却搅拌降温至 45℃时，边加功效成分边搅拌，直至搅拌均匀。

原料配伍　本品各组分质量份配比范围为：甘油 6~12，丁二醇 6~8，月桂醇聚醚磷酸钾 15，EDTA 二钠 0.1，椰油酰胺丙基甜菜碱 8，1,2-戊二醇 4~6，透明质酸钠 0.3，去离子水 69~78，半枫荷叶提取物 2~3.3，冰草根提取物 0.8~2。

所述半枫荷叶提取物和冰草根提取物的质量比为(2~4):1。

所述半枫荷叶提取物的制备方法为：

(1) 将干燥的半枫荷叶粉碎，用 65%~75% 乙醇溶液热回流提取，合并滤液，浓缩至无醇味得到乙醇提取浓缩液；

(2) 将步骤 (1) 所得的乙醇提取浓缩液用水稀释，依次用石油醚、乙酸乙酯和水饱和的正丁醇萃取，减压浓缩，分别得到石油醚萃取物、乙酸乙酯萃取物和正丁醇萃取物；

(3) 正丁醇萃取物用水溶解，过滤，滤液用大孔树脂富集活性成分，先用 12%~16% 乙醇冲洗 7~9 个柱体积，除去大极性成分，再用 65%~75% 乙醇洗脱 8~10 个柱体积，收集 65%~75% 乙醇洗脱液，减压浓缩，喷雾干燥即得。所使用的大孔树脂为 D101 型大孔树脂。

所述冰草根提取物的制备方法为：

(1) 将干燥的冰草根粉碎，用 60%~70% 乙醇溶液热回流提取，合并滤液，浓缩至无醇味得到乙醇提取浓缩液；

(2) 将步骤 (1) 所得的乙醇提取浓缩液用水稀释，依次用石油醚、乙酸乙酯和水饱和的正丁醇萃取，减压浓缩，分别得到石油醚萃取物、乙酸乙酯萃取物和正丁醇萃取物；

(3) 正丁醇萃取物用水溶解，过滤，滤液用大孔树脂富集活性成分，先用

6%～10%乙醇冲洗 5～7 个柱体积，除去大极性成分，再用 60%～70%乙醇洗脱 9～11 个柱体积，收集 60%～70%洗脱液，减压浓缩，喷雾干燥即得。使用的大孔树脂为 AB-8 型大孔树脂。

产品应用 本品主要是一种兼具祛痘、祛斑和美白功能的化妆品。

产品特性 本产品提供的化妆品以植物提取物为功效成分，且通过控制半枫荷叶提取物和冰草根提取物的含量比值，可最大程度地祛痘、祛斑、美白，安全有效。

配方 41 具有祛斑功能的化妆品

原料配比

原料	配比(质量份)	原料	配比(质量份)
芦荟多肽 HFP-1	0.1	吡咯烷酮羧酸钠	1
橄榄油	2	甘油	2
维生素 E	0.5	乳酸钠	1
硫辛酸	0.01	香精	0.1
谷胱甘肽	0.1	去离子水	5

制备方法

(1) 芦荟多肽 HFP-1 的制备方法：

① 将芦荟清洗干净，绞碎，榨汁，加入木瓜蛋白酶和胰蛋白酶，加酶量 20000IU/g 芦荟，酶解温度为 50℃，pH 值为 7.0，酶解时间为 2h，酶解完成后，92℃灭酶 13min。

② 灭酶后的物料经过滤除去不溶物，得到溶液，所得多肽溶液加入 4%活性炭吸附脱色，用葡聚糖 G-50（Sephadex G-50）进行多肽分离，20mmol/L HCl 溶液洗脱，流速为 1.3mL/min，分别收集不同时间段的洗脱产物，调节溶液至 pH=7.0，10000r/min 的转速下离心 15min，经大孔树脂 DA201-C 脱盐处理后，真空浓缩，上清液冷冻干燥备用；经十二烷基硫酸钠-聚丙烯酰胺凝胶电泳（SDS-PAGE），回收小分子量的条带，其中经过功能验证，共得到 30 个小肽的序列具有抗衰老的功能。根据色谱柱中不同的峰值分离时间，可以批量获得相应的小肽，也可人工合成所述的多肽。

(2) 分别取芦荟多肽 HFP-1 0.1 份，橄榄油 2 份，维生素 E 0.5 份，硫辛酸 0.01 份，谷胱甘肽 0.1 份，吡咯烷酮羧酸钠 1 份，甘油 2 份，乳酸钠 1 份，香精 0.1 份，充分搅拌使完全溶解，混匀，调节溶液的 pH 值至 5.5～6.5，最后用 5 份去离子水补足配方总量，除菌过滤，分装，即为成品化妆品。

原料配伍 本品各组分质量份配比范围为：芦荟多肽 HFP-1 0.1，橄榄油 2，维生素 E 0.5，硫辛酸 0.01，谷胱甘肽 0.1，吡咯烷酮羧酸钠 1，甘油 2，乳酸钠 1，香精 0.1，去离子水 5。

产品应用 本品用作祛斑功能的化妆品。

产品特性 本品中芦荟多肽与其他活性物质结合,能更好地滋养皮肤,有效预防及对抗皮肤色斑的生成,增加皮肤弹性,延缓衰老。本品制备得到的化妆品天然、温和、对皮肤无刺激,而且多种活性物质协同作用于皮肤,其效果要优于普通化妆品。

配方 42 美白祛斑组合物及化妆品

原料配比

美白祛斑组合物

原料		配比(质量份)
BASE♯1	甘草黄酮(40%含量)(与甘油按1:10进行溶解)	0.05
	B-WHITE(寡肽)	0.5
	黄细心提取物	1
	维生素C乙基醚	0.5
	芦荟粉	0.2
	红石榴酵素	1
BASE♯2	氢化卵磷脂	3
	维生素C-IP	1
	甲氧基肉桂酸乙基己酯	5
	生育酚乙酸酯	1

美白祛斑化妆品

原料		配比(质量份)		
		1♯美白祛斑霜	2♯美白祛斑乳液	3♯美白祛斑睡眠面膜
A相	BASE♯2	10	10	10
	辛酸/癸酸甘油三酯	8	5	3
	硬脂酸	1.5	0.3	—
	鲸蜡硬脂醇	—	0.4	—
	白池花(LWINAN THESALBA)籽油	5	2	2
	羟苯甲酯	0.2	0.2	0.2
	羟苯丙酯	0.1	0.1	0.1
B相	环聚二甲基硅氧烷	6	3	3
	环聚二甲基硅氧烷、聚二甲基硅氧烷交联聚合物	1	0.5	0.5
C相	水	54.36	67.6	70.06
	EDTA二钠	0.02	0.02	0.02
	丁二醇	6	6	6
	透明质酸钠	0.02	0.02	0.02
	泛醇	1	—	—
	卡波姆	—	0.1	0.25
D相	红没药醇	0.5	—	—
	BASE♯1	3.75	—	—
	氨甲基丙醇	—	0.06	0.15

续表

原料		配比(质量份)		
		1#美白祛斑霜	2#美白祛斑乳液	3#美白祛斑睡眠面膜
E相	苯氧乙醇	0.3	—	—
	红没药醇	—	0.5	0.5
	BASE#1	—	3.75	3.75
	香精	0.25	—	—
F相	苯氧乙醇	—	0.3	0.3
	香精	—	0.15	0.15

制备方法

（1）将 B 相搅拌分散均匀后备用；

（2）依次将 A 相各组分加入油相锅，搅拌升温至 80~85℃，完全溶解；

（3）乳化前将分散好的 B 相混合物加入油相锅搅拌均匀；

（4）同时将 C 相依次加入水相锅，搅拌升温至 80~85℃，溶解完全后抽入乳化锅；

（5）抽真空（0.03MPa），同时开均质（3000r/min）与搅拌，利用负压将油相锅中的物料经滤网抽入乳化锅内进行乳化，时间为 25~30min，然后开循环水降温，并保持真空以消泡；

（6）降温至 45℃，依次加入 D、E 相，搅拌均匀；

（7）继续降温至 38℃，检验合格后出料。

原料配伍 本品各组分质量份配比范围为：

A 相：BASE#2 8~12、辛酸/癸酸甘油三酯 3~8、硬脂酸 0~2、鲸蜡硬脂醇 0~0.5、白池花籽油 2~5、羟苯甲酯 0.1~0.2、羟苯丙酯 0.1~0.2。

B 相：环聚二甲基硅氧烷 3~6、环聚二甲基硅氧烷、聚二甲基硅氧烷交联聚合物 0.5~1。

C 相：水 50~75、EDTA 二钠 0.01~0.02、丁二醇 5~7、透明质酸钠 0.02~0.03、泛醇 0~1、卡波姆 0~0.3。

D 相：红没药醇 0~0.5、BASE#1 0~4、氨甲基丙醇 0~0.2。

E 相：苯氧乙醇 0~0.3、红没药醇 0~0.5、BASE#1 0~4、香精 0~0.3。

F 相：苯氧乙醇 0~0.3、香精 0~0.15。

产品应用 本品是一种美白祛斑组合物及化妆品。

产品特性 本产品能有效改善皮肤暗沉，提亮肤色，具有显著的美白淡斑功效，且能有效降低产品的刺激性，使产品更安全。

配方 43 祛斑护肤化妆品

原料配比

原料	配比(质量份)	原料	配比(质量份)
壳聚糖壬二酸盐	6	单硬脂酸甘油酯	1.5
维生素E乙酸酯	0.5	聚氧乙烯十六烷基醚	31
十六烷醇	3.7	香精	适量
凡士林	5	防腐剂	适量
白油	2	去离子水	加至100

制备方法

(1) 将壳聚糖壬二酸盐和维生素E乙酸酯溶于去离子水中,搅拌溶解制成水相备用;

(2) 将十六烷醇、凡士林、白油、单硬脂酸甘油酯和聚氧乙烯十六烷基醚混合,加热至70℃使它们充分混合制成油相备用;

(3) 将步骤(1)和步骤(2)所得物混合,添加适量的香精和防腐剂,搅拌并使其乳化,乳化后冷却至室温,陈化24h后,得到祛斑护肤化妆品。

原料配伍 本品各组分质量份配比范围为:壳聚糖壬二酸盐6,维生素E乙酸酯0.5,十六烷醇3.7,凡士林5,白油2,单硬脂酸甘油酯1.5,聚氧乙烯十六烷基醚31,香精适量,防腐剂适量,去离子水加至100。

产品应用 本品是一种抗菌抗粉刺、祛斑美白的祛斑护肤化妆品,对皮肤具有良好的滋润美白、祛斑养颜的效果。

产品特性 本产品各组分产生协调作用,抗菌抗粉刺、祛斑美白;pH值与人体皮肤的pH值接近,对皮肤无刺激性;使用后明显感到舒适、柔软,无油腻感,具有明显的滋润美白、祛斑养颜的效果。

配方44 祛斑化妆品(一)

原料配比

	原料	配比(质量份)
A相	鲸蜡硬脂基葡糖苷/鲸蜡硬脂醇	3
	甘油硬脂酸酯/PEG-100硬脂醇酯	2
	鲸蜡硬脂醇	4
	聚二甲基硅氧烷	2
	角鲨烷	6
	鳄梨油	3
	燕麦仁油	2
	乙基己基甘油	1
	生育酚乙酸酯	1
B_1相	海藻糖	2
	乙基抗坏血酸	2
	烟酰胺	2
	库拉索芦荟叶汁提取物	0.5
	植物提取物	15
	水	加至100
B_2相	甘油	3
	黄原胶	0.1

续表

原料		配比(质量份)
C相	丁二醇	5
	光果甘草根提取物	0.1
D相	环五聚二甲基硅氧烷	3
	水解珍珠	2
	马齿苋提取物	3
	1,2-乙二醇/八角茴香提取物/黄芩根提取物/丁二醇	1
植物提取物	炒白果	25
	炒杏仁	25
	茯苓	30
	桔梗	25
	甘草	20
	人参	20
	松茸	25

制备方法

(1) 将A相、B_1相分别搅拌并升温至80～85℃,保持20min,进行灭菌;

(2) 将B_2相搅拌后,加入到B_1相中,再搅拌均匀形成B相,然后抽入乳化锅并进行搅拌,同时抽入A相,再搅拌3～5min后,均质3min。

(3) 均质后,搅拌降温至60℃,加入预先溶解的C相,搅拌均匀后,降温至45℃,加入D相,搅拌均匀后降温至36～38℃出料即可。

原料配伍 本品各组分质量份配比范围为:

A相:鲸蜡硬脂基葡糖苷/鲸蜡硬脂醇3,甘油硬脂酸酯/PEG-100硬脂醇酯2,鲸蜡硬脂醇4,聚二甲基硅氧烷2,角鲨烷6,鳄梨油3,燕麦仁油2,乙基己基甘油1,生育酚乙酸酯1。

B_1相:海藻糖2,乙基抗坏血酸2,烟酰胺2,库拉索芦荟叶汁提取物0.5,植物提取物15,水加至100。

B_2相:甘油3,黄原胶0.1。

C相:丁二醇5,光果甘草根提取物0.1。

D相:环五聚二甲基硅氧烷3,水解珍珠2,马齿苋提取物3,1,2-乙二醇/八角茴香提取物/黄芩根提取物/丁二醇1。

所述的祛斑化妆品中的植物提取物由下列质量份的中药提取得到的:炒白果25份、炒杏仁25份、茯苓30份、桔梗25份、甘草20份、人参20份、松茸25份。

祛斑化妆品中的植物提取物按照以下步骤提取得到:

(1) 按照上述的中药质量份称取中药;

(2) 用中药质量的5倍、浓度为60%的乙醇浸泡中药2h以上;

(3) 将上述药液进行30～60min的加热回流提取;

(4) 药液经过滤后收集滤液,再加入原中药质量的5倍、浓度为60%的乙醇,然后进行2次回流提取,每次回流提取的时间为30～60min;

（5）将3次回流提取的药液混合，在真空条件下回收药液，将药液浓缩过滤即可。

产品应用　本品是一种祛斑化妆品。

产品特性

（1）本产品中的角鲨烷能抑制皮肤脂质的过氧化，能有效渗透入肌肤，并促进皮肤基底细胞的增殖，对延缓皮肤老化，改善并消除黄褐斑均有明显的生理效果；鳄梨油能被深层组织吸收，可以有效地软化皮肤组织，皮肤保湿效果明显；海藻糖在高温、高寒、干燥等环境下，在细胞表层形成一层特殊的保护膜，从膜上析出的黏液不仅滋润着皮肤细胞，还具有将外来的热量辐射出去的功能；库拉索芦荟叶汁提取物对皮肤有良好的营养、滋润、增白作用，且刺激性少，用后舒适，对皮肤粗糙、面部皱纹、雀斑等均有效果；植物提取物能、水解珍珠能和光果甘草根提取能有效阻断黑色素的形成，减少细胞内黑色素的含量，减少皮肤色素沉积，具有淡斑、美白的效果；马齿苋提取物具有抗过敏、抗炎消炎和抗外界对皮肤的各种刺激的作用；1,2-乙二醇/八角茴香提取物/黄芩根提取物/丁二醇具有良好的防腐作用。

（2）该祛斑化妆品能祛旧补新，具有祛斑养颜、美白保湿、防衰老、抗皱等多种功效，无不良反应，性能温和，对皮肤无刺激；

（3）制备工艺简单，采用天然提取物作为防腐剂，绿色安全，不含对人体有毒有害物质。

配方45　祛斑化妆品（二）

原料配比

原料		配比（质量份）							
		1#	2#	3#	4#	5#	6#	7#	8#
白油		—	10	11.5	12	12.5	13	14	15
异构十六烷		—	1	1.8	2	2.4	2.6	2.8	3
二甲基硅油		—	0.5	0.8	0.9	1	1.2	1.4	1.5
胶原蛋白粉		3	4	5	5.5	6	6.5	7	8
维生素C乙基醚		3	3.2	3.5	4	4.2	4.4	4.6	5
苯乙基间苯二酚		0.1	0.2	0.4	0.6	0.7	0.8	0.9	1
甘草酸二钾		3	3.2	3.7	4	4.2	4.5	4.8	5
氮酮		—	0.5	0.9	1	1.2	1.3	1.4	1.5
2,3-二甲氧基-5-甲基-6-[(+)聚-[2-甲基丁烯(2)基]-苯醌		—	0.1	0.2	0.25	0.3	0.5	0.4	0.5
乳化剂	斯盘-80	1	1.5	2	—	3	3.5	4	5
	吐温-60	0.5	0.7	—	1	1.2	1.3	1.4	1.5
	十六十八醇	—	—	2.8	3	3.2	3.6	3.8	4

续表

原料		配比(质量份)							
		1#	2#	3#	4#	5#	6#	7#	8#
防腐剂	尼泊金乙酯	0.5	0.6	—	0.7	—	—	0.9	1
	咪唑烷基脲	—	—	0.25	—	0.35	0.45	—	0.55
保湿剂	D-泛醇	1	1.4	1.8	—	2.4	2.6	2.8	3
	1,3-丁二醇	3	5	—	9	—	12	14	15
	甘油	—	—	5	6	7	8	9	10
去离子水		50	51	52	54	56	58	59	60

制备方法

(1) 按质量份称取所述的组分；

(2) 在去离子水中依次加入斯盘-80、吐温-60、咪唑烷基脲、D-泛醇、1,3-丁二醇和甘油，搅拌并加热至80℃作为水相；

(3) 将白油、异构十六烷、尼泊金乙酯、二甲基硅油、胶原蛋白粉、苯乙基间苯二酚、甘草酸二钾、氮酮和2,3-二甲氧基-5-甲基-6-[(＋)聚-[2-甲基丁烯（2）基]-苯醌加入到容器中，并搅拌使其溶化完全作为油相，冷却至80℃，加入维生素C乙基醚备用；

(4) 将水相缓慢加入油相中，依同一方向不断搅拌至均匀，得到祛斑化妆品。

原料配伍 本品各组分质量份配比范围为：胶原蛋白粉3～8，维生素C乙基醚3～5，苯乙基间苯二酚0.1～1，甘草酸二钾3～5，乳化剂1.5～10，防腐剂0.25～1.55，保湿剂1.8～20，氮酮0.5～1.5，白油10～15，异构十六烷1～3，二甲基硅油0.5～1.5，2,3-二甲氧基-5-甲基-6-[(＋)聚-[2-甲基丁烯（2）]基]-苯醌0.1～0.5，去离子水50～60。

所述乳化剂选择斯盘-80、吐温-60和十六十八醇中的至少两种。

所述防腐剂选择尼泊金乙酯和咪唑烷基脲中的至少一种。

所述保湿剂选择D-泛醇、1,3-丁二醇和甘油中的至少两种。

产品应用 本品是一种祛斑化妆品，能够有效改善色素沉积现象，减缓脸部的色素沉积。

产品特性

(1) 胶原蛋白粉的加入能与皮肤中的酪氨酸酶活性中心结合，从而抑制酪氨酸酶催化酪氨酸转化为多巴醌，阻止皮肤中中黑色素的形成，达到美白祛斑的作用；

(2) 维生素C乙基醚能够抑制酪氨酸酶的铜离子活性，阻断黑色素的形成，从而能够达到祛斑的效果。

配方 46　祛斑化妆品（三）

原料配比

原料		配比（质量份）					
		1#	2#	3#	4#	5#	6#
A 相	鲸蜡硬脂醇橄榄油酸酯/山梨醇橄榄油酸酯	1	2	2	2	3	2
	鲸蜡醇棕榈酸酯/山梨醇棕榈酸酯/山梨醇橄榄油酸酯	1	1	1	1	1	2
	鲸蜡硬脂醇	0.5	2	0.5	3	2	0.5
	硬脂酸	0.05	0.5	2	0.05	1	2
	乳木果油	1	3	5	1	3	5
	橄榄油	0.5	2	5	0.5	3	5
	辛酸/癸酸甘油三酯	0.5	3	5	0.8	3	5
	角鲨烷	1	3	5	1	3	5
	生育酚	2	0.5	0.05	2	0.5	0.05
	环五聚二甲基硅氧烷	5	3	1	3	0.5	5
	聚二甲基硅氧烷	2	2	0.5	0.5	2	2
B 相	甘油	10	5	1	1	5	10
	丁二醇	1	5	10	1	5	9
	海藻糖	3	1	0.1	0.45	1	0.9
	硅石	0.5	2	0.1	0.5	2	0.1
	卡波姆	0.15	0.15	0.1	0.15	0.15	0.1
	透明质酸钠	0.05	0.01	0.1	0.05	0.03	0.1
	甘草酸二钾	0.1	0.2	0.3	0.1	0.2	0.3
	水	加至100	加至100	加至100	加至100	加至100	加至100
C 相	氢氧化钾	0.0525	0.0525	0.035	0.0525	0.0525	0.03
D 相	扁蓄提取液	10	3	0.5	5	4	2
	旋覆花提取液	2	7	0.5	10	6	3
E 相	苯氧乙醇	0.3	0.3	0.2	0.3	0.3	0.2
	甲基异噻唑啉酮	0.008	0.005	0.001	0.008	0.005	0.005

制备方法

（1）将润肤剂、乳化剂和抗氧化剂投入油相锅，加热至70～85℃，等所有组分溶解后保温，即得 A 相；

（2）将保湿剂、硅石、增稠剂、甘草酸二钾和水投入乳化锅，加热至70～85℃，保温15～30min，即得 B 相；

（3）将步骤（1）中的 A 相抽入步骤（2）的乳化锅中，均质3～15min，搅拌速率为2000～4000r/min，而后保温搅拌15～45min，搅拌速率为20～40r/min；

（4）将步骤（3）中的乳液冷却至40～45℃，加入氢氧化钾，搅拌均匀；

（5）加入植物提取液和防腐剂，搅拌均匀，得到祛斑化妆品组合物。

原料配伍　本品各组分质量份配比范围为：植物提取液1～15，乳化剂

2.55～7，润肤剂 4～26，保湿剂 2.5～20，甘草酸二钾 0.1～0.3，硅石 0.1～2，氢氧化钾 0.03～0.07，增稠剂 0.1～0.2，抗氧化剂 0.05～2，防腐剂 0.201～1.01，水加至 100。

所述植物提取液为扁蓄提取液和旋覆花提取液的混合液。所述扁蓄提取液和旋覆花提取液的质量份比为(0.5～10)：(0.5～10)。

所述增稠剂为卡波姆；所述抗氧化剂为生育酚。

所述乳化剂为质量比为(1～3)：(1～3)：(0.5～3)：(0.05～2)的鲸蜡硬脂醇橄榄油酸酯/山梨醇橄榄油酸酯、鲸蜡醇棕榈酸酯/山梨醇棕榈酸酯/山梨醇橄榄油酸酯、鲸蜡硬脂醇和硬脂酸的混合。

所述润肤剂为质量比为(1～5)：(0.5～5)：(0.5～5)：(1～5)：(0.5～5)：(0.5～2)的乳木果油、橄榄油、辛酸/癸酸甘油三酯、角鲨烷、环五聚二甲基硅氧烷和聚二甲基硅氧烷的混合。

所述保湿剂为质量比为(1～10)：(1～10)：(0.1～3)：(0.01～0.1)的甘油、丁二醇、海藻糖和透明质酸钠的混合。

所述防腐剂为质量比为(0.2～1)：(0.001～0.01)的苯氧乙醇和甲基异噻唑啉酮的混合。

所述扁蓄提取液和旋覆花提取液可以通过常规醇提方法制备，以此最大限度保证两种提取液的祛斑性能，优选以下提取方法：将干燥的植物（扁蓄或旋覆花）加入到质量比为 50% 的乙醇中，在回流和浸渍下进行萃取 4～8h。随后，用滤布对提取液进行过滤，再离心分离即得到植物（扁蓄或旋覆花）提取液。

产品应用 本品是一种具有祛斑功能的化妆品组合物。

产品特性 本产品能有效地祛除皮肤斑点。

配方 47　祛斑美白化妆品（一）

原料配比

原料		配比（质量份）						
		1#	2#	3#	4#	5#	6#	7#
载体成分	甘油	12	12	12	12	12	—	6
	丁二醇	6	6	6	6	6	—	8
	月桂醇聚醚磷酸钾	—	—	—	—	—	15	—
	EDTA 二钠	—	—	—	—	—	0.1	—
	椰油酰胺丙基甜菜碱	—	—	—	—	—	8	—
	1,2-戊二醇	6	6	6	6	6	4	5
	透明质酸钠	—	—	—	—	—	—	0.3
	去离子水	74	74	74	74	74	69	78
功效成分	含羞草根提取物	3	3	3	3	3	3	3
	荷叶提取物	1	1.5	0.75	3	0.6	1	1

制备方法　将载体成分按用量称好后，启用搅拌器搅拌 30min，使用循环冷却搅拌降温至 45℃时，边加功效成分边搅拌，直至搅拌均匀。

原料配伍 本品各组分质量份配比范围为：甘油 6~12，月桂醇聚醚磷酸钾 15，EDTA 二钠 0.1，椰油酰胺丙基甜菜碱 8，1，2-戊二醇 4~6，透明质酸钠 0.3，去离子水 69~78，含羞草根提取物 3，荷叶提取物 0.6~3。

所述含羞草根提取物和荷叶提取物的质量比为（2~4）：1。

所述含羞草根提取物的制备方法为：

(1) 将干燥的含羞草根粉碎，用 65%~75% 乙醇溶液热回流提取，合并滤液，浓缩至无醇味得到乙醇提取浓缩液；

(2) 将步骤 (1) 所得乙醇提取浓缩液用水稀释，依次用石油醚、乙酸乙酯和水饱和的正丁醇萃取，减压浓缩，分别得到石油醚萃取物、乙酸乙酯萃取物和正丁醇萃取物；

(3) 正丁醇萃取物用水溶解，过滤，滤液用 D101 大孔树脂富集活性成分，先用 12%~16% 乙醇冲洗 7~9 个柱体积除去大极性成分，再用 65%~75% 乙醇洗脱 8~10 个柱体积，收集 65%~75% 乙醇洗脱液，减压浓缩，喷雾干燥即得。

所述荷叶提取物的制备方法为：

(1) 将干燥的荷叶粉碎，用 60%~70% 乙醇溶液热回流提取，合并滤液，浓缩至无醇味得到乙醇提取浓缩液；

(2) 将步骤 (1) 所得乙醇提取浓缩液用水稀释，依次用石油醚、乙酸乙酯和水饱和的正丁醇萃取，减压浓缩，分别得到石油醚萃取物、乙酸乙酯萃取物和正丁醇萃取物；

(3) 正丁醇萃取物用水溶解，过滤，滤液用 AB-8 大孔树脂富集活性成分，先用 6%~10% 乙醇冲洗 5~7 个柱体积除去大极性成分，再用 60%~70% 乙醇洗脱 9~11 个柱体积，收集 60%~70% 洗脱液，减压浓缩，喷雾干燥即得。

产品应用 本品是一种祛斑美白化妆品。

产品特性 本产品以植物提取物为功效成分，且通过控制含羞草根提取物和荷叶提取物的含量比值，可最大化地祛斑美白，安全有效。

配方 48 祛斑美白化妆品（二）

原料配比

原料	配比（质量份）			
	1#	2#	3#	4#
丙烯酸羟乙酯和丙烯酰二甲基牛磺酸钠共聚物	1.9	1	3	2.3
保湿剂	12	5	20	15
甘草提取物	9	5	15	10
氢化聚异丁烯	6	4	7	7
月桂氮䓬酮磷酸钠	1.5	1	2	1.8
鲸蜡硬脂醇	1.1	0.5	1.5	1.2

续表

原料	配比(质量份)			
	1#	2#	3#	4#
曲酸及曲酸棕榈甘油椰油酸酯	5	3	8	6
防腐剂	适量	适量	适量	适量
香精	适量	适量	适量	适量
去离子水	加至100	加至100	加至100	加至100

制备方法

(1) 将甘草洗净、晾干后粉碎至3~30目。

(2) 将粉碎至3~30目的产物用乙醇在55~65℃下提取3~6h。

(3) 将提取3~6h后的产物用旋转蒸发仪除去溶剂，得到甘草提取物。

(4) 将去离子水和保湿剂于夹层加热搅拌锅中加热至75~85℃。

(5) 在加热至75~85℃的产物中加入丙烯酸羟乙酯和丙烯酰二甲基牛磺酸钠共聚物，于80℃下搅拌30min后依次加入氢化聚异丁烯和鲸蜡硬脂醇，于80℃下搅拌50min后冷却至60℃。

(6) 在冷却至60℃的产物中依次加入甘草提取物、曲酸及曲酸棕榈甘油椰油酸酯，搅拌80min后将产物冷却至45℃，加入香精和防腐剂，搅拌，冷却至38℃。

原料配伍 本品各组分质量份配比范围为：丙烯酸羟乙酯和丙烯酰二甲基牛磺酸钠共聚物1~3，保湿剂5~20，甘草提取物5~15，氢化聚异丁烯4~7，月桂氮酮磷酸钠1~2，鲸蜡硬脂醇0.5~1.5，曲酸及曲酸棕榈甘油椰油酸酯3~8，去离子水加至100。

还包括0.05~0.3质量份的防腐剂和0.01~0.03质量份的香精；其中，防腐剂为乙基己基甘油或1,2-烷烃二醇。

所述的保湿剂为多元醇、透明质酸、甘油、乳酸或乳酸钠、吡咯烷酮羧酸钠或水解胶原蛋白中的一种或多种。

产品应用 本品主要是一种祛斑美白化妆品，可有效地抑制酪氨酸酶和抑制黑色素的生成、防止新的色素沉淀，从而减少黑色素细胞在皮肤表层的不均匀分布和积聚，在安全无不良反应的同时达到祛斑美白的目的。

产品特性

本产品在安全无不良反应的同时可以有效地抑制酪氨酸酶和抑制黑色素的生成、防止新的色素沉淀，减少黑色素细胞在皮肤表层的不均匀分布和积聚。能更有效地抑制痤疮丙酸杆菌，可以消炎祛肿、平衡油脂，此外，本产品透气性好、滋润补水不油腻，且不含香精及常规的合成防腐剂，从而更健康、更安全。

配方49 祛斑美白润肤化妆品

原料配比

原料	配比(质量份)		
	1#	2#	3#
枸杞	10	35	50
茶籽油	10	35	60
白芷	5	15	30
葡萄籽油	5	25	40
薄荷油	1	4	6
玫瑰花油	1	4	6

制备方法

(1) 取规定质量份的枸杞、茶籽油、白芷、葡萄籽油、薄荷油、玫瑰花油。

(2) 将白芷烘干并研磨成粉末,制得白芷粉;将枸杞放置在2~10℃的环境中冷冻制冰,制冰后研磨成粉,成粉后放置在90~110℃的环境中,2h后取出并在放置在常温下冷却,制得枸杞粉;白芷粉与枸杞粉的颗粒大小为400~800目。

(3) 取一个干净的容器,将白芷粉和枸杞粉放入到容器中,按规定质量份加入茶籽油、葡萄籽油、薄荷油、玫瑰花油,搅拌均匀;然后将容器放置在电炉上加热,保持温度为70~95℃,持续30~60min,加热过程中进行持续搅拌,加热完成后进行冷却,即得祛斑美白润肤化妆品。

原料配伍 本品各组分质量份配比范围为:枸杞10~50,茶籽油10~60,白芷5~30,葡萄籽油5~40,薄荷油1~6,玫瑰花油1~6。

产品应用 本品是一种祛斑美白润肤化妆品,外用擦脸及手部,能祛后天性的皮肤黑斑,同时具有湿润皮肤、美白细滑皮肤、抗衰老等独特作用。

产品特性

(1) 本产品组方合理,诸味原料按照中医药理论配伍组合,集美白祛斑、润滑、收紧皮肤、抗皱、抗衰老、抗皮肤过敏于一体,互补互利,相互作用,进一步调和及改善各方之功效,同时还具有降血脂、改善血液循环、活血散瘀、消炎镇痛的作用。

(2) 本产品是草药加植物油的纯天然化妆品,无任何不良反应,外用擦脸及手部,能祛后天性的皮肤黑斑,有美白细滑皮肤、湿润皮肤、抗衰老的独特作用;且组分来源广泛,成本低廉。

配方50 美白祛斑化妆品

原料配比

原料	配比(质量份)				
	1#	2#	3#	4#	5#
透明质酸钠	0.01~0.05	0.03	0.01	0.01~0.05	0.05
乙二胺四乙酸二钠	0.01~0.15	0.1	0.15	0.01~0.15	0.01
甘油①	0.1~5	3	0.1	0.1~5	5
乳化剂	3~6	4	6	3~6	6

续表

原料	配比(质量份)				
	1#	2#	3#	4#	5#
鲸蜡硬脂醇	1~3	2	1	1~3	1
聚甲基硅氧烷	0.5~3	2	3	0.5~3	3
植物油	3~6	4	3	3~6	3
汉生胶	0.1~0.2	0.15	0.2	0.1~0.2	0.2
莫诺苯宗(陕西畅想制药有限公司)	0.1~60	30	0.1	0.1~60	60
丙二醇	5~60	30	60	5~60	5
甘油②	3~6	4	6	3~6	6
聚乙二醇	1~60	30	1	1~60	60
维生素 B_5	—	—	0.5	—	—
硬脂酸	—	—	—	3	—
氢氧化钾	—	—	—	0.1	—
氢氧化钠	—	—	—	—	2
抗敏剂	0.1~2	1	2	0.1~2	0.1
防腐剂	0.2~1	0.5	0.2	0.2~1	0.2
香精	0.1~0.5	0.3	0.1	0.1~0.5	0.5
去离子水	加至100	加至100	加至100	加至100	加至100

制备方法

(1) 将乳化剂、鲸蜡硬脂醇、植物油、聚甲基硅氧烷、汉生胶投入油相锅,加热至70~90℃,待所有组分溶解后,保温待用;

(2) 将甘油①、透明质酸钠、乙二胺四乙酸二钠、去离子水投入乳化锅,加热至75~95℃,保温15~30min,待用;

(3) 将莫诺苯宗、丙二醇、甘油②、聚乙二醇组合物投入油相锅,加热至70~85℃,待组合物完全溶解后,保温待用;

(4) 将步骤(1)和步骤(3)中的油相抽入步骤(2)的乳化锅中,80~90℃下均质搅拌,速率为2500~3500r/min,3~5min后,80~85℃下保温搅拌,搅拌速率为25~35r/min,搅拌15~45min;

(5) 将步骤(4)中的乳液冷却至50~55℃,加入抗敏剂、防腐剂、香精搅拌均匀,静置陈化,出料。还可加入维生素 B_5 或氢氧化钾或氢氧化钠。

原料配伍 本品各组分质量份配比范围为:透明质酸钠0.01~0.05,乙二胺四乙酸二钠0.01~0.15,甘油①0.1~5,乳化剂3~6,鲸蜡硬脂醇1~3,聚甲基硅氧烷0.5~3,植物油3~6,汉生胶0.1~0.2,莫诺苯宗(陕西畅想制药有限公司自制)0.1~60,丙二醇5~60,甘油②3~6,聚乙二醇1~60,

抗敏剂 0.1~2，防腐剂 0.2~1，香精 0.1~0.5，维生素 B_5 0.5~1，硬脂酸 3~6，氢氧化钾 0.1，氢氧化钠 0.1~2，去离子水加至 100。

所述美白祛斑化妆品组合物植物油可以用矿物油代替。

所述美白祛斑化妆品组合物所用的乳化剂为阴离子乳化剂或非离子乳化剂中的一种或两种复配，更进一步的为十二烷基硫酸钠、甘油硬脂酸酯、卵磷脂、PEG-100 硬脂酸酯、吐温、斯盘、平平加 O 等乳化剂中的一种或几种的混合。

所述美白祛斑化妆品组合物所用的植物油为甜杏仁油、鳄梨油、乳木果油、橄榄油、霍霍巴油、葡萄籽油、澳洲坚果油中的一种或几种的混合。更进一步优选植物油为甜杏仁油、鳄梨油、乳木果油，所述甜杏仁油、鳄梨油、乳木果油的质量比为（3~8）：（3~6）：（1~5）。

所述甜杏仁油，取自甜杏的干果仁。

所述鳄梨油，取自鳄梨的果肉。

所述矿物油为液体石蜡 15♯、26♯。

所述美白祛斑化妆品组合物所用的鲸蜡硬脂醇，为十六醇和十八醇的混合物，优选十六醇：十八醇的质量比为 3：7。其来源是由棉籽油、棕榈油经酯交换，在高压加氧还原而制得。

所述乳木果油的提取源自乳油木。

产品应用 本品是一种美白祛斑化妆品，该组合物能有效祛除、治疗色素沉着过度，如各种色斑、老年斑、黑色素瘤等，疗效明显，且无不良反应。

产品特性

(1) 本产品中的甜杏仁油不易变质，有优良保存性，对皮肤无害，有润肤作用。本品以莫诺苯宗为主要原料之一，美白祛斑效果好，且安全，无刺激性。鳄梨油含有较丰富的微量成分，如生育酚、各种植物甾醇、肌醇六磷酸钙镁、类胡萝卜素和角鲨烯等。鳄梨油广泛用作化妆品的润滑剂，以促使皮肤光滑，对皮肤渗透性较强，有助于使活性物质传输入皮肤内，此外它还有防晒作用。乳木果油适用于抗衰老产品，如晚霜、敏感性肌肤和干性肌肤的护理产品。鲸蜡硬脂醇起到增加美白祛斑化妆品稠度和稳定性的作用。

(2) 本品以莫诺苯宗为主要原料之一，美白祛斑效果好，且安全，无刺激性。

(3) 莫诺苯宗是一种局部使用的脱色剂，能阻止皮肤中黑色素的生成，而并不破坏黑色素细胞，与氢醌相比，性质稳定，刺激性小，且作用强。其主要作用机理是抑制邻苯二酚氧化酶，阻止多巴氧化成多巴胺进而形成黑色素。

(4) 本品制备工艺简单，成本小，节约能源。

配方 51 草药美白祛斑化妆品

原料配比

原料		配比(质量份)		
		1#	2#	3#
乳化基质	吐温-80	30	40	40
保湿剂	透明质酸	—	10	—
	甘油	—	—	15
润肤剂		—	10	5
灵芝		10	5	10
白芍		8	10	5
甘草		8	10	5
松针		5	5	10
薄荷		7	5	10
白芷		3	1	5
三七		1	5	1
润肤剂	橄榄油	—	3	5
	乳木果油	—	5	3
	角鲨烷	—	3	5

注：3个配方的pH值分别为7、6.5、6.8。

制备方法 将所述质量份中药组分分别粉碎，过20～30目筛，然后加入5～7份草药基质提取物总质量的70%～80%的乙醇溶液，在15℃条件下，浸泡5～8h，然后萃取2～3h，取上清液离心、过滤、回流乙醇溶液，过滤1～3次，然后把所述草药基质提取物和其他组分混合，搅拌，得到所述草药美白祛斑化妆品组合物。

原料配伍 本品各组分质量份配比范围为：乳化基质20～40，灵芝5～10，白芍5～10，甘草5～10，松针5～10，薄荷5～10，白芷1～5，三七1～5，pH值为6.5～7，保湿剂10～15，润肤剂5～10。

所述保湿剂为透明质酸、甘油或丙二醇。

所述润肤剂由如下组分组成：橄榄油3～5份，乳木果油3～5份，角鲨烷3～5份。

所述乳化基质为吐温-80。

产品应用 本品是一种含有草药的美白祛斑化妆品。

产品特性 本产品不仅可提高皮肤代谢，促进血液循环，增加皮肤营养，而且可祛除皮肤出现的皱纹和色斑，使皮肤更加细腻，可满足人们日常的护肤要求，是一种效果独特的草药化妆品。

配方52 草药祛斑组合化妆品

原料配比

原料		配比(质量份)		
		1#	2#	3#
祛斑面霜	人参	25	30	20
	红花	25	20	30
	灵芝	12	15	10
	女贞子	18	15	20
	珍珠	8	10	5
	牵牛子	6	5	10
	当归	12	15	10
	桃花	8	5	10
	白术	12	15	10
	白芍	12	10	15
	甘草	8	10	5
	独一味	6	5	10
	月季花	8	10	5
	芦荟	8	5	10
	蜂蜜	6	10	5
	玫瑰精油	0.001	0.002	0.001
	薰衣草精油	0.02	0.01	0.002
	化妆品基质(Ⅰ)	90	100	80
祛斑脐霜	红杉果	15	20	10
	天山雪莲	12	10	15
	女贞子	12	15	10
	灵芝	12	10	15
	人参	8	10	5
	当归	6	5	10
	牵牛子	6	10	5
	桃花	8	5	10
	白术	8	10	5
	白芍	8	5	10
	甘草	6	10	5
	荷叶	6	5	10
	化妆品基质(Ⅰ)	90	100	80

续表

原料		配比(质量份)		
		1#	2#	3#
祛斑精华素	人参	18	20	15
	红花	16	15	20
	灵芝	14	15	10
	女贞子	12	10	15
	珍珠	12	15	10
	牵牛子	8	5	10
	当归	8	10	5
	桃花	6	5	10
	白术	6	10	5
	白芍	6	5	10
	白僵蚕	6	10	5
	白及	6	5	10
	甘草	6	10	5
	乙醇	适量	适量	适量
	化妆品基质(Ⅱ)	120	110	130
祛斑面膜	红花	12	15	10
	桃花	8	5	10
	珍珠	6	10	5
	白术	6	5	10
	白芷	6	10	5
	白僵蚕	6	5	10
	甘草	6	10	5
	面粉	50	60	80
	化妆品基质(Ⅱ)	90	80	100

续表

原料		配比(质量份)		
		1#	2#	3#
化妆品基质（Ⅰ）	硬脂醇聚醚-20	1	1	1
	硬脂醇聚醚-21	1.5	1.5	1.5
	单硬脂酸甘油酯	0.5	0.5	0.5
	混醇	3	3	3
	二甲基硅油	1	1	1
	异构十六烷烃	4	4	4
	角鲨烷	6	6	6
	去离子水	74.6	74.6	74.6
	卡波姆	0.1	0.1	0.1
	纤维素	0.1	0.1	0.1
	甘油	8	8	8
	三乙醇胺	0.1	0.1	0.1
	苯氧乙醇	0.1	0.1	0.1
化妆品基质（Ⅱ）	卡波姆	0.2	0.2	0.2
	聚乙二醇	0.2	0.2	0.2
	透明质酸钠	0.01	0.01	0.01
	尿囊素	0.2	0.2	0.2
	山梨醇	5	5	5
	甘油	5	5	5
	羟乙基尿素	3	3	3
	三乙醇胺	0.2	0.2	0.2
	苯氧乙醇	0.15	0.15	0.15
	去离子水	加至100	加至100	加至100

制备方法

祛斑面霜的制备方法包括以下步骤：

(1) 按质量份称取人参、灵芝、女贞子、当归、白术、白芍、甘草、独一味、芦荟9味药，粉碎，过20～30目筛，加入8～10倍的体积分数为75%的乙醇冷浸一周，过滤，收集滤液，药渣用8～10倍的体积分数为95%的乙醇回流提取4～6h，过滤，合并两次的滤液，减压浓缩至相对密度1.1～1.16（50℃测）的药液；

(2) 将珍珠、牵牛子、红花、月季花、桃花粉碎，过200～300目筛，加入至步骤(1)得到的药液中，搅拌均匀；

(3)加入蜂蜜、玫瑰精油、薰衣草精油，用化妆品基质（Ⅰ）调成膏状，灭菌，分装，即得。

祛斑脐霜的制备方法包括以下步骤：

(1)按质量份称取红杉果、女贞子、灵芝、人参、当归、白术、白芍、甘草8味药，粉碎，过20～30目筛，加入8～10倍的体积分数为75%的乙醇冷浸一周，过滤，收集滤液，药渣用8～10倍的体积分数为95%的乙醇回流提取4～6h，过滤，合并两次的滤液，减压浓缩至相对密度1.1～1.16（50℃测）的药液；

(2)将天山雪莲、牵牛子、桃花、荷叶粉碎，过200～300目筛，加入至步骤（1）得到的药液中，搅拌均匀；

(3)再加入化妆品基质（Ⅰ），调成膏状，灭菌，分装，即得。

祛斑精华素的制备方法包括以下步骤：

(1)按质量份称取人参、灵芝、女贞子、当归、白术、白芍、白及、甘草8味药，粉碎，过20～30目筛，加入8～10倍的体积分数为75%的乙醇冷浸一周，过滤，收集滤液，药渣用8～10倍的体积分数为95%的乙醇回流提取4～6h，过滤，合并两次的滤液，减压浓缩至相对密度1.06～1.1（50℃测）的药液；

(2)将红花、珍珠、牵牛子、桃花、白僵蚕粉碎，过200～300目筛，加入至步骤（Ⅰ）得到的药液中，搅拌均匀；

(3)加入化妆品基质（Ⅱ）调和，灭菌，分装，即得。

祛斑面膜的制备方法包括以下步骤：

(1)按质量份称取红花、桃花、珍珠、白术、白芷、白僵蚕、甘草，烘干粉碎，过200～300目筛，得混合粉末；

(2)向步骤（Ⅰ）制得的混合粉末中加入面粉，混匀，面粉的加入量与混合粉末的质量比为1:1；

(3)加入化妆品基质（Ⅱ）进行调和，成糊状，灭菌，分装，即得。

原料配伍 本品各组分质量份配比范围为：

祛斑面霜由以下质量份的原料制成：人参20～30，红花20～30，灵芝10～15，女贞子15～20，珍珠5～10，牵牛子5～10，当归10～15，桃花5～10，白术10～15，白芍10～15，甘草5～10，独一味5～10，月季花5～10，芦荟5～10，蜂蜜5～10，玫瑰精油0.001～0.002，薰衣草精油0.002～0.02，化妆品基质（Ⅰ）80～100。

祛斑脐霜由以下质量份的原料制成：红杉果10～20，天山雪莲10～15，女贞子10～15，灵芝10～15，人参5～10，当归5～10，牵牛子5～10，桃花5～10，白术5～10，白芍5～10，甘草5～10，荷叶5～10，化妆品基质（Ⅰ）80～100。

祛斑精华素由以下质量份的原料制成：人参15～20，红花15～20，灵芝

10~15，女贞子10~15，珍珠10~15，牵牛子5~10，当归5~10，桃花5~10，白术5~10，白芍5~10，白僵蚕5~10，白及5~10，甘草5~10，化妆品基质（Ⅱ）100~130。

祛斑面膜由以下质量份的原料制成：红花10~15，桃花5~10，珍珠5~10，白术5~10，白芷5~10，白僵蚕5~10，甘草5~10，面粉50~80，化妆品基质（Ⅱ）80~100；

所述化妆品基质（Ⅰ）由以下质量份的原料组成：硬脂醇聚醚-201，硬脂醇聚醚-211.5，单硬脂酸甘油酯0.5，混醇3，二甲基硅油1，异构十六烷烃4，角鲨烷6，去离子水74.6，卡波姆0.1，纤维素0.1，甘油8，三乙醇胺0.1，苯氧乙醇0.1。

所述化妆品基质（Ⅱ）由以下质量份的原料组成：卡波姆0.2，聚乙二醇0.2，透明质酸钠0.01，尿囊素0.2，山梨醇5，甘油5，羟乙基尿素3，三乙醇胺0.2，苯氧乙醇0.15，去离子水加至100。

所述桃花为蔷薇科植物桃树所开的花，本产品所用的桃花为干品。

所述红杉果为红豆杉科植物红豆杉的果实。

所述白僵蚕为蚕蛾科昆虫家蚕蛾的幼虫感染白僵菌而僵死的干燥全虫。

产品应用 本品是一种草药祛斑组合化妆品，通过面部涂抹的祛斑面霜和脐处涂抹的祛斑脐霜配合使用，辅以祛斑精华露和祛斑面膜，外治内调，祛旧补新，见效快，不脱皮，不反弹，效果明显。

使用时，在色斑处涂以祛斑面霜和祛斑精华素，能够从表到里，以微循环为途径直达病所，并渗透到细胞各层，提高细胞的抗氧化能力，延缓细胞衰老，并能抑制酪氨酸酶的产生，减少色斑的生成；在肚脐部涂以祛斑脐霜，脐部乃神厥穴，统主百穴，上联心肺，中经肝肾，下通脾胃，脐霜以经络形式直达脏腑，具有通关开窍、辟恶除邪，外消斑毒，内祛惊风之功效；祛斑面膜具有清洁污垢，扩张毛细血管，帮助祛斑活性成分渗入到皮肤深层细胞的功效。祛斑面霜、祛斑精华露、祛斑面膜和祛斑脐霜配合使用，效果更好。

产品特性

(1) 本品以中医理论为指导，外治内调，祛旧补新，具有祛斑、养颜、抗辐射、防衰老等多种功效，无不良反应，性能温和，对皮肤无刺激性；

(2) 本品制备工艺简单，原料主要为草药，不含添加剂，不含对人体有毒有害物质；

(3) 本品祛斑效果明显，见效快，不脱皮，不反弹。

第三章
美白化妆品

Chapter 03

第一节　美白化妆品配方设计原则

一、美白化妆品的特点

　　美白类化妆品，应该追求的是天然、无害和绿色，不仅使皮肤健康美白，在改善皮肤外观的同时增强皮肤的弹性和韧度，让皮肤更加白皙通透。

　　现代美白类产品研究趋向于天然、无不良反应的植物提取物，草药提取物。在改善血液循环和改善皮肤的通透性方面有很大的促进作用。在不破坏皮肤黑色素正常新陈代谢的情况下，加速黑色素细胞代谢过程，缩短黑色素细胞的生理周期，不让黑色素过度沉积而形成色斑，并且增加皮肤的血液循环，使皮肤真正达到从内而外的健康白皙。

　　随着美白产品研究的深入，现代人对美白化妆品有了更高、更新的追求，从单纯的美白转向养白，即美白和健康肌肤并进，崇尚自然之美，追求美白的同时又得到了肌肤的营养，使皮肤从内到外真正白皙和充盈。

　　利用现代科学技术对养白化妆品进行研发和生产，应用可以达到活血化瘀，疏通瘀阻，具备充足营养的草药植物成分作为美白剂添加进美白产品中，开发环保、绿色和高效的美白产品，达到养白的效果，是未来美白化妆品发展的新趋势。

二、美白化妆品的分类及配方设计

1. 美白原理

　　人体皮肤的颜色主要决定于皮肤中黑色素的含量和分布状况。控制人体中含有的酪氨酸酶来控制黑色素的形成是最关键的一步。其他一些酶和辅酶对黑色素细胞形成色素的量和类型也有控制作用。

　　黑色素由存在于表皮基底层的黑色素细胞产生，其代谢受体内神经内分泌因素的调节及外部环境的影响。如皮肤受到外部紫外线照射时，会激活皮肤中的酪氨酸酶，加速黑色素的生成，出现晒黑及色斑反应。美白化妆品中的美白活性成分的作用在于阻止黑色素的生物合成，或通过激活人体表皮及真皮细胞抗自由基能力，促进表皮色素细胞的代谢更新，降低色素沉积程度和表皮过度角质化，使皮肤细胞富有弹性和光泽。外部因素如日照对黑色素生成的加速作用，环境污染使皮肤免疫力下降及减弱了皮肤的屏障保护作用等问题，均应在美白产品的配方设计中予以全面考虑。

2. 美白配方的设计

配方的关键在于把握美白去斑的作用机理，对美白功效原料进行合理复配，选择乳化体系，选择必要的附加原料等等。

(1) 配方的一般要求。设计美白产品，就要考虑美白的作用和效果。美白化妆品，首先要符合国家化妆品标准规定的各项检测指标的要求，还要考虑配方中使用原料的种类及配比问题。功效成分如果选用单一美白活性成分，美白效果就不太明显。多种成分复配才能功效显著。另外乳化体系、防变色剂、紫外吸收剂、油相的选择与复配等，均影响体系的稳定、外观和效果。

(2) 剂型选择。美白配方可选用的剂型比较多，一般有膏霜、乳液、液态（油、水）、凝胶、面膜、面贴（纸巾、棉布）、泥膜等。配方师可以根据产品的特点和使用要求来选择不同的剂型。可以单一配制，也可系列化。系列化的产品之间的合理组合，能提供给肌肤完美的净白过程，同时在防晒、去皱、嫩肤、修复等方面发挥作用，使美白肌肤的同时，保持皮肤滋润、健康。

(3) 美白功能性原料选择。用作美白去斑功能性的原料很多，有物理原料、化学原料、天然植物提取物等。物理美白剂也称为物理遮盖剂，如氧化铁、二氧化钛和氧化锌等，用到皮肤上会产生表观的白感，是一种假象变白，有时还会堵塞毛孔、皮脂腺等，易引起皮肤疾病（如局部炎症、粉刺等）。

化学合成的、天然植物提取的美白剂有曲酸及其衍生物、氢醌、熊果苷、果酸、维生素 B_3（烟酰胺）、维生素 C 及其衍生物、蛋白分解酵素、薏苡仁、桑葚、芦荟、甘草萃取液、黄芩根提取物、桑白皮提取物等。众多的成分应用中各有优、缺点，使用时要科学选择与搭配。使用较多、比较安全、效果较好的美白剂有熊果苷、曲酸及其衍生物、维生素 C 及其衍生物、抗坏血酸-熊果苷磷酸酯、植物提取液等。

化学美白剂是通过皮肤吸收起作用，大概起以下几种作用：

① 抑制酪氨酸酶活性。主要抑制或降低皮肤色素中间体（色素源）、黑色素的产生。如氢醌、熊果苷等

② 还原皮肤色素。主要是将已产生的皮肤色素中间体（色素源）还原消除，起抗氧化游离基、抗衰老作用。如维生素 C 及其衍生物、维生素 P 等。

③ 色素还原和酪氨酸酶抑制双重功效。如抗坏血酸-熊果苷磷酸酯类，可以起到双重美白的功效。

④ 增加角质细胞黑色粒子的降解、失活表皮及时剥脱等。如果酸、曲酸及曲酸酯类、皮肤死皮剥脱剂等。

⑤ 增白皮肤。如一些草药类，选择性破坏黑色素细胞、抑制黑色质粒形成和降解剂等。

因此在选择美白剂时要考虑这几种因素，既能抑制酪氨酸酶的活性，也要考虑对已形成的色素、色斑的淡化和还原。加入适量的皮肤增白剂（草药提取物）效果更明显。有的配方中加入软化角质和皮肤死皮剥脱成分。有规律地去角质能使美白成分更有效地渗透吸收，体现了深层净化结合美白调理的护肤概念。另外，组合配方的美白效果要能够测定。

（4）乳化体系的选择。美白化妆品的乳化体系一般选择 O/W 型，它与皮肤的亲和性比较好，而且有利于有效成分的吸收。乳化剂一般选用液晶型乳化剂，因其做出的产品肤感好，能较好地吸收，做出的膏体漂亮，并对活性物保持稳定也有一定的作用。

（5）油性原料的选择。油脂要考虑选择惰性的、不易氧化的油脂。油脂不含杂质或杂质含量很低，因为油中的杂质对美白成分的稳定性也有影响，易引起产品氧化、变色等。因此加入适量的螯合剂和抗氧化剂将有利于产品的稳定。

（6）保湿剂的选择。美白产品要有较好的保湿性，保湿效果好将有利于有效成分的渗透、吸收，增强美白效果，同时使皮肤细胞保持丰盈、滋润，起到抗衰老的作用。

选择保湿剂要考虑效果和成本。普通的保湿剂，例如甘油、丙二醇等价格低，保湿效果一般。较好的保湿剂如氨基酸保湿剂、海洋多糖保湿剂、芦荟胶油、吡咯烷酮羧酸钠及复合保湿剂等保湿效果比较理想，但是成本比较高。高级的保湿剂如透明质酸，复合长效保湿剂如 AMC 等保湿效果很好，但价格较贵。可以将这几种保湿剂复配使用，既能降低成本又能提供好的效果。

（7）增效剂的选择。添加一些保湿剂、角质软化剂、促渗剂等有利于有效成分的吸收，起到增效作用，另外加入一些抗坏血酸-酪氨酸酶抑制剂、维生素 B_3 等对皮肤的美白也存在增效作用。

（8）其他辅助原料的选择。紫外线吸收剂的添加可以有效阻断黑色素产生的外部引发因素，一定程度上起到美白保护作用，并且可以防止皮肤晒伤，预防产品变色等。

软化角质剂、色素祛除剂的加入，可以减少表皮层的黑色素浓度，加速表皮色素细胞更新。

美白活性成分的加入量较大时，容易对皮肤产生刺激，适当地加入抗敏剂，可以消除产生的炎症。

保湿剂、嫩肤剂的加入，在美白的同时起到延缓衰老的作用。还可以适量加入抗氧化还原剂、色泽保护剂、防腐剂、香精等。

对于以上成分，设计配方时可以选择性地添加，做到产品稳定、效果较好即可，同时要考虑成本的限制。

第二节　美白化妆品配方实例

配方 1　白油芸香苷美白乳液

原料配比

原料	配比（质量份）	
	1#	2#
角鲨烷	7	5
白油	4	2
蜂蜡	1	0.5
失水山梨醇倍半油酸酯	1.5	0.8
聚氧乙烯十八烷基醚	1.6	1.2
1,3-丁二醇	8	5
芸香苷	0.5	0.1
消旋 α-生育酚	0.03	0.01
乙醇	8	5
黄原胶	0.08	18
精制水	加至 100	加至 100

制备方法　将各组分溶于水，混合均匀即可。

原料配伍　本品各组分质量份配比范围为：角鲨烷 5~7，白油 2~4，蜂蜡 0.5~1，失水山梨醇倍半油酸酯 0.8~1.5，聚氧乙烯十八烷基醚 1.2~1.6，1,3-丁二醇 5~8，芸香苷 0.1~0.5，消旋 α-生育酚 0.01~0.03，乙醇 5~8，黄原胶 0.08~20，精制水加至 100。

产品应用　本品主要用作美白乳液。面部清洁后，将制成后的乳液涂于面部。

产品特性　本产品有抗菌消炎的作用，能加速上皮生长，对青年扁平疣、皮炎、粉刺有很好的疗效，可消炎、杀菌、收敛、润肤，具有森林气味。本品中含有的芸香苷含伞形花内酯、东莨菪素，有很好的杀菌消炎抗老化作用；α-生育酚，极易被皮肤吸收，清爽自然，是一种美容佳品，能够抗自由基、抗老化，有很好的祛斑防皱效果；1,3-丁二醇有很好的保湿功效，能够供给面部所需要的大量水分，防止肌肤因干燥引起的老化现象。

本产品能够防止和对抗皮肤老化，促进血液循环，减少面部皮肤皱纹的出现，保持面部皮肤弹性有活力，减缓面部皮肤皱纹和色斑。

配方 2　保健美白霜

原料配比

原料		配比（质量份）	
		1#	2#
A相	甲基葡萄糖苷和硬脂酸酯	1.5	—
	SS甲基葡萄糖苷和硬脂酸酯	—	1.52
	SSE-20甲基葡萄糖苷和硬脂酸环氧乙烷加成物	2	1.98
	硅油DC-200	0.5	0.52
	GTTC辛酸/癸酸甘油三酯	3	2.98
	天然角鲨烷	6	6.02
	异辛酸异辛酯	5	4.98
	棕榈酸异丙酯	2	1.98
	BHT抗氧化剂501	0.1	0.12
	维生素E	1.5	1.52
	霍霍巴油	3	2.98
B相	卡波树脂CAP 940	0.2	0.22
	水	60.3	60.28
	甘油	6	5.98
	泛醇	0.5	0.52
	海德油	2	1.98
	塞西灵	0.2	0.22
C相	TEA三乙醇胺	0.15	0.17
	水	0.5	0.48
D相	EGF表皮生长因子	0.03	0.04
	氨基酸美白剂ATB-26000	1	0.99
	STAY-C50抗坏血酸单磷酸酯钠盐	1.5	1.52
	水	2.97	2.95
E相	香精	0.05	0.05

制备方法

（1）将A相各成分按配比称好，混合拌匀后，放入油相罐内加热至75～80℃，恒温灭菌15～25min。

（2）将B相的卡波树脂CAP940称好，在水中溶解，然后加入B相其他原料加热溶解，加热至75～80℃后，恒温灭菌15～25min。

（3）将C相的三乙醇胺和水按配比称重后，将TEA三乙醇胺加入水中溶解待用。

（4）将D相各成分按配比称好，将EGF表皮生长因子、氨基酸美白剂ATB-26000、STAY-C50抗坏血酸单磷酸酯钠盐加入水中溶解待用。

（5）在70～80℃时，将恒温灭菌后的A相半成品加入到B相半成品中乳化，均匀搅拌5～10min，再放置5～15min后降温。

（6）A和B加工品温度降至45～55℃时，加入C相半成品混合物，搅拌均匀后再加入D相半成品混合物，搅拌均匀。

（7）将上述加工品温度降至40～50℃时，加入E相（香精）搅拌5～10min，温度降至30～40℃，即可出料。

原料配伍 本品各组分质量份配比范围为：

A 相半成品混合物是由如下组分组成：甲基葡萄糖苷和硬脂酸酯 1.5，SS 甲基葡萄糖苷和硬脂酸酯 1.52，SSE-20 甲基葡萄糖苷和硬脂酸环氧乙烷加成物 1.98~2，硅油 DC-200 0.5，GTTC 辛酸/癸酸甘油三酯 2.98~3，天然角鲨烷 6~6.02，异辛酸异辛酯 4.98~5，棕榈酸异丙酯 1.98~2，BHT 抗氧化剂 501 0.1~0.12，维生素 E 1.5~1.52，霍霍巴油 2.98~3。

B 相半成品混合物是以如下组分组成：卡波树脂 CAP 940 0.2~0.22，水 60.3~60.28，甘油 5.98~6，泛醇 0.5~0.52，海德油 1.98~2，塞西灵 0.2~0.22。

C 相半成品混合物是以如下组分组成：TEA 三乙醇胺 0.15~0.17，水 0.48~0.5。

D 相半成品混合物是以如下组分组成：EGF 表皮生长因子 0.03~0.04，氨基酸美白剂 ATB-26000 0.99~1，STAY-C50 抗坏血酸单磷酸酯钠盐 1.5~1.52，水 2.95~2.97。

E 相：香精 0.05。

产品应用　本品是一种具有促进皮肤修复作用和良好护理作用的保健美白化妆品。

产品特性　EGF 表皮生长因子是以定向靶机理作用于人体。人体的某些类型细胞上有 hEGF 受体，hEGF 是一种糖蛋白，存在于人体多种类型细胞的细胞膜表面，以上皮细胞膜含量最为丰富，成纤维细胞和平滑肌细胞的细胞膜上也存在着很多 hEGF 受体，所有含有 hEGF 的受体都接受 EGF 的作用，只有当 EGF 与 hEGF 受体结合，经过一系列复杂的细胞生化反应，才能促进细胞糖酵解、加速细胞新陈代谢。

配方 3　纯植物瞬间快速去皱美白润肤液

原料配比

原料	配比（质量份）	原料	配比（质量份）
果蔬汁	10	天门冬（粉碎）	0.16~0.32
弱碱性小分子团水	10	黄酒或米酒	0.5~1
黄柏（粉碎）	0.2~0.4	植物甘油	1~2
木瓜（粉碎）	0.3~0.6		

制备方法　首先将多种果蔬混合压榨成汁，再加入同等量的弱碱性小分子团水，然后再加入果蔬和水总量 1%~2% 的黄柏（粉碎），1.5%~3% 的木瓜（粉碎），0.8%~1.6% 的天门冬（粉碎），2.5%~5% 的黄酒或米酒，混合在 100℃ 温度加热 15~30min，过滤用弱碱性小分子团水调节浓度 pH 值为 5，加入 5%~10% 植物甘油调整黏度，即为纯植物瞬间快速去皱美白润肤液。

原料配伍　本品各组分质量份配比范围为：黄柏（粉碎）0.2~0.4，木瓜（粉碎）0.3~0.6，天门冬（粉碎）0.16~0.32，黄酒或米酒 0.5~1，植物甘油 1~2，果蔬汁 10，弱碱性小分子团水 10。

植物甘油来自棕榈油脂的副产品,也可由食用甘油替代。果蔬的品种可由季节变化而改变,但必须保证成品的pH值为5。

产品应用 本品主要用作美白润肤液。

产品特性 本产品是将多种果蔬加工成汁,加入适量的中药和弱碱性小分子团水在100℃温度加热,过滤,调节浓度,灭菌,即为纯植物瞬间快速去皱美白润肤液,用于皮肤健美,涂于肌肤表面有紧缩感,可快速消除肌肤皱纹,长期使用可使皮肤白里透红,也可消除女性的妊娠纹。

配方 4　纯中药美白保湿面膜

原料配比

原料	配比(质量份)	原料	配比(质量份)
山药	0.03～0.05	丹参	0.05～0.2
黄芪	0.05～0.06	冬瓜籽	0.025～0.03
当归	0.03～0.05	云苓	0.1～0.3
枳壳	0.03～0.05	三棱	0.1～0.2
白附子	0.05～0.06	二花	0.06～0.1

制备方法 将山药、黄芪、当归、枳壳、白附子、丹参、冬瓜籽、云苓、三棱、二花进行清洗、烘干、粉碎、按比例混合,灭菌,即得纯中药美白保湿面膜粉末,包装待用。

原料配伍 本品各组分质量份配比范围为:山药0.03～0.05,黄芪0.05～0.06,当归0.03～0.05,枳壳0.03～0.05,白附子0.05～0.06,丹参0.05～0.2,冬瓜籽0.025～0.03,云苓0.1～0.3,三棱0.1～0.2,二花0.06～0.1。

产品应用 本品主要用作美白保湿面膜。

产品特性 本品由纯中药成分的天然植物制成,不含防腐剂、添加剂及增白剂,不含西药成分,使用后对皮肤无刺激、无伤害、无红肿、不脱皮、不黏手,易揭易贴,使用方便,安全无不良反应,药源广,成本低。

该面膜在药理上具有益卫固表,补气升阳,活血化瘀,清热解毒,养血安神等功效,对皮肤干燥、皲裂、粗糙、无光泽、毛孔粗大、灰暗、黄白等症状具有较好的改善效果,可以快速渗透皮下达到改善局部微循环,活化表皮细胞,疏通堵塞,捧出毒素,从而达到美白、保湿、修复皮肤的效果。

配方 5　纯中药美白护肤液

原料配比

原料	配比(质量份)		
	1#	2#	3#
芦荟	5	4	5
白丁香	8	8	7
白牵牛	6	7	7
白茯苓	10	11	11

续表

原料	配比(质量份)		
	1#	2#	3#
白果仁	11	10	10
白及	10	10	10
白芷	7	7	7
白术	10	11	11
燕窝	4	4	3
薏苡仁	8	8	8
龙胆草	6	5	5
当归	6	6	7
银杏	9	9	9
水	适量	适量	适量

制备方法 将各组分用清水洗净,用清水浸泡10～15min,然后水煎1～3次,每次加水在2～5倍,待水开后再文火煎制30～50min,再通过澄清、去渣、过滤工序得产品。本产品色淡黄、无辛无味。

原料配伍 本品各组分质量份配比范围为:芦荟4～6,白丁香7～9,白牵牛5～7,白茯苓9～11,白果仁10～12,白及9～11,白芷6～8,白术9～11,燕窝3～5,薏苡仁7～9,龙胆草5～7,当归5～7,银杏8～10,水适量。

产品应用 本品是一种从多种中药材中提取的美白护肤液。

产品特性 本品中的中药成分能够被皮肤有效吸收,并能被人体组织吸收利用,从而综合调节人体所需,改善人体内部微循环,调节内分泌,从根本上解决美白嫩肤问题;同时有效成分被皮肤吸收后也能够迅速洁净、收缩皮肤表面,从而有效地美白皮肤。

本产品不添加任何化学原料或化工添加剂,使用的产品为纯中药材,其效果完全依靠中药的提取物来实现,而且提取物是根据中医配伍原则进行混合提取,能被肌肤有效吸收,解决美白、嫩肤的问题,并能有效抑制雀斑。

配方6 多功能防晒防冻美白润肤保湿霜

原料配比

原料		配比(质量份)
A	2,3-二甲氧基-5-甲基-6-癸二烯基-1,4-苯二醇	1
	邻氨基苯甲酸酯	1
	硬脂酸	5
	十八醇	4
	单硬脂酸甘油酯	2
	硬脂酸丁酯	8
	纯水	20

续表

原料		配比(质量份)
B	月见草籽油	4
	GSY	5
	二丁基羟基甲苯	0.1
	氢氧化钠	适量
	纯水	50
香料		适量
纯水		加至100

制备方法 将2,3-二甲氧基-5-甲基-6-癸二烯基-1,4-苯二醇、邻氨基苯甲酸酯、硬脂酸、十八醇、单硬脂酸甘油酯、硬脂酸丁酯与纯水缓慢加热至溶化，保温为A液。将月见草籽油、GSY、二丁基羟基甲苯、氢氧化钠溶于水中，加热至与A等温，为B液。将B液缓慢加入A中，搅拌，至pH=7.0加入等温纯水、香料，置干燥器中冷却至室温，装瓶。

原料配伍 本品各组分质量份配比范围为：2,3-二甲氧基-5-甲基-6-癸二烯基-1,4-苯二醇1，邻氨基苯甲酸酯1，硬脂酸5，十八醇4，单硬脂酸甘油酯2，硬脂酸丁酯8，月见草籽油4，GSY5，二丁基羟基甲苯0.1，氢氧化钠适量，香料适量，纯水加至100。

本品采用2,3-二甲氧基-5-甲基-6-癸二烯基-1,4-苯二醇为增白润肤的主剂；邻氨基苯甲酸酯为特效防晒剂，GSY为特效防冻剂，再加上硬脂酸、十八醇等乳化润肤剂配制而成。

产品应用 本品主要用作美白润肤保湿霜。

产品特性 本品将多种保健功能集于一身，使消费者在省时、省力又省钱的条件下，完成保健美容的日常活动。

配方7 防皱、美白、祛痘、祛疤痕化妆品

原料配比

原料	配比(质量份)	原料	配比(质量份)
精制芝麻油	79.89	尼泊金乙酯	0.02
吐温-80	0.02	蛇油	10
白凡士林	10	乙酸锌	0.02

制备方法 将精制芝麻油加热至80℃，加入吐温-80，搅拌后使溶解，然后加热至100℃依次加入白凡士林、尼泊金乙酯、蛇油、乙酸锌，保温搅拌30min，使之分散均匀，放冷至30℃以下，加入冰片搅拌10min，即得化妆品。

原料配伍 本品各组分质量份配比范围为：精制芝麻油79.89，吐温-80 0.02，白凡士林10，尼泊金乙酯0.02，蛇油10，乙酸锌0.02。

产品应用 本品主要用作防皱、美白、祛痘、祛疤痕的化妆品。

产品特性 在本品的配方中，蛇油具有滋润保护创面，防止组织液渗出和

止疼的作用，乙酸锌能收敛生肌，促使创面愈合，冰片作为凉爽剂，能减轻皮肤灼热疼痛感，白凡士林用来保护创面，吐温-80可作表面活性剂，尼泊金乙酯作防腐剂，精制芝麻油作稀释剂。采用上述配方及制备方法制得的这种化妆品，用于防皱、祛痘、祛粉刺、祛斑、去死皮、缩小毛孔、祛青春痘留下的疤痕，对晒伤、擦伤、皮肤损伤、烧裆、烧伤冻伤有很好的疗效、可以抗冻防裂、防衰老、防晒，修复因各种原因的受损皮肤。

配方8 肤感清爽的啫喱美白防护乳粉

原料配比

原料	配比(质量份)
去离子水	72
丙二醇	6
二氧化钛	1.8
氢化聚癸烯	2.3
羟基硬脂酸	9.2
聚二甲基硅氧烷	5
肉豆蔻酸异丙酯	3.4
甘油	3.7
棕榈酰脯氨酸/棕榈酰谷氨酸镁/棕榈酰肌氨酸钠	2.8
十六十八烷基醇(和)十六十八烷基葡糖苷	1.8
丙烯酸铵和丙烯酰胺共聚物/聚异丁烯/聚山梨酸酯20	1.6
丁二醇	1.7
黄原胶	0.2
尿囊素	0.25
石榴提取物	1～2
肌肽	0.6
双(羟甲基)咪唑烷基脲	0.12
碘丙炔醇丁基氨甲酸酯	0.015
EDTA二钠	0.06

制备方法

（1）将二氧化钛、氢化聚癸烯、羟基硬脂酸、聚二甲基硅氧烷、肉豆蔻酸异丙酯、棕榈酰脯氨酸/棕榈酰谷氨酸镁/棕榈酰肌氨酸钠和十六十八烷基醇（和）十六十八烷基葡糖苷混合均匀，加热至85℃，保温灭菌30min；

（2）将丁二醇和黄原胶混合均匀后，加入去离子水，搅拌溶解后，再加入尿囊素和EDTA二钠，加热至85℃，保温灭菌30min；

（3）将温度约75℃步骤（2）的溶液在搅拌的情况下加入温度约75℃步骤（1）的溶液中，搅拌均质5min，再加入丙烯酸铵和丙烯酰胺共聚物/聚异丁烯/聚山梨酸酯20，搅拌均质5min，冷却降温至45℃后，加入石榴提取物、肌肽、双（羟甲基）咪唑烷基脲和碘丙炔醇丁基氨甲酸酯，搅拌均匀即成本产品。

原料配伍 本品各组分质量份配比范围为：去离子水70～80，丙二醇4～8，二氧化钛1.5～2.5，氢化聚癸烯1.5～2.5，羟基硬脂酸1.5～9.2，聚二甲基硅氧烷4～8，肉豆蔻酸异丙酯3～5，甘油3～5，棕榈酰脯氨酸/棕榈酰谷氨酸镁/棕榈酰肌氨酸钠 1~3,十六十八烷基醇(和)十六十八烷基葡糖苷 1~2,丙烯酸铵和丙烯酰胺共聚物/聚异丁烯/聚山梨酸酯 20 1~2,丁二醇 1~2,黄原胶 0.1~0.3,尿囊素 0.2~0.3,石榴提取物 1~2,肌肽 0.5~1,双(羟甲基)咪唑烷基脲 0.1~0.2,碘丙炔醇丁基氨甲酸酯 0.01~0.02,EDTA 二钠 0.05~0.1。

产品应用 本品主要用作美白防护乳。本品能在肌肤表面形成透气佳的防护膜,透明感强,不影响皮肤动能的正常发挥,并有瞬间细致毛孔、平滑肌肤的效果。

产品特性 本产品采用法国的纯物理防护原料——CreasperTMTR35,对肌肤具有全能防护作用,有效抵抗 UVA 和 UVB 对肌肤的伤害,为提供肌肤具透明和即时美白效果的一流保护作用;通过严格控制防护晶体颗粒尺寸(35nm),使之在肌肤表面的铺展性和均匀性良好,既能全面吸收紫外线,又不会渗透进入皮肤,为产品提供了最具温和性和安全性的防护作用;CreasperTMTR35 能有效防止皮肤自由基的产生,从而使产品具有抵抗皮肤光致老化的作用;独特新颖的"遇肌即溶"无油清爽配方,与肌肤的亲和性好,能让人在涂敷的一瞬间就能感受到对肌肤莹润细致的精心爽悦呵护;能在肌肤表面形成透气佳的防护膜,透明感强,不影响皮肤动能的正常发挥,并有瞬间细致毛孔、平滑肌肤的效果。

配方 9 复方阿魏酸川芎嗪美白霜

原料配比

	原料	配比(质量份)									
		1#	2#	3#	4#	5#	6#	7#	8#	9#	10#
油相溶液 A	Montanov 68	2	2	2.5	2.5	3	2.5	1.5	1.5	2	3
	DISM 酯	8	10	10	—	—	—	—	4	5	—
	SHS 酯	—	—	—	8	8	10	—	—	—	3
	DIA 酯	—	—	—	—	—	—	7	4	—	3
	橄榄油	—	—	—	—	—	—	1	1	—	—
	夏威夷葵花油	—	—	—	—	—	—	—	—	4	—
	夏威夷坚果油	—	—	—	—	—	—	—	—	—	2
	Transctuol P	1.5	1	1.5	1.5	0.8	1	1.5	1	0.8	2
	阿魏酸	0.25	0.3	0.25	0.3	0.25	0.3	0.25	0.3	0.25	0.3
水相溶液 B	透明质酸	0.05	0.05	0.08	0.05	0.08	0.1	0.05	0.03	0.05	0.08
	甘油	3	2	3	3	2.5	3	3	3.5	3	2.5
	川芎嗪	0.25	0.25	0.3	0.25	0.25	0.25	0.3	0.25	0.25	0.3
	尼泊金甲酯	0.05	0.03	0.03	—	—	—	0.05	—	0.05	—
	尼泊金丙酯	—	—	—	0.05	0.03	0.03	—	—	—	—
	尼泊金丁酯	—	—	—	—	—	—	—	0.05	—	0.08
	水	加至 100	加至 100	加至 100	加至 100	加至 100	加至 100	加至 100	加至 100	加至 100	加至 100
	增稠剂	1.5	1.5	1.5	1.5	1.5	1.5	1.5	1.5	1.5	1.5

制备方法

(1) 按上述配比称取乳化剂、油脂、促透剂和阿魏酸混合，热水浴中熔融得到油相溶液 A。

(2) 按上述配比称取透明质酸、甘油、川芎嗪、防腐剂溶于水，热水浴中溶解得到水相溶液 B。

(3) 将溶液 A 加入到溶液 B 中，均质，得到溶液 C。

(4) 待溶液 C 冷却到室温时加入增稠剂并搅拌，得到目标产物美白霜。

原料配伍　本品各组分质量份配比范围为：乳化剂 1.5～5，油脂 8～10，Transcutol P 0.8～3，保湿剂 0.05～5，阿魏酸 0.5～1，川芎嗪 0.25～1，增稠剂 1.0～2.0，防腐剂 0.1～0.1，水加至 100。

油脂选自 DISM 酯、DIA 酯、SHS 酯、橄榄油、夏威夷葵花油、夏威夷坚果油中的一种，优选 DISM 酯。

保湿剂选自透明质酸和甘油中的至少一种。防腐剂选自尼泊金甲酯、尼泊金丙酯和尼泊金丁酯中的至少一种。

所述增稠剂为 Sepiplus 400。

所述乳化剂为 Montanov 68。

所述促透剂为 Transcutol P。

水选用蒸馏水、去离子水和纯净水中的至少一种。

产品应用　本品主要用作美白霜。

产品特性　本品所述的阿魏酸能够抑制酪氨酸酶活性，具有吸收紫外线，抗氧化，清除自由基，保护皮肤、延缓皮肤衰老等功效。川芎嗪能够抑制黑色素细胞增殖，抑制黑色素合成及酪氨酸酶活性，并且其毒性低，具有较大的安全范围。

配方 10　甘草美白润肤乳

原料配比

原料		配比（质量份）		
		1#	2#	3#
A 组分	甘草细胞提取物有效活性成分	2	3	4
	甘油	1	2	4
	吐温-80	0.85	0.56	0.6
	斯盘-80	0.5	0.78	0.8
	去离子水	65	65	52
B 组分	十八醇	0.65	1.2	2.2
	白油	2	3	4
	单硬脂酸甘油酯	0.5	0.7	0.8
丁香香精		0.5	0.1	0.3
2-甲基-4-异噻唑啉-3-酮		0.02	0.03	0.067
5-氯-2-甲基-4-异噻唑啉-3-酮		0.02	0.03	0.067
三乙醇胺调 pH		至 6.1	至 6.1	至 6.1

制备方法

(1) 甘草细胞提取物有效活性成分的联合提取

将细胞干重计为15~40g/L的甘草细胞悬浮液,以4000r/min离心分离15~20min,得到离心沉淀物,将沉淀物在温度50~60℃干燥,得到块体经粉碎,过筛得到粉体,加入蒸馏水进行热浸,加入量为细胞干重的15倍,将浓度为0.2mol/L的氢氧化钠水溶液按与溶剂的体积比为2:5比例混合,在温度80℃进行热浸提取1.5h,提取液经过滤,得到1次滤液和滤渣,按滤渣质量(g)与溶剂溶液体积(mL)之比为1:10比例混合进行热浸提取,将浓度为0.2mol/L的氢氧化钠水溶液按与溶剂的体积比为3:10比例混合,在温度80℃中进行热浸提取1h,提取液经过滤,得到2次滤液和滤渣,按滤渣质量(g)与溶剂溶液体积(mL)之比为1:5比例混合进行第3次热浸提取,将浓度为0.2mol/L的氢氧化钠水溶液按与溶剂的体积比为1:5比例混合,在温度80℃中进行热浸提取0.5h,提取液经过滤,得到3次滤液和滤渣,将所得3次滤液在4000r/min转速下进行离心分离,除去沉淀物,得上清液,在上清液中加入质量浓度为3‰盐酸调pH值至1~2.5,在4000r/min的转速下离心分离,得沉淀物,去除上清液,沉淀物在温度50~60℃干燥,即得甘草细胞提取物有效活性成分。

(2) 甘胞美白润肤乳制备

(1) 按计量将甘草细胞提取物有效活性成分、甘油、斯盘-80、吐温-80和去离子水混合,搅拌均匀制得A组分;

(2) 按计量将十八醇、白油、单硬脂酸甘油酯混合,搅拌均匀制得B组分;

(3) 将A组分加热至100℃,维持1~2min灭菌,冷却到30~40℃备用,将B组分加热至85℃,在搅拌速度为250~300r/min的条件下,将A组分缓慢加入B组分中形成均匀相,保持搅拌,温度降至80℃时,开启真空泵(真空度-0.085~-0.1MPa),温度降至40℃时,加入丁香香精、2-甲基-4-异噻唑啉-3-酮、5-氯-2-甲基-4-异噻唑啉-3-酮,用三乙醇胺调pH值至6.1,再降温至40~30℃时出料,经钴60-γ射线照射消毒,即得甘草美白润肤乳。

原料配伍 本品各组分质量份配比范围为:十八醇0.65~3,白油2~6,单硬脂酸甘油酯0.5~0.8,吐温-80 0.65~0.85和斯盘-80 0.5~5,甘油1~5,甘草细胞提取物有效活性成分1~4,去离子水52~75,丁香香精0.1~0.6,2-甲基-4-异噻唑啉-3-酮0.02~0.067,5-氯-2-甲基-4-异噻唑啉-3-酮0.02~0.067。

产品应用 本品主要用作美白润肤乳。本产品能较好地抑制黑色素的形成,达到良好的美白效果。

产品特性 本品制备的甘草美白润肤乳,甘草细胞提取物的有效活性成分含量高,能较好地抑制黑色素的形成,达到良好的美白效果。另外本品不含其他药物成分,提取制备过程简单。

配方 11　甘草细胞提取物美白润肤霜

原料配比

原料		配比（质量份）		
		1#	2#	3#
A组分	黄酮和三萜皂苷的甘草细胞提取物	10	8	9
	三乙醇胺	0.4	0.2	0.3
	甘油	7	6	6.5
	去离子水	65	70	66
B组分	硬脂酸	5	4	5
	羊毛脂	1.5	1	1.5
	棕榈酸异丙酯	6	5	6
	乳化剂吐温-80	3	30	3
	乳化剂斯盘-80	19	1	1.2
	橄榄油	0.5	1	0.5
丁香香精		0.6	0.1	0.5
异噻唑啉酮		0.12	0.06	0.1

制备方法

（1）甘草细胞提取物的提取过程

将以细胞干重计为15～40g/L的甘草细胞悬浮液，以4000r/min离心分离15～20min，得到离心沉淀物，将沉淀物在温度50～60℃干燥，得到块体，经粉碎，过筛得到粉体。按粉体质量（g）与质量浓度为1%氢氧化钙水溶液体积（mL）之比为1：(6～12)比例将其混合，在温度30～50℃进行超声提取，超声功率为1000W，超声频率为40kHz，超声时间为20～30min，提取液经过滤，得到1次滤液和滤渣，按滤渣质量（g）与质量浓度为1%氢氧化钙水溶液体积（mL）之比为1：(6～12)比例将其混合，进行超声提取，按如此过程进行提取2～5次，将所得滤液合并真空抽滤得2次滤液。将2次滤液减压蒸发浓缩至原来2次滤液体积量的1/5～1/3。浓缩液冷却至室温后，按浓缩液与乙醇体积比1：(1.5～2.5)加入质量浓度为95%乙醇混合，静置，然后过滤，过滤后得到3次滤液，3次滤液在4000r/min转速下进行离心分离，除去沉淀物，得上清液，在上清液中加入质量浓度为3%盐酸调pH值至5～6，在4000r/min的转速下离心分离，得沉淀物和上清液，再将上清液加入质量浓度为3%盐酸调pH值至2～3，在4000r/min转速下离心分离，得沉淀物，去除上清液，合并两次的沉淀物，在温度50～60℃干燥后得到浸膏，浸膏加去离子水溶解后，再用水饱和的正丁醇进行萃取，得正丁醇层萃取液，对萃取液进行减压蒸发浓缩，再恒温干燥，即得含有黄酮和三萜皂苷的甘草细胞提取物。

（2）甘草细胞提取物美白润肤霜制备

（1）将含有黄酮和三萜皂苷的甘草细胞提取物、三乙醇胺、甘油和去离子水混合，搅拌均匀制得 A 组分。

（2）将硬脂酸、羊毛脂、棕榈酸异丙酯、乳化剂吐温-80、乳化剂斯盘-80 和橄榄油混合，搅拌均匀制得 B 组分。

（3）将 A 组分与 B 组分分别加热至 80～90℃，在搅拌速度为 800～1500 r/min 的条件下，将 B 组分缓慢加入 A 组分中形成均匀相。保持搅拌，温度降至 80℃时，真空下，继续降温至 50℃，加入丁香香精、异噻唑啉酮，再降温至 40～45℃时出料，经钴 60-γ 射线照射消毒，即得甘草细胞提取物美白润肤霜。

原料配伍　本品各组分质量份配比范围为：硬脂酸 4～5，羊毛脂 1～1.5，棕榈酸异丙酯 5～6，乳化剂吐温-80 1～30 和斯盘-80 0.3～19，橄榄油 0.5～1，黄酮和三萜皂苷的甘草细胞提取物 8～10，三乙醇胺 0.2～0.4，甘油 6～7，去离子水 60～70，丁香香精 0.1～0.6，异噻唑啉酮 0.06～0.12。

产品应用　本品主要用作美白润肤霜。

产品特性　本品制备的甘草细胞提取物美白润肤霜，含有甘草细胞提取物，提取物中既包括黄酮类成分又包括三萜皂苷类成分，有效成分含量高，能较好地抑制黑色素的形成，达到良好的美白效果。另外本品不含其他药物成分，提取制备过程简单。

配方 12　核酸溶斑美白霜化妆品

原料配比

	原料	配比（质量份）
油相	乳化剂	3
	角鲨烷	10
	硅氧烷	5
	植物油	5
	维生素 E	0.1
	邻苯二甲酸二辛酯	0.1
水相	甘油	5
	尿素	3
	氨基酸	1
	纯水	70

制备方法　以乳化剂 1～3 份，角鲨烷 10～15 份，硅氧烷 5～10 份，植物油 5～10 份，维生素 E 0.1～0.5 份，邻苯二甲酸二辛酯 0.1～1 份组合物为油相，以甘油 2～5 份，尿素 2～5 份，氨基酸 0.5～1.5 份，纯水 70～80 份组合物为水相，将各组合物充分混合在一起并经乳化即制得成品。

原料配伍　本品各组分质量份配比范围为：乳化剂 1～3，角鲨烷 10～15，硅氧烷 5～10，植物油 5～10，维生素 E 0.1～0.5，邻苯二甲酸二辛酯 0.1～1，甘油 2～5，尿素 2～5，氨基酸 0.5～1.5，纯水 70～80。

产品应用　本品主要用作美白化妆品，本产品可以有效地解决因核酸代谢不畅而留下核酸残片形成的皮肤黑斑和皮肤灰暗，使皮肤质地得到明显改进，并且对皮肤不产生不良反应。

产品特性　由于本产品采用了促使核酸向氨基酸转化代谢的配方，因此采用本产品可以有效地解决因核酸代谢不畅而留下核酸残片形成的皮肤黑斑和皮肤灰暗，使皮肤质地得到明显改进，并且对皮肤不产生不良反应。

配方 13　肌肤美白液

原料配比

原料	配比(质量份)						
	1#	2#	3#	4#	5#	6#	7#
三乙醇胺	0.025	0.4	0.3	0.3	0.35	0.3	0.025
透明质酸钠	0.2	0.005	0.015	0.01	0.2	0.08	0.01
偏重亚硫酸钠	0.5	0.2	0.3	0.4	0.4	0.5	0.4
甲基丙二醇	2	5	4	4	4	3	5
十一碳烯酰基苯丙氨酸	0.08	0.03	0.06	0.06	0.06	0.07	0.05
组分 F	6	2	4	4	4	5	5
香精	0.05	0.1	0.08	0.08	0.07	0.05	0.08
柠檬酸	0.05	0.01	0.02	0.02	0.02	0.02	0.02
组分 A	0.3	0.1	0.2	0.2	0.3	0.3	0.2
组分 B	1	0.5	0.8	0.8	0.8	0.8	0.8
氢化卵磷脂	0.5	1.5	1	1	1.2	1.5	1
氢化聚癸烯	4	1	3	3	3	3	3
植物甾醇异硬脂酸酯	0.1	0.5	0.3	0.3	0.4	0.5	0.3
抗坏血酸四异棕榈酸酯	1	4	2	3	3	2	2.5
组分 C	1	3	2	2	1.5	2	2
组分 D	1	3	2	2	1.5	2	3
聚二甲基硅氧烷	1	3	2	2	2.5	2	1
组分 E	1.5	0.5	1	1	1	1.5	0.5
组分 J	0.05	0.1	0.08	0.08	0.08	0.6	0.1
组分 G	3	0.5	2	2	2	2.5	1
组分 H	0.2	1	0.5	0.5	0.5	1	0.5
组分 I	1	0.1	0.8	0.8	0.5	0.3	0.8
去离子水	加至100	加至100	加至100	加至100	加至100	加至100	加至100

制备方法

(1) 准备以下原料：组分 A、甲基丙二醇、偏重亚硫酸钠、组分 B、透明质酸钠、氢化卵磷脂、三乙醇胺、十一碳烯酰基苯丙氨酸、氢化聚癸烯、植物甾醇异硬脂酸酯、抗坏血酸四异棕榈酸酯、组分 C、组分 D、聚二甲基硅氧烷、组分 E、组分 F、组分 G、组分 H、组分 I、组分 J、香精、柠檬酸、去离子水。

将去离子水放入真空乳化釜中，再加入三乙醇胺、透明质酸钠、偏重亚硫酸钠、甲基丙二醇、十一碳烯酰基苯丙氨酸、组分 F、香精、柠檬酸，分散均匀后，抽取真空至 5~10Pa，同时升温至 80~90℃。

(2) 将组分 A、组分 B、氢化卵磷脂、氢化聚癸烯、植物甾醇异硬脂酸酯、抗坏血酸四异棕榈酸酯、组分 C、组分 D、聚二甲基硅氧烷、组分 E、组分 J 放入油相釜中，升温至 80～90。

（3）将步骤（2）制备后的油相组分吸入真空乳化釜中，并维持 5～10Pa。

（4）将真空乳化釜内温度降至 40～45℃，加入组分 G、组分 H、组分 I，并维持 5～10Pa。

（5）待乳化反应釜中混合物温度自然降至 36～38℃时，出料并过滤，即得本品的肌肤美白液。

原料配伍　本品各组分质量份配比范围为：组分 A 0.1～0.3，甲基丙二醇 2～5，偏重亚硫酸钠 0.2～0.5，组分 B 0.5～1，透明质酸钠 0.005～0.2，氢化卵磷脂 0.5～1.5，三乙醇胺 0.025～0.4，十一碳烯酰基苯丙氨酸 0.03～0.08，氢化聚癸烯 1～4，植物甾醇异硬脂酸酯 0.1～0.5，抗坏血酸四异棕榈酸酯 1～4，组分 C 1～3，组分 D 1～3，聚二甲基硅氧烷 1～3，组分 E 0.5～1.5，组分 F 2～6，组分 G 0.5～3，组分 H 0.2～1，组分 I 0.1～1，组分 J 0.05～0.1，香精 0.05～0.1，柠檬酸 0.01～0.05，去离子水加至 100。

所述组分 A 为丙烯酸（酯）类/C_{10}～C_{30} 烷醇丙烯酸酯交联聚合物，主要用作化妆品增稠剂，用在头鬓及护肤产品中，擦在皮肤上会形成一层具有黏着力的薄膜、吸住水分提供持续性的保湿效果给皮肤，让皮肤感觉如丝般柔软，例如商品 ULRVE2-21。

所述组分 B 为 PEG 和 PPG 的共聚物，UCON Fluids 是聚乙二醇丙二醇醚，是具有中等黏度的液体，能使润肤霜、眼部卸妆液、止汗露和除臭剂滋润顺滑，同时能带来一系列附加的效果，如能使彩妆迅速湿化，在使用过程中能迅速产生热量，或者控制洗发香波的黏度，例如，PEG/PPG-17/6 共聚物 75-H450。

所述组分 C 为丙烯酸铵/丙烯酰胺共聚物、聚异丁烯和吐温-20 的混合物，属于新一代的水合膨胀液滴（HSD）聚合物，改善了对电解质的抵抗力并有更强的乳化功能，易于使用的液态的增稠乳化剂，例如法国赛比克公司商品 Sepiplus 265。

所述组分 D 为环状二甲基硅氧烷，其在各类化妆品中与许多组分有高度的相容性，可降低配方中油腻感，作共溶性固体粉分散剂，温和轻松、光滑柔嫩，用于清爽型膏霜、乳液、洗面奶、化妆水、彩妆、香波水。组分 D 使头发增加光泽，显著提高梳理性，无残留沉积，例如美国道康宁公司的商品 DC345。

所述组分 E 为二甲基硅油/环戊二甲基硅油凝胶，由质量分数为 45%～50% 的聚二甲基硅氧烷、36%～42% 的环戊硅氧烷和 12%～16% 的聚硅氧烷-2 组成，是将具有油溶胀性质的海绵状二甲基硅氧烷交联球形粉末分散于二甲基硅油和环戊二甲基硅油制备而成，可应用于彩妆配方作为脸部油脂吸收剂，达到亚光、平滑和无油的外观效果。其表现类似滑爽的硅粉，可赋予肌肤异常丝滑的肤感，可添加香精或直接作为护肤成品使用，也与其他活性物复配，如维生素、杀菌剂、胆固醇或防晒剂等，例如广州联聚贸易有限公司商品 Gransil DMCM-5。

所述组分 F 为锁水磁石，能与角质中的 ε-氨基酸官能团结合，发挥强力水合作用达到长效保湿作用,即使用水冲洗也不能够轻易洗去,就像磁石一样牢牢结合于皮肤表面,而其另一基团则发挥强力水合作用,防止水分散失,并从外界环境吸水,动态维持皮肤的水平衡,例如瑞士潘得法公司的锁水磁石。

所述组分 G 为黄芩根、光果甘草根和枣果三种植物提取物,按照下述步骤进行制备:首先将黄芩根、光果甘草根和枣果等质量地投入到反应釜中,加入去离子水至浸没物料,浸泡 1~3h 后除去杂质,再加入物料总质量 8~10 倍量的去离子水,加温煮沸 2~4h 后,出料并过滤,得到植物提取物。

所述组分 H 为松茸提取物,按照下述步骤进行制备:首先将松茸投入到反应釜中,加入去离子水至浸没松茸,浸泡 1~3h 后除去杂质,再加入松茸总质量 8~10 倍量的去离子水,加温煮沸 2~4h 后,出料并过滤,得到松茸提取物。

所述组分 I 为红没药醇、姜根提取物,在降低产品刺激、修复有炎症损伤的皮肤方面有较好的效果,用在防晒产品中,可以有效地减少紫外线对皮肤的伤害;用在祛痘产品中,可以减轻皮肤的粉刺;在洗去产品中,对皮肤有一定的附着性,可持续发挥功效,例如德国 Symrise 的商品 SymRelief(馨敏舒),油溶性、浅黄至淡棕色液体。

所述组分 J 为甲基异噻唑酮(和)碘丙炔醇丁基氨甲酸酯,即 ACTIchem 公司的 Microcare MTI,其完全溶于水剂体系,不需要用增溶剂增溶,不挥发甲醛,对霉菌防腐效果很好。

所述香精选择食品级香精 W1005238。

产品应用 本品主要应用于化妆品领域,是一种外敷使用的肌肤美白液。

产品特性 本品集隔离、美白、保湿三效合一,滋润皮肤,全面补水,调整肤色,保持皮肤健康,增强肌肤弹性,令肌肤重新呈现天然光泽,同时能够隔离日间外界各种污物及辐射等对肌肤的侵害。

配方 14 灵芝孢子美白液

原料配比

原料	配比(质量份)		
	1#	2#	3#
灵芝孢子提取液	10	20	15
维生素 C 磷酸酯	5	10	8
透明质酸	0.3	0.1	0.5
白茯苓	5	8	6
七叶树提取液	3	5	2
去离子水	76.7	56.9	69.5

制备方法 将各组分混合均匀,沉析、过滤,制得灵芝孢子美白液。

原料配伍 本品各组分质量份配比范围为:灵芝孢子提取液 10~20,维生素 C 磷酸酯 5~10,透明质酸 0.1~0.5,白茯苓 5~8,七叶树提取液 2~5,去离子水 56.5~77.9。

产品应用 本品是一种灵芝孢子美白液。

产品特性 本品能够分解黑色素,抑制酪氨酸酶活性,阻止黑色素形成,祛除脸部黄气、色斑、暗哑,促进新陈代谢,调节生理周期,提高细胞活性,令皮肤逐渐白皙水嫩。

配方 15　美白、保湿柔肤水

原料配比

原料		配比(质量份)		
		1#	2#	3#
A组	1,3-丁二醇	4	3	5
	丙二醇	4	3	5
	吡咯烷酮羧酸钠	5	4	6
	甘草酸二钾	0.3	0.2	0.4
	NMF-50	3	0.2	0.4
	抗过敏剂(CD-2901)	5	4	6
	EDTA二钠	0.05	0.04	0.06
	羟苯甲酯	0.1	0.05	0.15
	纯净水	105	100	110
B组	1%透明质酸	5	4	6
	熊果苷	2	1.5	2.5
	C0-40	0.3	0.2	0.4
	壬二酸衍生物	5	4	6
	75%乙醇	5	4	6
	杰马-115	0.03	0.2	0.4
C组	香精	适量	适量	适量
	柠檬酸	适量	适量	适量

制备方法　首先将 A 组 1,3-丁二醇、丙二醇、吡咯烷酮羧酸钠、甘草酸二钾、NMF-50、抗过敏剂(CD-2901)、EDTA 二钠、羟苯甲酯、纯净水放入混合搅拌器 A 中,边搅拌边加热至 55~65℃,保温 15~25min;之后再加热、搅拌、升温至 90~100℃,保温 15~25min;之后再降温、搅拌至 44~46℃时,加入 B 组 1%透明质酸、熊果苷、C0-40、壬二酸衍生物、杰马-115、75%乙醇,持续搅拌、降温至 38~42℃时,加入香料,测试溶液的 pH 值,并用柠檬酸将 pH 值调至 6.5~7.5 时为佳;之后边搅拌边降温,当温度降至 38~42℃时,停止搅拌;静放 24h 后,即可。

原料配伍　本品各组分质量份配比范围为:

A组:1,3-丁二醇 3~5,丙二醇 3~5,吡咯烷酮羧酸钠 4~6,甘草酸二钾 0.2~0.4,NMF-50 0.2~4,抗过敏剂(CD-2901)4~6,EDTA 二钠 0.04~0.06,羟苯甲酯 0.05~0.15,纯净水 100~110。

B组:1%透明质酸 4~6,熊果苷 1.5~2.5,C0-40 0.2~0.4,壬二酸衍生物 4~6,杰马-115 0.03~0.4;75%乙醇 4~6。

C组:香精适量,柠檬酸适量。

C0-40 又名氢化蓖麻油,黏稠液状,用作增溶剂。

产品应用 本品是一种专用于人的面部皮肤且又兼有美白、保湿作用的柔肤水。使用时将本品数滴涂于面部,轻轻排入皮肤即可,日用2~3次。

产品特性 本品透明、清晰、不分层。本品使用数日后,便可有明显的滋养皮肤、美白、保湿效果。

配方16 美白保湿化妆品(一)

原料配比

原料		配比(质量份)		
		1#	2#	3#
组合提取物	薏苡仁提取物	40	50	35
	白及提取物	40	10	45
	三七提取物	20	40	20
组合提取物		1	1	1
异壬基异壬醇酯		10	—	—
Sepigel 305(聚丙烯酰胺)		3	—	—
单硬脂酸甘油酯		—	6	8
硬脂酸		—	5	—
丙二醇		—	5	—
三乙醇胺		—	0.4	适量
凡士林		—	—	3
二甲基硅油		—	—	5
甘油		—	—	6
混醇		—	—	12
卡波940		—	—	0.3
防腐剂		适量	适量	适量
去离子水		至100	至100	至100

制备方法

(1) 用于制备皮肤美白保湿的凝胶,具体工艺流程为:将提取物溶于酯中,加温到30℃时,加入Sepigel 305(聚丙烯酰胺),在搅拌下加入水,最后加入防腐剂搅匀,冷却至室温即可。

(2) 用于制备皮肤美白保湿的霜剂,具体工艺流程为:将提取物溶于水中,将酯类和防腐剂加热至70℃溶解混合均匀,再在70℃搅拌下将水加入酯中,至形成W/O型乳剂,搅拌均匀,冷却至室温即可。

(3) 用于制备皮肤美白保湿的乳液,具体工艺流程为:将酯类、混醇在75~80℃搅拌均匀,将水、甘油、卡波940、防腐剂在75~80℃搅拌均匀;将以上两种混合物先后抽入乳化锅,均质3min,加入三乙醇胺调pH=5~7;搅拌冷却至40℃,加入事先用部分水溶解的组合提取物,搅匀,冷却至室温即可。

原料配伍 本品各组分质量份配比范围为:组合提取物1,Sepigel 305(聚丙烯酰胺)3,单硬脂酸甘油酯6~8,硬脂酸5,丙二醇5,三乙醇胺0.4,凡士林3,二甲基硅油5,甘油6,混醇12,卡波940 0.3,防腐剂适量,去离子水加至 100。

所述组合物提取物由以下质量份原料组成：薏苡仁提取物 10～50，白及提取物 10～50，三七提取物 10～50。

本品的皮肤美白保湿产品中上述中药组合提取物的配合用量，以干燥物计为 0.05%～20%。

在本品的皮肤美白保湿产品中，除上述必需成分以外，可以根据实际需要适当地配合通常在化妆品中使用的成分。例如，其他的美白剂、保湿剂、抗氧化剂、表面活性剂、醇类、水等基质成分。

产品应用 本品是一种中药组合提取物美白保湿化妆品。

产品特性 本品所述的皮肤美白保湿产品的剂型没有特别限定，可以为溶液、悬浮液、乳状液、霜剂、膏状、凝胶、奶液、护肤液、粉、香皂、油、干粉、粉底液、湿粉或喷剂。

上述中药组合提取物对酪氨酸酶和黑色素细胞的增殖具有抑制作用，具有优异的美白效果；对纤维芽细胞有增殖有促进作用，可增加皮肤活性，减少皱纹；在表皮细胞培养中，对脑酰胺的生成有很好的促进作用，可明显改变皮脂组成，减少皮肤的油脂性，改善皮肤的柔润程度。同时中药组合提取物不含化学药物成分，安全、无毒，对皮肤刺激性小，性质稳定，应用于皮肤上具有持久自然美白效果，能提高肌肤新陈代谢与保湿的功能。

配方 17 美白保湿抗衰老护肤品

原料配比

原料		配比(质量份)				
		1#	2#	3#	4#	5#
粗粉	卷柏：桃花：白及：三七	50：10：20：20	15：40：10：35	10：50：15：25	25：15：50：10	30：10：10：50
	粗粉	1	1	1	1	1
	水①	10	10	10	10	10
	水②	6	6	6	6	6
	乙醇	适量	适量	适量	适量	适量
	化妆品基质	适量	适量	适量	适量	适量

制备方法

（1）将 10～50 质量份卷柏、10～50 质量份桃花、10～50 质量份白及和 10～50 质量份三七干燥、粉碎过筛，得到粗粉；

（2）在提取罐中放入粗粉和水①，混合后静置，让药材充分浸泡；

（3）加热提取 60～120min，取出提取液，过滤，得到滤液；

（4）再将水②加到提取罐中，重复步骤（3），得到滤液；

（5）将步骤（3）和（4）得到的滤液合并，浓缩，冷却至 40℃ 以下，接着在搅拌状态下，加入乙醇，使最终得到的混合液中乙醇浓度为 60%～65%；

(6) 密闭放置至沉淀完全；

(7) 除去沉淀，得到的上清液减压回收乙醇，得到浓缩液；

(8) 将浓缩液过滤，得到复方中药提取物。

原料配伍 本品各组分质量份配比范围为：粗粉1，饮用水6～20，化妆品基质适量。

所述粗粉各组分质量份配比范围为：卷柏10～50，桃花10～50，白及10～50，三七10～50。

所述的复方中药提取物更优选为由以下质量份计的原料药制备而成：卷柏15～50，桃花10～40，白及10～20，三七20～35。

本品中药提取物的配合用量为0.1%～5%。

除上述必需成分以外，可以根据需要适当地配合通常在化妆品中使用的成分；例如，其他的美白剂、保湿剂、抗氧化剂、表面活性剂、醇类、水等基质成分。

本品的剂型没有特别限定，可以为溶液、悬浮液、乳状液、霜剂、膏状、凝胶、奶液、护肤液、粉、香皂、油、干粉、粉底液、湿粉或喷剂。

产品应用 本品是一种复方中药提取物及美白保湿抗衰老护肤品。

产品特性 本品所述的复方中药提取物对酪氨酸酶和黑色素细胞的增殖具有抑制作用，具有优异的美白效果；对纤维芽细胞的增殖有促进作用，意味着可增加皮肤活性，减少皱纹；在表皮细胞培养中，上述复方中药提取物对脑酰胺的生成有很好的促进作用，表明它可明显改变皮脂组成，从而减少皮肤的油脂性，改善皮肤的柔润程度，同时因不含化学药物成分，安全、无毒，对皮肤刺激性小，性质稳定，应用于皮肤上具有持久自然美白效果，能提高肌肤新陈代谢与保湿的功能。

配方18 美白保湿滋养凝胶

原料配比

原料	配比	
	1#	2#
卡波姆	0.5g	1g
甘油	6g	3g
蜂蜜	2g	3g
白及提取物	3.5g	2.5g
黄瓜提取物	17g	18g
橄榄油	49g	5g
吐温-80	0.7g	0.5g
三乙醇胺	0.08g	0.08g
70%山梨醇溶液	2.5mL	3.5mL

续表

原料	配比	
	1#	2#
蒸馏水	122g	125g
羟基苯甲酸乙酯	0.32g	0.37g
香精	适量	适量

制备方法

(1) 所述的白及提取物是通过以下方法制备：称取白及适量，浸泡0.25～0.75h，加热至90～100℃，煎煮提取3次，第1次加6～10倍量水，提取0.5～2h，第2次加4～8倍量水，提取0.5～1.5h，第3次加3～6倍量水，提取0.5～1.5h，过滤，合并滤液，滤液的体积浓缩至白及质量的3～6倍，过滤即得。

(2) 所述的黄瓜提取物通过以下方法制备：黄瓜削皮，切块，用榨汁机榨汁，过滤，滤渣弃掉，滤液在3～6℃保温8～12h，过滤即可。

(3) 所述的美白保湿滋养凝胶的制备方法：在卡波姆中加入甘油，充分搅拌使润湿，再加入适量的蒸馏水，搅拌，自然溶胀过夜或于40～60℃水浴上加热溶胀，待卡波姆完全溶胀后，加蜂蜜、白及提取物、黄瓜提取物、橄榄油、吐温-80，朝同一个方向搅拌，直至橄榄油在水相中均匀分散后，加三乙醇胺，搅拌，再加70％山梨醇溶液，搅拌混合均匀，接着将剩余的蒸馏水加入，然后将对羟基苯甲酸乙酯溶解在尽可能少的无水乙醇中，加到上述溶液中，再加入香精，搅拌至形成晶莹透明，细腻均匀的凝胶。

原料配伍 本品各组分配比范围为：卡波姆0.1～1.5g，三乙醇胺0.05～0.1g，甘油2～8g，橄榄油3～49g，70％山梨醇溶液1～4mL，蜂蜜0.5～3.5g，白及提取物2～5g，黄瓜提取物13～20g，吐温-80 0.1～1g，对羟基苯甲酸乙酯0.1～0.5g，95％（体积浓度）乙醇1～3mL。蒸馏水90～150g，香精0.05～0.25mL。

所述的香精为玫瑰香精、菠萝香精、柠檬香精。

产品应用 本品主要应用于化妆品，特别涉及一种美白保湿滋养凝胶的制备方法。

产品特性 本品所制成的美白保湿滋养凝胶透明晶莹，黏度适宜，稠度适宜，稳定性好，气味芬芳，用在皮肤上感觉好，吸收快。

配方19 美白淡斑滋润嫩肤面膜

原料配比

原料	配比
聚乙烯醇(PVA17-88)	3g
海藻酸钠	0.2g
蒸馏水	30g
氧化锌	1.5g
高岭土	0.2g
甘油	2g
橄榄油	2g
蜂蜜	2g

续表

原料	配比
白及提取物	2g
柠檬提取物	1.5g
百合提取物	2g
薏苡仁提取物	2g
芦荟榨取物	2g
7%山梨醇溶液	2mL
对羟基苯甲酸乙酯的乙醇溶液(0.2g对羟基苯甲酸乙酯溶解于2mL、95%乙醇)	0.2g
玫瑰香精	0.06g

制备方法

(1) 所述的白及提取物是通过以下方法制备：称取白及适量，浸泡0.25~0.75h，加热至90~100℃，煎煮提取3次，第1次加6~10倍量水，提取0.5~2h，第2次加4~8倍量水，提取0.5~1.5h，第3次加3~6倍量水，提取0.5~1.5h，过滤，合并滤液，滤液的体积浓缩至白及质量的3~6倍，过滤即得。

(2) 所述的百合提取物是通过以下方法制备：称取百合适量，用1~2倍量自来水冲洗，冲洗液倒掉，加10~13倍量水煎煮提取0.5~1.5h，双层纱布过滤，滤渣再加9~11倍量水提取0.5~1.5h，双层纱布过滤，滤渣弃掉，合并两次提取液，浓缩至百合质量的1~3倍，过滤即得。

(3) 所述的薏苡仁提取物是通过以下方法制备：称取薏苡仁适量，用10~13倍量水提取0.5~1.5h，过滤，滤渣再用9~11倍量水提取0.5~1.5h，过滤，滤渣再用7~9倍量水提取0.5~1.5h，每次用四层纱布过滤，合并滤液，浓缩至薏苡仁质量的1~3倍，过滤即得。

(4) 所述的柠檬提取物是通过以下方法制备：称取柠檬片适量，回流提取，第1次加8~11倍量水提取0.5~1.5h，第2次加7~9倍量水提取0.5~1.5h，每次用四层纱布过滤，合并滤液，减压浓缩至柠檬片质量的1~3倍，过滤即得。

(5) 所述的芦荟榨取物是通过以下方法制备：取新鲜芦荟叶适量，用刀削去外皮，切块，放到榨汁机里榨取汁液，用四层纱布过滤，弃掉滤渣，滤液置冰箱(3~6℃)中保存10h，然后再用四层纱布过滤，弃去渣，汁液另器保存备用。

(6) 所述的美白滋润嫩肤面膜的制备方法，包括以下工序：a. 称取聚乙烯醇、海藻酸钠，加入蒸馏水，用电炉加热溶胀完全，作为成膜材料；b. 称取氧化锌、高岭土，与甘油、橄榄油研磨混合均匀，加到a工序所制的成膜材料中，作为基质；c. 在b工序所制的基质中，加入蜂蜜、白及提取物、柠檬提取物、百合提取物、薏苡仁提取物、芦荟榨取物、7%山梨醇溶液、对羟基苯甲酸乙酯的乙醇溶液、玫瑰香精，搅拌混合均匀，即可。

原料配伍 本品各组分配比范围为：聚乙烯醇（PVA17-88）2.5～4.5g，海藻酸钠0.1～0.4g，甘油1～3g，橄榄油1～4g，7%山梨醇溶液1～3mL，蜂蜜0.5～2.5g，白及提取物1～4g，柠檬提取物0.5～2g，百合提取物1～4g，薏苡仁提取物1～4g，芦荟榨取物1～5g，氧化锌0.1～2g，高岭土0.1～2g，玫瑰香精0.05～0.25mL，对羟基苯甲酸乙酯的乙醇溶液（0.2g对羟基苯甲酸乙酯溶解于2mL、95%乙醇）0.1～0.5，蒸馏水20～50mL。

所述的香精为玫瑰香精、菠萝香精、柠檬香精、桂花香精。

产品应用 本品是一种美白淡斑滋润嫩肤面膜。

产品特性 本品所制成的美白淡斑滋润嫩肤面膜为白色，黏度适宜，稠度适宜，稳定性好，气味芬芳，用在皮肤上成膜快，膜质柔软，感觉舒服，揭膜无疼痛感，揭膜后皮肤很柔润。多种东方美白植物精华渗透滋润，可有效地被肌肤吸收，令肌肤更加水润透白，呈现水感透白的美丽，可有效改善皮肤的粗糙、缺水以及晦暗色斑的问题，独特淡雅的香氛，更让人充分享受着护肤的乐趣。

配方20 美白防晒化妆品

原料配比

原料		配比(质量份)		
		1#	2#	3#
A组分	十六十八醇	2.5	3	2
	PEG-100硬脂酸甘油酯	5.2	5.2	5.2
	维生素E乙酸酯	0.8	0.8	1.5
	红没药醇	0.2	0.3	0.3
	葡萄籽油	8	8	8
	二甲基硅油	1.8	1.8	1.8
	霍霍巴油	4	4	4
	乳木果油	1.5	1.5	2
	角鲨烷	—	4	6
	羊毛脂	—	—	1.5
	辛酸/癸酸甘油三酯	—	—	4
B组分	去离子水	48	42	35
	肝素钠	0.3	0.3	0.3
	硬脂酰谷氨酸钠	0.5	0.5	0.5
	尿囊素		0.15	0.15
	水解B葡聚糖	3	3	3
	甲基丙二醇	5	5	8
	海藻提取物	—	—	1
	汉生胶	0.3	0.3	0.3
C组分	防晒剂	10	15	10

续表

原料		配比(质量份)		
		1#	2#	3#
D组分	果酸混合溶液	4	—	3
	乳酸杆菌/大豆发酵产物	—	1	—
	视黄醇	0.8	0.6	0.8
	芽孢杆菌发酵产物	1.5	0.8	0.8
	阿魏树根提取物	2	2	—
	超氧化物歧化酶	—	—	0.5
	防腐剂	0.55	0.55	0.55
	香精	0.1	0.1	0.1

制备方法

(1) 将A组分乳化剂、油脂和抗氧化剂加入油相锅，B组分去离子水、保湿剂、乳化剂、稳定剂和促渗剂、加入水相锅，搅拌加热至溶解完全；

(2) 将A组分和B组分混合，乳化均匀；

(3) 乳化完毕后，加入C组分防晒剂，搅拌分散均匀，降温；

(4) 温度降至30～50℃以下时，加入D组分果酸混合溶液、视黄醇、乳酸杆菌/大豆发酵产物、芽孢杆菌发酵产物、超氧化物歧化酶、阿魏树根提取物和防腐剂，搅拌均匀，得到美白防晒组合物。

原料配伍 本品各组分质量份配比范围为：

A组分：乳化剂5～9，油脂15～25和抗氧化剂0.5～1.5。

B组分：去离子水30～50，保湿剂3～12，乳化剂0.3～0.5，稳定剂0.3～0.5和促渗剂0.1～0.3。

C组分：防晒剂10～15。

D组分：果酸混合溶液0.5～4，视黄醇0.3～0.8，乳酸杆菌/大豆发酵产物0.5～1，芽孢杆菌发酵产物0.1～1.5，超氧化物歧化酶0.1～0.5，阿魏树根提取物1～4和防腐剂0.3～0.8。

所述A部分中的乳化剂为十六十八醇、单硬脂酸甘油酯、PEG-100硬脂酸甘油酯中的一种或几种的混合物；油脂为葡萄籽油、乳木果油、霍霍巴油、二甲基硅油、角鲨烷、辛酸/癸酸甘油三酯、红没药醇、羊毛脂中的一种或几种的混合物；抗氧化剂为维生素E乙酸酯。

所述B部分中的乳化剂为硬脂酰谷氨酸钠；保湿剂为甲基丙二醇、水解β葡聚糖、海藻提取物中的一种或几种的混合物；稳定剂为汉生胶、尿囊素中的至少一种；促渗剂为肝素钠。

所述C部分中的防晒剂为甲氧基肉桂酸乙基己酯和叔丁基甲氧基二苯甲酰甲烷经混合复配，通过高压高剪切，再用磷脂包裹的混合物。

所述 D 部分中的果酸混合溶液为乳酸钠、羟基乙酸、蔗糖、尿素、柠檬酸钠、苹果酸、酒石酸的混合物；视黄醇为 15％的视黄醇包裹物，以天然壳质衍生物为外膜，包裹粒径为 1～10μm；防腐剂为丙炔醇丁基氨甲酸酯/双（羟甲基）咪唑烷基脲和 1,2-已二醇/辛甘醇的混合物。

产品应用　本品是一种美白防晒化妆品。

产品特性　本美白防晒化妆品中，芽孢杆菌发酵产物可增强与皮肤角质层脱落相关的酶的活性，能够促进皮肤表皮细胞的更新，加快角质层的更新，配合温和的小分子果酸混合物，使得表皮细胞的更新速率大大加快，有利于黑色素和斑点的代谢。视黄醇通过不同的机制（使角质化作用正常，促进酶和胶原质）促进皮肤再生，减少皱纹和黑斑，改善保湿和皮肤柔软度。阿魏树根提取物能够有效地抑制酪氨酸酶的活性，配合超氧化物歧化酶可以有效防止黑色素的生成。本化妆品中的防晒剂为配方提供长效、安全 SPF 值，人体 SPF 值测试添加量在 10％～15％时，SPF 值可达 10 左右，可有效防止阳光对做过美白护理后的脆弱皮肤的伤害，同时可防止配方中美白组分的氧化变质。

配方 21　美白护肤品

原料配比

原料		配比（质量份）			
		1#	2#	3#	4#
油相	乳化剂	3.6	4	2	
	润肤剂	16	15.6	20	
	二酰基二甲氧基-甲基-降阿朴啡	0.00004	0.00004	0.00004	0.00004
水相	皮肤保湿剂	3	0.7	4	—
	金属螯合剂	0.1	0.1	0.1	0.1
	反渗透水	加至 100	加至 100	加至 100	—
第三相	防腐剂	0.5	0.5	0.5	0.5
	香精	0.5	0.5	0.5	0.5
	甘油	—	—	—	5
	丙二醇	—	—	—	5
	PEG-40 氢化蓖麻油	—	—	—	1.5

制备方法

（1）油相：将乳化剂、润肤剂、二酰基二甲氧基-甲基-降阿朴啡投入油相锅中，由夹套内的蒸汽加热至 80～90℃。

（2）水相：将皮肤保湿剂、金属螯合剂、反渗透水投入水相锅中，由夹套内的蒸汽加热至 80～90℃。

（3）将油相锅和水相锅在 80～90℃时保持 30min 后，先将水锅内的原料抽入主反应釜中，边开动高速分散机边将油相原料抽入主反应釜中，继续开高速分散机 8min，改为中速搅拌，同时由冷却水降低温度至 45℃时将第三相加入主反应釜中,边搅拌边降温到室温时,出料。

原料配伍 本品各组分质量份配比范围为:

油相:乳化剂 2~4,润肤剂 15~20,二酰基二甲氧基-甲基-降阿朴啡 0.00003~0.00005。

水相:皮肤保湿剂 0.7~4,金属螯合剂 0.05~0.1,反渗透水加到 100。

第三相:防腐剂 0.4~0.6,香精 0.4~0.6,甘油 2~6,丙二醇 2~6,PEG-40 氢化蓖麻油 1~2。

所述的乳化剂选自鲸蜡硬脂醇聚醚-6、鲸蜡硬脂醇聚醚-25、单硬脂酸甘油酯的一种或几种。所述的润肤剂选自白矿油、硬脂酸、鲸蜡硬脂醇、橄榄油、GTCC(辛酸/癸酸甘油三酯)、乳木果油、霍霍巴油、硅油中的一种或几种。所述的皮肤保湿剂选自甘油、丙二醇、1,3-丁二醇的一种或几种。所述的金属螯合剂是乙二胺四乙酸二钠盐。

所述的反渗透水是由反渗透水设备制得的。

产品应用 本品主要用作化妆品,对黑色素生成有强烈的抑制作用。

产品特性 本产品是采用钙流原理阻碍酪氨酸酶的活化,达到美白肌肤,淡化色斑的效果。本品的美白护肤品中添加有降阿朴啡衍生物,能干扰流入和流出细胞内部的钙流,通过锁住钙交换的肾上腺素能的对抗剂抑制蛋白质激酶C的活性,从而阻碍酪氨酸酶的活化,达到美白肌肤,淡化色斑的效果。因其抑制黑色素产生是可逆过程,十分安全。

配方 22 美白褪黑化妆品

原料配比

原料		配比(质量份)		
		1#	2#	3#
A 组分	甲基葡萄糖苷倍半硬脂酸酯	2	2	6.28
	多元醇	3.5	3.5	—
	硬脂酸甘油酯	1	1	1.2
	硬脂酸	2	2.1	—
	肉豆蔻酸异丙酯	5.5	5	7
	二甲基硅氧烷	3	1.5	—
	乳木果油	2.5	1.5	2.5
	辛酸/癸酸甘油三酯	3	2	—
	异构十六烷	2.5	—	—
	维生素 E	0.8	2	2
	曲酸二棕榈酸酯	0.8	1.8	2
	尼泊金甲酯	0.15	0.15	—
	尼泊金丙酯	—	—	0.1
	棕榈酸异辛酯	3.1	3.1	4.5
	甜杏仁油	4	5	6.5
	氮酮	0.6	0.6	—
	2,6-二叔丁基对苯酚	0.15	0.15	0.1

续表

原料		配比(质量份)		
		1#	2#	3#
B组分	六角水	35	35	40
	丙二醇	5	3.2	—
	氨基酸保湿剂	1.5	1.5	2.5
	尿囊素	0.1	0.1	—
	稳定剂:汉生胶	0.21	0.21	0.22
C组分	玫瑰活力素	4	4.5	4
	柠檬活力素	3	4	3
	M-440保湿剂	1	1.3	1
	植物精油	0.09	0.09	0.1
	左旋维生素C	3	4	3.5
	生化左旋C衍生物	3	3	3
	传明酸	2	2.5	2.5
	熊果苷	2	2	2
	小黄瓜萃取液	2.5	2	2
	银杏萃取液	2.5	2.6	2.5
	神经酰胺	0.5	0.6	0.5

制备方法

(1) 将A、B两组分别加入油锅及水锅中,加热80~85℃至料体全部溶解完全;

(2) 将A、B组分抽入乳化锅中,抽真空、搅拌,均质5~8min后,保湿20~30min;

(3) 将C组分中的熊果苷用含量为2%的六角水溶解,再向乳化锅中加入C组分,均质3min后,真空消泡降温,搅拌分散均质,35℃出料。

原料配伍 本品各组分质量份配比范围为:

A组分:乳化剂4~7.5,油脂26.8~30,抗氧化剂0.05~0.15。

B组分:六角水35~40,丙二醇3.2~5,氨基酸保湿剂1.2~2.5,稳定剂0.18~0.22。

C组分:左旋维生素C 3~4,生化左旋C衍生物3~4,玫瑰活力素4~6,柠檬活力素3~5,M-440保湿剂1~1.5,植物精油0.09~0.12,传明酸2~3,熊果苷2~3,小黄瓜萃取液2~3,银杏萃取液2.5~4.5和神经酰胺0.45~0.6。

所述左旋维生素C、生化左旋C衍生物为纳米微晶技术、包裹技术和缓释技术处理过的晶粉,传明酸和神经酰胺为纳米微晶技术处理过的晶粉,所述小黄瓜萃取液、银杏萃取液、玫瑰活力素和柠檬活力素为包裹技术和缓释技术处理过的美白保湿成分。

所述 A 组分中的乳化剂含有甲基葡萄糖苷倍半硬脂酸酯和多元醇。

所述抗氧化剂为 2,6-叔丁基对苯酚。

所述 A 组分中的油脂含有硬脂酸甘油酯、硬脂酸、肉豆蔻酸异丙酯、二甲基硅氧烷、乳木果油、辛酸/癸酸甘油三酯、异构十六烷、维生素 E、曲酸二棕榈酸酯、尼泊金甲酯、尼白金丙酯、棕榈酸异辛酯、甜杏仁油和氮酮。

所述 B 组分中的保湿剂为氨基酸保湿剂；所述 B 组分中的稳定剂为汉生胶。

产品应用 本品主要用作美白化妆品，使用 15 天，早晚涂抹各一次有明显地使皮肤柔白细嫩，光洁如新，并有退黑、去黄、淡斑的作用。

产品特性 本产品中添加的左旋维生素 C 具亲水性、亲脂性双重特性，能促进胶原蛋白的合成，淡化黑色素沉淀、黑斑、雀斑、老年斑、晒斑等各种类型斑点，还能迅速祛除暗沉色素、增加肌肤亮白弹性，尤其对于容易干燥、敏感的肌肤具有独特免疫保护作用。另外，生化左旋 C 衍生物具有稳定性，超渗透性，良好的抗氧化作用，可分解黑色素，美白肌肤，预防色斑形成，增加皮肤对紫外线的抵抗能力，大大提高了皮肤对美白成分的吸收效率，吸收率可达 70% 以上。另外，本品还添加了大量有效营养美白天然成分及营养保湿成分，如玫瑰活力素、柠檬活力素、银杏萃取精华等，这些成分配伍共同作用使美白成分更容易被皮肤吸收，达到增加美白效果。

配方 23　美白保湿化妆品（二）

原料配比

原料	配比(质量份)		
	1#	2#	3#
菩提树花提取物	10	1	20
桑椹根提取物	8.5	3	2.5
旱金莲提取物	7.5	4	3.5
葡萄糖保湿剂	—	0.5	—
卡波胶	—	0.2	—
乳化剂	—	3	—
硬脂酸甘油酯	—	2.5	—
硬脂酸	—	1	—
癸酸甘油三酯	—	6.5	—
乙基乙酸鲸蜡硬脂酸	—	6	—

续表

原料	配比(质量份)		
	1#	2#	3#
椰油葵酯	—	5	—
鳄梨油	—	3	—
丙二醇	—	—	3
透明质酸	0.01	—	—
分散胶	2	—	—
芦荟凝胶	5	—	—
水溶凝胶	—	—	10
防腐剂、香精	适量	适量	适量
去离子水	加到100	加到100	加到100

制备方法　菩提树花提取物、桑椹根提取物、旱金莲提取物可以通过干燥、洗涤、溶剂抽提、陈化和过滤、浓缩步骤分别从菩提树花、桑椹根、旱金莲中获得。在提取过程中所用溶剂抽提均是使用水和乙醇进行的，或单独使用水或联合1,3-丁二醇或丙二醇进行的。浓缩时使用减压蒸馏，温度为60～70℃，压力为100～120Pa。

按常规方法制备美白化妆品。

原料配伍　本品各组分质量份配比范围为：菩提树花提取物1～20、桑椹根提取物2.5～8.5、旱金莲提取物3.5～7.5，葡萄糖保湿剂0.5，卡波胶0.2，乳化剂3，硬脂酸甘油酯2.5，硬脂酸1，癸酸甘油三酯6.5，乙基乙酸鲸蜡硬脂酸6，椰油葵酯5，鳄梨油3，丙二醇3，透明质酸0.01，分散胶2，芦荟凝胶5，水溶凝胶10，防腐剂、香精适量，去离子水加至100。

其他化妆品基质是常规使用的润肤剂、保湿剂、乳化剂、分散剂、抗氧化剂、溶剂、芳香剂、防腐剂以及维生素C衍生物、熊果苷、曲酸、三七提取物、桑树皮提取物、当归提取物、黑米提取物、辅酶Q10、甘草提取物、柠檬提取物、维生素C、维生素E、维生素B_3和维生素B_5中的一种或一种以上。

产品应用　本品是一种具有美白作用的化妆品，既可以用于家庭日常护理，也可以用于美容院的护理。

产品特性　本品具有祛斑、溶斑、淡斑和美白保湿的功效，疗效明显、巩固，并且因为是天然植物的活性成分，对皮肤刺激小，是一种安全的、对皮肤有一定的保健作用的皮肤美白剂组合物，符合人们对化妆品安全的要求。

配方 24 美白化妆品

原料配比

原料	配比(质量份)													
	1#	2#	3#	4#	5#	6#	7#	8#	9#	10#	11#	12#	13#	14#
海洋鱼胶原蛋白肽/g	4	6	2.5	1	2	1	5	15	20	25	30	35	40	50
尼泊金甲酯/g	0.05	0.25	0.15	0.18	0.1	0.15	0.16	—	—	0.18	—	0.2	—	—
对二甲氨基苯甲醛缩氨基硫脲/g	0.3	0.035	0.028	0.03	0.025	0.02	0.04	0.02	0.01	0.05	0.025	0.015	0.035	0.03
乙醇/mL	1.5	1	1.2	1	1	0.8	1.5	1.2	1.8	2	1.6	1.7	1.4	1.3
香叶醇/g	—	—	—	—	—	—	0.005	—	—	—	—	—	—	—
甘油/mL	18	25	18	12.5	15	10	20	10	25	15	30	15	18	16
丙二醇/mL	3.1	1.2	1.2	1.5	1.5	1	1.5	1.8	1	0.8	2	0.5	1.2	1.6
蒸馏水/g	加至100	加至100	加至100	加至100	加至100	加至100	加至100	加至100	加至100	加至100	加至100	加至100	加至100	加至100
香精/mL	3.1	4.5	5	3	2	2.5	—	—	—	—	—	—	—	—
玫瑰花精油/g	—	—	—	—	—	—	0.003	—	—	—	—	—	—	—
茉莉花精油/g	—	—	—	—	—	—	—	0.006	—	—	—	—	—	—
薰衣草精油/g	—	—	—	—	—	—	—	—	0.002	—	—	—	—	—
迷迭香精油/g	—	—	—	—	—	—	—	—	—	0.008	—	—	—	—
天竺葵精油/g	—	—	—	—	—	—	—	—	—	—	0.004	—	—	—
丁香精油/g	—	—	—	—	—	—	—	—	—	—	—	—	0.007	—
柠檬精油/g	—	—	—	—	—	—	—	—	—	—	—	—	—	0.005
尼泊金乙酯/g	—	—	—	—	—	—	—	0.15	—	—	0.14	—	0.16	—
尼泊金丙酯/g	—	—	—	—	—	—	—	—	0.13	—	—	—	—	0.1

制备方法

(1) 按上述配比称取海洋鱼胶原蛋白肽溶于水中,得海洋鱼胶原蛋白肽溶液,记为溶液A;

(2) 称取防腐剂和对二甲氨基苯甲醛缩氨基硫脲溶于乙醇中,得溶液B;

(3) 在溶液B中加入甘油和丙二醇,得溶液C;

(4) 将溶液A和溶液C混合,加水混匀,得溶液D;

(5) 在溶液D中加入植物香精,混匀,得目标产物去皱美白化妆水。

原料配伍 本品各组分质量份配比范围为:海洋鱼胶原蛋白肽1～50g,对二甲氨基苯甲醛缩氨基硫脲0.01～0.05g,乙醇1～2mL,甘油10～30mL,丙二醇0.5～4mL,香精2～5mL,植物精油0.002～0.008g,防腐剂0.1～

0.2g，蒸馏水加至100g。

植物精油可选用香叶醇、玫瑰花精油、茉莉花精油、薰衣草精油、迷迭香精油、天竺葵精油、丁香精油、柠檬精油等中的一种。

防腐剂可选用尼泊金甲酯、尼泊金乙酯、尼泊金丙酯等中的至少一种。

产品应用　本品主要用作美白化妆品。

产品特性　本品具有较好的美白效果。

配方 25　美白肌肤化妆品

原料配比

原料	配比(质量份)		
	1#(美白凝胶)	2#(美白凝胶)	3#(美白洁面乳)
甘草提取物	0.5	—	—
甘草提取物(甘草酸二钾)	—	—	0.5
松茸提取物	—	2	2
AES(70%)	—	—	8
月桂酰肌氨酸钠(30%)	—	—	2
椰油酰胺丙基甜菜碱(35%)	—	—	1.5
维生素C磷酸酯钠	2	2.5	0.1
烟酰胺	1	0.5	—
卡波姆	0.5	0.8	—
卡波2020	—	—	0.8
三乙醇胺	2	2.5	1.2
丙二醇	5	4	—
甘油	—	20	2
去离子水	加至100	加至100	加至100
防腐剂	—	—	0.1
香精	—	—	适量

4#（美白霜）

原料		配比(质量份)
油相	BRIJ 72(硬脂醇醚-2)	1.5
	BRIJ721(硬脂醇醚-21)	3
	鲸蜡醇	1.5
	单甘油酯	2.5
	白矿油	8
	棕榈酸异丙酯	5
	角鲨烷	3
	维生素C棕榈酸酯	0.5
	烟酰胺	1
	BHT抗氧化剂	0.03

续表

原料		配比(质量份)
水相	去离子水	加至100
	汉生胶	0.2
	乙二胺四乙酸二钠	0.1
	甘油	3
	丙二醇	5
甘草提取物(甘草黄酮)		0.2
松茸提取物		1
海藻提取物		3
香精		适量
防腐剂		适量

制备方法

美白凝胶产品的制备方法如下：

(1) 将卡波姆与甘油、去离子水混合，搅拌使其溶解；

(2) 三乙醇胺用水溶解成10%溶液；

(3) 将所配制的三乙醇胺溶液加入卡波姆甘油溶液，边加边搅拌，搅拌均匀后即得透明凝胶基质；

(4) 取甘草提取物，加入丙二醇，搅拌使其混合均匀，再加入维生素C磷酸酯钠、烟酰胺制成混合液；

(5) 将甘草提取物等混合好的溶液与凝胶基质混合搅拌均匀，去离子水加至全量；

(6) 调节pH值至5.5~6.5；

(7) 将上述凝胶进行检验，合格后，再进行灌装即得美白凝胶护肤品。

美白洁面乳的制备方法如下：取卡波姆，加入甘油、去离子水混合，搅拌使其溶解；取三乙醇胺用蒸馏水稀释；将所配制的三乙醇胺溶液加入卡波姆甘油溶液，边加边搅拌，搅拌均匀后即得透明凝胶基质；取AES(70%)，加入上述透明凝胶中，加热（不超过75℃）搅拌溶解；加入月桂酰肌氨酸钠(30%)、椰油酰胺丙基甜菜碱(35%)，冷却降至45℃以下，依次加入剩余原料，搅拌溶解均匀。出料前检测pH值、黏度、微生物，合格即可灌装。调节出来的洁面乳pH值为6~7，黏度7000~20000mPa·s(25℃)。

美白霜的制备：将油相、水相分别加热到80℃后，两相混合均质数分钟，搅拌降温，降温到45℃加入甘草提取物（甘草黄酮）、松茸提取物、海藻提取物、香精、防腐剂，搅拌均匀，35℃成淡黄色细腻均匀的膏体。

原料配伍 本品各组分质量份配比范围为：甘草提取物0~1，松茸提取物0~10，维生素C或其衍生物0.01~5，烟酰胺0.3~5，余量为化妆品外用剂型的常用基质以及去离子水或蒸馏水。

上述组分中，甘草提取物和松茸提取物的含量不同时为零。

产品应用 本品主要是一种用于美白肌肤的化妆品组合物。

产品特性 本化妆品组合物的特点是以天然草本提取物为主要原料，复配维生素活性添加剂，以联合协同的方式起到抑制黑色素生成和转移的作用，并且能维护肌肤的正常生理代谢和机能，通过多种途径抑制黑色素的生成和淡化肤色，具有安全、有效的美白效果。

配方 26　美白洁肤霜

原料配比

原料	配比(质量份)	原料	配比(质量份)
沙棘提取物	3~5	十二烷基硫酸钠	12~22
薄荷油	1~3	蓖麻油	48~52
蜂蜡	5~6	香精、防腐剂	0.2~0.5
硼砂	0.1~0.2	去离子水	加至100
羟乙基纤维素	10~15		

制备方法 在常温下把配方原料混合，加热至完全熔化后，充分混合均匀，降至常温即可。使用方法是：体温状态下涂敷，经过适当按摩液化，保持2~5min即可拭去。

原料配伍 本品各组分质量份配比范围为：沙棘提取物3~5，薄荷油1~3，蜂蜡5~6，硼砂0.1~0.2，羟乙基纤维素10~15，十二烷基硫酸钠12~22，蓖麻油48~52，香精、防腐剂0.2~0.5，去离子水加至100。

产品应用 本品是兼有护肤、美白作用的洁肤霜，特别适用于油性皮肤的清洁。

产品特性 本品所述各原料的用量和理化性质产生协同作用，使沙棘、蜂蜡中的有益成分渗入皮肤组织，并被吸收利用，美白效果良好。本产品的质感细腻柔滑，气味芳香；体温状态下涂敷，经过适当按摩即能液化；pH值与人体皮肤的pH值接近，对皮肤无刺激性，且去污能力较强；使用后明显感到舒适、柔软，无油腻感，具有明显的美白效果，特别适用于油性皮肤的清洁。

配方 27　美白抗衰老化妆品

原料配比

膏霜

	原料	配比(质量份)
组分 A	PL7860	2.5
	165	1.5
	十六十八醇	3
	GTCC	5
	2-EAP	4
	DC200	3
	CC	4
	V_2	0.5

续表

原料		配比(质量份)
组分 B	去离子水	加至 100
	EDTA 二钠	0.1
	甘油	3
	1,3-丁二醇	3
	汉生胶	0.25
组分 C	喜马拉雅杜鹃活性提取物	0.75
其他	香精、防腐剂	适量

润肤乳液

原料		配比(质量份)
组分 A	白矿油	4
	硬脂酸单甘酯	0.5
	$C_{12} \sim C_{30}$烷基糖苷	3
	双硬脂酸酯	2
	葡萄烷	2
组分 B	汉生胶	0.1
	甘油	5
	去离子水	79
组分 C	三乙醇胺	0.1
组分 D	喜马拉雅杜鹃活性提取物	0.5
其他	香精、防腐剂	适量

制备方法

(1) 将干燥的喜马拉雅杜鹃制成粉末；

(2) 将喜马拉雅杜鹃粉末放入滤纸袋并置于索氏提取器的提取管内，向提取瓶中加入1/3～1/2量瓶体体积的甲醇及沸石，以80～95℃恒温水浴浸提，至提取管中甲醇呈无色，得到粗提液；

(3) 将喜马拉雅杜鹃甲醇粗提液减压浓缩，去除并回收甲醇，并用去离子水悬浮脱甲醇的提取物，得到悬浮液；

(4) 用石油醚萃取悬浮液，脱除叶绿素和鞣质，得到精提液；

(5) 采用乙酸乙酯超声萃取的方法从精提液中萃取活性提取物，浓缩回收乙酸乙酯后将活性提取物真空干燥成膏体。

原料配伍 本品各组分质量份配比范围为：膏霜：PL7860 2.5，165 1.5，十六十八醇3，GTCC 5，2-EAP 4，DC200 3，CC 4，V_2 0.5，喜马拉雅杜鹃活性提取物0.75，去离子水加至100，EDTA二钠0.1，甘油3，1,3-丁二醇3，汉生胶0.25，香精、防腐剂适量。

润肤乳液：白矿油4，硬脂酸单甘酯0.5，$C_{12} \sim C_{30}$烷基糖苷3，双硬脂酸酯2，葡萄烷2，汉生胶0.1，甘油5，去离子水79，三乙醇胺0.1，喜马拉雅杜鹃活性提取物0.5，香精、防腐剂适量。

产品应用 本品主要用作美白和抗衰老活性的化妆品。

产品特性

（1）喜马拉雅杜鹃资源丰富，来源天然无污染，生产得到的是高附加值产品，真正实现了开发极限环境自生植物，具有很高的经济价值，并可在一定程度上调控生态环境；

（2）上述喜马拉雅杜鹃的提取方案中，化妆品限用原料——甲醇已通过减压浓缩脱除干净，消除生产工艺制造中的隐患；

（3）在上述提取工艺中采用石油醚除叶绿素、鞣质等低活性化合物，相对于在提取之前除掉叶绿素和鞣质来说，叶绿素和鞣质脱除的完全度较高，而且抗氧化和美白活性成分损失较少，且石油醚可回收再利用，节省成本；

（4）在上述制备工艺中较高温度提取，所提取出来的活性原料具有很好的高温稳定性，可以添加在化妆品配制的生产阶段，甚至在化妆品的高温灭菌阶段加入也不会影响其原有活性，因而无须顾忌化妆品冷配可能带来的微生物污染问题。

配方 28　美白抗衰老活性化妆品

原料配比

原料		配比（质量份）
组分 A	PL68/50	2.5
	165	1.5
	十六十八醇	3
	GTCC	5
	2-EHP	4
	DC200	3
	CC	4
	松针提取物	适量
组分 B	去离子水	余量
	EDTA 二钠	0.1
	甘油	5
	1,3-丁二醇	3
	汉生胶	0.25
其他	香精、防腐剂	适量

制备方法　将 A 组分加热至 83℃，溶化搅拌均匀；将 B 组分加热至 83℃，溶化搅拌均匀；将 A 组分加入到 B 组分中，乳化均质 1min 后，继续搅拌冷却到 45℃，加入香精、防腐剂等，搅拌均匀，陈化 24h，得到产品。

其中松针提取物的制备方法如下：

（1）将高山松针制成粉末；

（2）将高山松针粉末加入到盛有乙醇水溶液的提取器中，每克高山松针粉末使用 15~30mL 乙醇水溶液，乙醇水溶液当中乙醇的质量浓度介于 45%~55%，然后在 60~85℃条件下浸泡提取 1.5~2h，得到提取液；

(3) 将步骤（2）制得的提取液冷却后过滤，并将滤液减压浓缩；

(4) 分别用石油醚和乙酸乙酯依次萃取步骤（3）制得的浓缩液，再将乙酸乙酯萃取液经减压浓缩、真空干燥成浸膏。

原料配伍　本品各组分质量份配比范围为：PL68/50 2.5，165 1.5，十六十八醇 3，GTCC 5，2-EHP 4，DC 200 3，CC 4，松针提取物适量，去离子水余量，EDTA 二钠 0.1，甘油 5，1,3-丁二醇 3，汉生胶 0.25，香精、防腐剂适量。

产品应用　本品是一种美白抗衰老化妆品。

产品特性

（1）高山松针美白抗衰老活性提取物的提取方法简便易行，实验条件温和而且容易控制；

（2）高山松针资源丰富，成本低廉；美白抗衰老活性提取物制备过程中应用的有机溶剂全部可以回收再利用；

（3）在上述制备工艺中经 80℃ 所提取出来的活性原料具有很好的高温稳定性，在化妆品配制的高、低温阶段均可添加，应用方便。

配方 29　美白抗氧化化妆品

原料配比

原料	配比（质量份）			
	1#化妆水	2#精华露	3#润肤霜	4#面膜
聚氧乙烯(15)月桂醇醚	0.5	—	—	—
甘油	4	3	2	—
乙醇	5	—	—	5
丝肽	2	—	—	—
聚氧乙烯(80)脱水山梨醇单油酸酯	0.4	—	—	—
聚氧乙烯(60)失水山梨醇单硬脂酸酯	—	—	—	0.5
防腐剂	适量	—	适量	—
香精	适量	0.3	—	—
聚乙烯醇	—	—	—	12
三乙醇胺	0.1	—	—	—
卡波	0.1	—	—	—
1,3-丁二醇	—	2	—	—
聚氧乙烯(20)油基醚	—	1.3	—	—
油酸乙酯	—	0.5	—	14
乙酸乙烯酯乳液	—	0.1	—	—
油醇	—	0.4	—	—
柠檬酸	—	0.35	—	—
磷酸二钠	—	0.65	—	—
对羟基苯甲酸甲酯	—	0.1	—	—
十六十八醇	—	—	7.5	—

续表

原料	配比(质量份)			
	1#化妆水	2#精华露	3#润肤霜	4#面膜
单硬脂酸甘油酯	—	—	2.5	—
白油	—	—	13	—
羊毛脂	—	—	0.5	—
聚硅氧烷乳化液	—	—	—	1.5
丙二醇	—	—	5	5
脂肪酸聚氧乙烯(7)醚	—	—	2	—
虎杖苷	0.1	0.1	0.1	0.1
地榆萃取液	1	1	1	1

制备方法

（1）化妆水和精华露制备：依次将上述组分加入去离子水中，混合均匀即可。

（2）润肤霜制备：加热并搅拌十六十八醇、单硬脂酸甘油酯、白油、羊毛脂至80℃；将甘油、丙二醇、脂肪酸聚氧乙烯（7）醚混合，加热到85℃；将防腐剂、香精和虎杖苷、地榆萃取液加入去离子水中；将十六十八醇、单硬脂酸甘油酯、白油、羊毛脂加入到甘油、丙二醇、脂肪酸聚氧乙烯（7）醚中，高速均质，持续搅拌并降温，至50℃时加入去离子水中，搅拌均匀即可。

（3）美白面膜制备：用乙醇将聚乙烯醇润湿，加入到混合了聚氧乙烯（60）失水山梨醇单硬脂酸酯和聚硅氧烷乳化液的无离子水中，加热到70℃，同时进行搅拌，使之混合均匀，再将其他剩余的原料全部加入，搅匀即可。

原料配伍 本品各组分质量份配比范围为：聚氧乙烯（15）月桂醇醚0～0.5，甘油0～4，乙醇0～5，丝肽0～2，聚氧乙烯（80）脱水山梨醇单油酸酯0～0.4，聚氧乙烯（60）失水山梨醇单硬脂酸酯0～0.5，防腐剂0～适量，香精0～0.3，聚乙烯醇0～12，三乙醇胺0～0.1，卡波0～0.1，1,3-丁二醇0～2，聚氧乙烯（20）油基醚0～1.3，油酸乙酯0～14，乙酸乙烯酯乳液0～0.1，油醇0～0.4，柠檬酸0～0.35，磷酸二钠0～0.65，对羟基苯甲酸甲酯0～0.1，十六十八醇0～7.5，单硬脂酸甘油酯0～2.5，白油0～13，羊毛脂0～0.5，聚硅氧烷乳化液0～1.5，丙二醇0～5，脂肪酸聚氧乙烯（7）醚0～2，虎杖苷0.1～0.15，地榆萃取液1～1.5。

本品提供的美白抗氧化化妆组合物还含有地榆萃取液，该萃取液可以通过常规方法获得。例如可以将上述植物的根茎等与提取溶剂一起浸泡或者加热回流后，过滤、浓缩获得；也可以进行进一步分离提纯处理，例如将上述溶剂提取得到的提取液原样或浓缩后的提取液通过树脂除去杂质。地榆萃取液中含有丰富的多酚类化合物。植物多酚具有良好的收敛作用,可使松弛的皮肤绷紧而减少皱纹;同时,植物多酚还是一种具有保湿、抗衰老作用的天然产物。本品提供的美白抗氧化化妆组合物,以质量分数计,地榆萃取液的用量为0.001～10,优选含量为0.05～5。

在本品提供的美白抗氧化化妆组合物中,除上述必需成分外,可以根据需要适当地配合通常在化妆品中使用的成分,例如其他的美白剂、保湿剂、抗氧化剂、表面活性剂、醇类、水等基质成分。

产品应用 本品是美白抗氧化化妆组合物。

产品特性 虎杖苷可以抑制酪氨酸酶活性、黑色素生成,还具有清除自由基、提高SOD活性等功能,表现出良好的美白和抗氧化功能。本品提供的美白抗氧化化妆组合物具有美白皮肤、抗皱祛皱、祛斑、保湿等功效。

配方30 美白抗皱护肤乳剂

原料配比

原料	配比(质量份)		
	1#	2#	3#
花青素	1	4	2
胶原蛋白	5	20	10
熊果苷	2.5	10	5
透明质酸钠	1.5	6	3
十二烷基硫酸钠	8	12	10
N-乙酰基乙醇胺	1	6	3
十八醇	80	100	90
甲基萘磺酸钠	1	6	3
甘油	45	55	50
对羟基甲酸酯	0.5	2	1
环聚二甲基硅氧烷	20	10	40
蒸馏水	加至100	加至100	加至100

制备方法

(1) 称量好花青素、胶原蛋白、熊果苷、透明质酸钠、十二烷基硫酸钠、N-乙酰基乙醇胺、十八醇、甲基萘磺酸钠、甘油、对羟基甲酸酯、环聚二甲基硅氧烷、蒸馏水。

(2) 油相的调制：先将液态油 N-乙酰基乙醇胺、环聚二甲基硅氧烷、甲基萘磺酸钠加入 1000mL 的烧杯中，在不断搅拌的情况下，将固态油十八醇加入，加热至 70~75℃，使其完全溶解混合并保持在 90℃左右，维持 20min 灭菌。

(3) 水相的调制：将甘油、十二烷基硫酸钠加入到盛有去离子水的 1000mL 的烧杯中，加热至约 85~95℃，维持 20min 灭菌。

(4) 将调制好的水相和油相及透明质酸钠、胶原蛋白、对羟基甲酸酯混合，到胶体磨进行乳化。

(5) 将熊果苷在 45℃少量水中溶解，膏霜乳化完全后 45℃加入。

(6) 冷却至室温加入花青素。

原料配伍 本品各组分质量份配比范围为：花青素 1~4，胶原蛋白 5~20，熊果苷 2.5~10，透明质酸钠 1.5~6，十二烷基硫酸钠 8~12，N-乙酰基乙醇胺 1~6，十八醇 80~100，甲基萘磺酸钠 1~6，甘油 45~55，对羟基甲酸酯 0.5~2，环聚二甲基硅氧烷 10~40，蒸馏水加至 100。

产品应用 本品主要应用于美白抗皱效果的护肤乳。

产品特性 本品配方独特，制备工艺科学合理，乳化温度在 70~90℃范围内，使得乳剂乳化更充分，产品更细腻，性质更稳定。本护肤乳剂使用于面部，迅速改善细胞微生态环境；减少皮肤色素沉积，祛除创伤斑、晒斑、黄褐斑以及雀斑等；消除皱纹，改善皮肤过度角质化，皮肤逐渐红润、光泽；使用过程中性质稳定，无过敏现象发生。

配方 31 美白抗皱修复液

原料配比

原料		配比(质量份)
EGF-S	EGF 冻干粉	1
	丝肽	80~120
	透明质酸	400~600
	生理盐水	适量
	水	适量
EGF-M	褪黑素	8~12
	去离子水	90000
	EGF-S	100000
	融合蛋白	5000~8000

续表

原料		配比(质量份)
营养液	海藻糖	400~600
	复方维生素	150~250
	甘露醇	150~250
	透明质酸	400~800
	85~90℃的离子水	90000

制备方法

（1）EGF-S溶液的配制：将1份的EGF冻干粉，80~120份的丝肽，400~600份的透明质酸，溶解于生理盐水，5~10℃水浴中，均匀搅拌，稀释成100000份的EGF-S溶液。

（2）EGF-M的配制：将8~12份的褪黑素，溶解于90000份离子水，85~90℃水浴中，均匀搅拌30min，保温1h后，冷至室温，搅拌，加入酸度调节剂，调节pH值至4~5，在0~20℃时分批、逐量地加入配制好的EGF-S溶液后，加入5000~8000份的融合蛋白，低速均匀搅拌24h，调节pH值，过滤，冷冻干燥后，制成干粉，真空包装。

（3）营养液的配制：将400~600份的海藻糖、150~250份的复方维生素、150~250份的甘露醇和400~800份的透明角酸，溶解于90000份85~90℃的离子水中，均匀搅拌1h后，冷至室温，调节pH值，制成营养液，备用；所述的营养液对EGF的生物活性起保护作用，参与对皮肤的营养和护理作用。

原料配伍 本品各组分质量份配比范围为：EGF冻干粉1，褪黑素8~12，丝肽80~120，海藻糖400~600，复方维生素150~250，甘露醇150~250，透明质酸800~1200，融合蛋白5000~8000，透明质酸400~600。制备过程中分散和稀释所用去离子水、生理盐水或0.1mol/L的柠檬酸溶液。

本美白抗皱修复液，包含生物活性表皮生长因子EGF和褪黑素，EGF活性成分可以从天然原料分离或者使用重组DNA技术生产；EGF复液中的含量以总重计在1×10^{-2}%~1×10^{-4}%范围内；已有技术中的褪黑素在修复液中的含量以总重计在0.01%~1%范围内，其中营养液含有丝肽、透明角酸、海藻糖、复方维生素、甘露醇、融合蛋白以及酸度调节剂；所述的生物活性EGF和褪黑素为修复液主体。

所述的营养液对EGF的生物活性起保护作用，参与对皮肤的营养和护理作用。

产品应用 本品是一种含有表皮生长因子（EGF）的皮肤修复液。

使用方法：在使用前将营养液注入EGF-M干粉包装中，完全溶解后使用。

早晨,先用温水或洗面奶清洁皮肤,擦干,将本营养液溶解的美白抗皱修复液,用刷子均匀地涂在皮肤上,用手指轻轻按摩5~10min后,再进行其他化妆或修饰;可以清新皮肤,防晒、去除氧自由基。

临睡前,先用温水或洗面奶清洁皮肤,擦干,将本营养液溶解的美白抗皱修复液,用刷子均匀地涂抹在皮肤上,用手指轻轻按摩10~20min,使皮肤得以吸收,再用湿毛巾擦干皮肤即可;即促进皮肤细胞的新陈代谢和细胞的再生。

产品特性　本品是由表皮生长因子与褪黑素合成的美白抗皱修复液,通过褪黑素对EGF活性成分的稳定修饰技术,促进EGF用于护肤过程中的细胞分化,达到更有效的渗透、修复,使恒温下活性的保持时间增强,可以使得EGF使用方法更加便捷与灵活,可广泛应用于对皮肤的修复、抗衰老、美白祛斑等系列护肤用品。

配方32　美白嫩肤系列化妆品

原料配比

原料		配比(质量份)			
		1#日霜	2#滋补晚霜	3#防晒霜	4#美白保湿水
A相	去离子水	适量	—	—	45.75
	泛醇	—	—	—	1
	多分子增稠剂940	—	—	—	0.3
	黄原胶	0.2	—	—	—
	脱水羊毛脂P95	—	3	—	—
	羊毛脂醇、矿物油、十二烷、辛基十二烷醇	—	2	—	—
	硬脂酸甘油酯SE	—	7	—	—
	硬脂酸	—	5	—	—
	A-乙酸生育酚酯	—	0.5	—	—
	棕榈酸视黄酯	—	0.2	—	—
	十八醇	—	—	—	9
	固体石蜡	—	—	—	6
	液体石蜡	—	—	—	6
	硬脂酸	—	—	—	10
	羟苯丙酯	—	—	—	0.5
	月桂醇硫酸酯钠	—	—	—	1.2

续表

原料		配比(质量份)			
		1#日霜	2#滋补晚霜	3#防晒霜	4#美白保湿水
B相	乙二胺四乙酸二钠	0.1	—	—	—
	人参提取液	—	10	10	—
	蜂王浆	—	15	5	—
	当归、白芍、枸杞、沙棘(1.5:1.5:0.5:0.5)提取液	—	10	—	—
	当归、白芍、枸杞、沙棘(1:1:0.5:0.5)提取液	—	—	15	—
	水	—	加至100	加至100	—
	甘油	—	5	5	—
	防腐剂	—	适量	—	—
	PCA-钠	—	1	—	—
	矿物油	—	—	—	7
	硬脂酸甘油酯	—	—	—	2.5
	甘油	—	—	—	2.5
	十六烷基酯类	—	—	—	2
	聚氧乙烯(20)	—	—	—	1.3
	甲基葡糖醚倍半硬脂酸酯琉璃苣子油	—	—	—	1
	月见草油	—	—	—	1
	十六烷醇	—	—	—	1
	聚氧乙烯(7)	—	—	—	1
	聚氧丙烯(2)异癸醇醚羧酸异丙酯二甲基硅氧烷	—	—	—	0.5
	蜂蜡	—	—	—	0.5
C相	聚氧乙烯(6)硬脂酸酯(与)聚氧乙烯(20)十六烷醇醚(与)硬脂酸甘油酯(与)聚氧乙烯(20)硬脂醇醚	10	—	—	—
	硬脂酸	1	—	—	—
	氢化蓖麻油	1	—	—	—
	肉豆蔻酸辛基十二烷醇酯	8	—	—	—
	二甲基硅氧烷	4	—	—	—
	十八烷氧基三甲基硅烷(与)硬脂醇	3	—	—	—
	维生素E乙酸酯	0.5	—	—	—
	小麦胚芽油	2	—	—	—
	香精	—	适量	—	—
	棕榈酸抗坏血酸酯	—	—	—	0.2
D相	丙二醇	5	—	—	—
	铝淀粉丁二酸辛烯酯	5	—	—	—
	28%氢氧化铵(pH值调节剂)	—	—	—	0.3

续表

原料		配比（质量份）			
		1#日霜	2#滋补晚霜	3#防晒霜	4#美白保湿水
E相	人参提取液	15	—	—	15
	蜂王浆	10	—	—	15
	当归、白芍、枸杞、沙棘 （1:1:0.5:0.5)提取液	10			
	香精、防腐剂	适量			适量
	丙二醇(与)二噁唑烷基脲 （与）对羟基苯甲酸甲酯 （与）对羟基苯甲酸丙酯	—			1
	人参提取液	—			15
	蜂王浆				15
	香精				0.15

制备方法

日霜制备方法：把A相分散，让其静止至水合；加入B相，并加热至75℃并搅拌。化合C相，加热至75℃并搅拌。把A、B相加入C相，继续快速搅拌2~3min，或至均匀状，冷却并搅拌至45℃。化合D相并加入配合料中，冷却并搅拌至35℃并加入E相，冷却至室温并搅拌。

滋补晚霜制备方法：把A相加热至熔融状，调温至70℃；把B相加热至65℃，一起混合，充分搅拌；冷却至室温，添加C相。

防晒霜制备方法：把A相加热至熔融状态，调温至70℃，把B相加热至65℃，即得。

美白保湿水制备方法：在水中溶解泛醇，泼洒于多分子增稠剂中并混合至完全分散。把A相与B相加热至75℃。在B相中溶解棕榈酸抗坏血酸酯并混合。把B相加入A相并混合。使用桨式混合机添加氢氧化铵。在45℃内添加E相并混合至均匀，并于室温中平滑。

人参提取液的制备：称量人参，洗净，晾干，切成薄片，加入10倍量去离子水煎煮两次，每次2h；过滤，药渣捣碎合并，继续煎煮2h，过滤，合并两次煎煮液，浓缩煎煮液至小体积，备用。

中药提取液制备：按质量比称量当归、白芍、枸杞、沙棘，用10%乙醇快速漂洗，晾干后粉碎成粗粉，加入有盖的容器中，加入10倍量95%乙醇浸泡24h，过滤，滤液回收乙醇，加入适量去离子水稀释后，放入消毒锅中煮沸片刻，放凉待用。

蜂王浆加入少许去离子水稀释后，放入消毒锅中煮沸片刻，放凉待用。

原料配伍 本品各组分质量份配比范围为：A相：去离子水0~50，泛醇0~1，多分子增稠剂940 0~0.3，黄原胶0~0.3，脱水羊毛脂P95 0~3，羊毛脂醇、矿物油、十二烷、辛基十二烷醇0~2，硬脂酸甘油酯SE 0~7，硬脂酸0~5，A-乙酸生育酚酯0~0.5，棕榈酸视黄酯0~0.2，十八醇0~9，固体石蜡0~6，液体石蜡0~6，硬脂酸0~10，羟苯丙酯0~0.5，月桂醇硫酸酯钠0~1.2。

B相：乙二胺四乙酸二钠0~0.1，人参提取液0~10，蜂王浆0~15，当归、白芍、枸杞、沙棘（1.5∶1.5∶0.5∶0.5）提取液0~10，当归、白芍、枸杞、沙棘（1∶1∶0.5∶0.5）提取液0~15，水0~100，甘油0~5，防腐剂0~适量，PCA-钠0~1，矿物油0~7，硬脂酸甘油酯0~2.5，甘油0~2.5，十六烷基酯类0~2，聚氧乙烯（20）0~1.3，甲基葡糖醚倍半硬脂酸酯琉璃苣子油0~1，月见草油0~1，十六烷醇0~1，聚氧乙烯（7）0~1，聚氧丙烯（2）异癸醇醚羧酸异丙酯二甲基硅氧烷0~0.5，蜂蜡0~0.5。

C相：聚氧乙烯（6）硬脂酸酯（与）聚氧乙烯（20）十六烷醇醚（与）硬脂酸甘油酯（与）聚氧乙烯（20）硬脂醇醚0~10，硬脂酸0~1，氢化蓖麻油0~1，肉豆蔻酸辛基十二烷醇酯0~8，二甲基硅氧烷0~4，十八烷氧基三甲基硅烷（与）硬脂醇0~3，维生素E乙酸酯0~0.5，小麦胚芽油0~2，香精0~适量，棕榈酸抗坏血酸酯0~0.2。

D相：丙二醇0~5，铝淀粉丁二酸辛烯酯0~5，28%氢氧化铵（pH值调节剂）0~0.3。

E相：人参提取液0~15，蜂王浆0~10，当归、白芍、枸杞、沙棘（1∶1∶0.5∶0.5）提取液0~10，香精、防腐剂0~适量，丙二醇（与）二噁唑烷基脲（与）对羟基苯甲酸甲酯（与）对羟基苯甲酸丙酯0~1。

本产品优选人参、当归、白芍、枸杞、蜂王浆、沙棘六味药材。其中，人参是国家一级保护植物。人参的主要成分为人参皂苷、人参活素、少量挥发油、各种氨基酸和肽类、葡萄糖、果糖、果胶以及维生素B_1、维生素B_2、烟酸、泛酸等。研究证实，人参的浸出液可以被皮肤缓慢吸收，对皮肤没有任何不良刺激，能扩张皮肤的毛细血管，促进皮肤血液循环，增强皮肤营养，防止皮肤脱水、硬化、起皱，从而增强了皮肤的弹性，使细胞得到新生，可以保护皮肤光洁和滋润，防止过早衰老，起到美白嫩肤的作用。当归抑制酪氨酸酶活性的功能很强，酪氨酸酶是控制黑色素生成的关键，因而当归能抑制黑色素的形成，对治疗黄褐斑、雀斑等色素性皮肤病收效良好，具有抗衰老和美容作用，有助于使人青春常驻。白芍在美白护肤中药中就有配伍，能有效改善肌肤质地，具有保湿美白，延缓肌肤衰老作用。枸杞能补气血，抗衰老，从而护肤美容。蜂王浆不仅有祛病和抗衰延寿的神奇功效，研究表明，蜂王浆还有护肤、营养、美化皮肤和预防、治疗皮肤病的效果。蜂王浆能够影响细胞代谢过程，对护理皮肤、防止及祛除皱纹，恢复皮肤生机有很好的作用。沙棘活性成分在化妆品中的应用，早就有相关的报道，其蕴含极丰富的维生素C，具有良好的美白、抗氧化作用。

产品应用 本品主要用作美白化妆品。

产品特性 上述六味中药的配伍使用,并非易事,再添加符合化妆品要求的基质制成美白嫩肤系列化妆品。该配伍经过了长期的大量实践验证。药物之间发挥协同作用,达到保护皮肤,促进皮肤血液循环,促进细胞再生,增强皮肤营养,增强皮肤弹性,改善肤质,延缓衰老,抑制黑色素生成的效果,从而使皮肤在原有的基础上,更加白皙、细嫩,富有光泽。

配方 33　车前草增白霜

原料配比

原料	配比(质量份)	
	1#	2#
曲酸	2	1
茴香提取物	0.8	0.5
车前草提取物	0.3	0.1
单硬脂酸酯	2.5	2
硬脂酸	8	5
山嵛醇	1.5	1
液体石蜡	12	10
甘油三辛酸酯	14	10
对羟基苯甲酸甲酯	0.4	0.2
1,3-丁烯二醇	8	5
乙二胺四乙酸钠	0.03	0.01
精制水	余量	余量

制备方法

每份增白霜包括:曲酸、茴香提取物、车前草提取物、单硬脂酸酯、硬脂酸、山嵛醇、液体石蜡、甘油三辛酸酯、对羟基苯甲酸甲酯、1,3-丁烯二醇、乙二胺四乙酸钠、精制水。面部清洁后,将制成后的增白霜涂于面部,涂抹均匀,轻轻按摩至完全吸收。

原料配伍 本品各组分质量份配比范围为:曲酸1～2,茴香提取物0.5～0.8,车前草提取物0.1～0.3,单硬脂酸酯2～2.5,硬脂酸5～8,山嵛醇1～1.5,液体石蜡10～12,甘油三辛酸酯10～14,对羟基苯甲酸甲酯0.2～0.4,1,3-丁烯二醇5～8,乙二胺四乙酸钠0.01～0.03,余量为精制水。

产品应用 本品主要用作增白化妆品。

产品特性 本产品中的车前草味甘性寒,利水、清热、渗湿,功擅利无形之湿热，有利尿、祛痰、抗菌、消炎的功效。制成后的本品具有消炎抗菌、淡斑美白的独特功效。

本产品不适合妊娠期女士使用。

配方 34　纯草药祛斑祛刺防皱增白霜

原料配比

原料		配比（质量份）	
		1#	2#
组分Ⅰ	白芷	12	16
	细辛	5	7
	当归	15	20
	红花	4	5
	白术	15	17
	蒸馏水	适量	适量
组分Ⅱ	蛇舌草	15	16
	蛇床子	15	16
	野菊花	20	18
	皂角	15	16
	白牵牛	12	13
	白附子	12	15
	白及	13	12
	冬瓜仁	10	13
	黄芪	20	25
	白茯苓	15	18
	白蔹	15	18
	白姜蚕	10	11
组分Ⅲ	冰片	50	55
	硼砂	60	70
	珍珠粉	60	70
冷霜基质		适量	适量

制备方法

（1）将组分Ⅰ药物浸入适量的蒸馏水中，浸泡湿润后置蒸馏器中减压蒸馏得蒸馏液，再将蒸馏液蒸馏一次得蒸发油备用；

（2）将组分Ⅰ蒸馏后的药渣合并组分Ⅱ药物用煎烤法煎两次（第一次煎3h，第二次煎2h），合并两次煎液，沉淀过滤煎液在80℃以下减压浓缩成黏稠状，并在80℃以下干燥，再粉碎过筛得浸膏粉备用；

（3）将组分Ⅲ药物研细备用；最后按在每100g冷霜基质中加入6～9g的三组药物提取和制备的蒸发油、浸膏粉及药粉混合成纯草药组合物比例进行乳化，再用胶体磨充分研磨、搅拌制成祛斑祛刺防皱增白霜。

原料配伍　本品各组分质量份配比范围为：

组分Ⅰ：白芷 10～20，细辛 4～10，当归 8～20，红花 4～16，白术

8~20；

组分Ⅱ：蛇舌草10~20，蛇床子8~20，野菊花5~30，皂角7~20，白牵牛8~20，白附子10~15，白及10~20，冬瓜仁7~16，白蔹8~20，黄芪10~30，白茯苓9~20，白姜蚕10~15；

组分Ⅲ：冰片50~55，硼砂60~70，珍珠粉60~70。

所述的冷霜基质主要包括单硬脂酸甘油酯、硬脂酸、白凡士林、液体石蜡、甘油、月桂醇硫酸钠、三乙醇胺、尼泊金甲酯、2,6-叔丁基对甲酚及水等。

产品应用　本品是一种纯草药祛斑祛刺防皱增白霜。

产品特性　本产品具有祛风除湿、除斑护肤、增白洁肤、防皱祛皱、抗菌消炎之功效。

配方 35　特效抗皱增白霜

原料配比

原料	配比（质量份）				
	1#	2#	3#	4#	5#
大豆提取物	2	10	4.6	2	10
N-乙酰氨基葡萄糖	2	10	5	6	2
维生素B_3衍生物	0.2	1	0.4	1	0.2
透明质酸	0.5	2	1.4	0.8	1.8
芦荟提取物	0.5	3	1.3	3	2.2
葡萄籽油	0.5	2	1	0.5	1.8
纯净水	适量	适量	适量	适量	适量
聚乙二醇-400	适量	适量	适量	适量	适量
霜剂基质	加至100	加至100	加至100	加至100	加至100

制备方法

（1）先用一容器将N-乙酰氨基葡萄糖、维生素B_3衍生物、透明质酸、芦荟提取物这些水溶性成分与纯净水混合作为第一种混合物；所述水溶性成分与纯净水的配比为每100mg水溶性成分与15~20mL纯净水混合。

（2）再用另一容器将大豆提取物与聚乙二醇-400混合作为第二种混合物；所述大豆提取物与聚乙二醇-400的配比为每100mg大豆提取物与5~25mL聚乙二醇-400混合。

（3）然后将第一种混合物、第二种混合物、葡萄籽油和霜剂基质混合在一起，并用高速匀浆器（10000r/min）打匀，即得产品。

原料配伍　本品各组分质量份配比范围为：大豆提取物2~10，N-乙酰氨基葡萄糖2~10，维生素B_3衍生物0.2~1，透明质酸0.5~3，芦荟提取物0.5~3，葡萄籽油0.5~2，霜剂基质加至100。

所述大豆提取物的主要有效成分为大豆异黄酮。

所述维生素B_3衍生物为烟酰胺或烟酸肌醇酯。

所述芦荟提取物的主要有效成分为芦荟多糖及天然蒽醌苷或蒽的衍生物。

所述霜剂基质选用O/W型霜剂基质。雪花膏基质或护肤产品领域惯用的任意一种O/W型霜剂基质均可在本品内使用。

产品应用 本品是一种特效抗皱增白霜。

产品特性

（1）抑制氧自由基的生成、阻止色素沉淀：本品主要利用组分中的大豆提取物、N-乙酰氨基葡萄糖、葡萄籽油等有效成分，起到增白皮肤，减少色斑形成的作用；

（2）抗氧化、修复皮肤组织、减少皱纹生成：本品主要利用组分中的维生素B_3衍生物、透明质酸、芦荟提取物等有效成分，起到促进皮肤更新，减少新的皱纹产生的作用；

（3）保湿、滋养、恢复皮肤弹性：本品主要利用组分中的透明质酸、芦荟提取物、葡萄籽油等有效成分，起到提升皮肤含水量，提高皮肤抵抗力，使皮肤恢复弹性的作用，从而使已生成的皱纹变浅或消除；

因此，以上各有效成分协同作用，可以起到增白、抗皱、保湿、营养皮肤，促进皮肤更新，修复皮肤细胞组织的作用，从而改善皮肤状况，使皮肤逐渐恢复光润、细腻、柔滑、富有弹性的健康状态。

此外，将上述有效成分，添加到O/W型霜剂基质中，使霜剂质地清爽不油腻，能有效地帮助皮肤吸收活性成分，提升本品的效果。因此本品提供的一种特效抗皱增白霜，适合不同年龄层的人，特别是中、老年女性使用更佳。

配方36 鸵鸟油保湿增白霜

原料配比

原料		配比（质量份）			
		1#	2#	3#	4#
鸵鸟油		6	4.5	8	4
硬脂酸		10	8	5	6
十六醇		4	4.5	5	8
甘油		10	11	8	12
曲酸		1	2	4	3
吡咯烷酮甲酸钠		5	4.5	6	4
平平加		1	1.5	3	2
尼泊金酯	尼泊金甲酯	—	0.02	0.06	0.02
	尼泊金乙酯	0.05	0.02	—	0.04
	尼泊金丙酯	0.01	0.02	—	—
去离子水		加至100	加至100	加至100	加至100
香精		适量	适量	适量	适量

制备方法

（1）按质量分，称取下述物料：鸵鸟油、硬脂酸、十六醇、甘油、曲酸、吡咯烷酮甲酸钠、平平加、尼泊金酯、去离子水；

（2）先将鸵鸟油、硬脂酸、十六醇、曲酸、尼泊金酯放入化料罐内，在搅拌下加热到80～90℃，使物料全部熔化和溶解，为混合物料A；

（3）再将甘油、吡咯烷酮甲酸钠、平平加、去离子水放入配料罐内，在搅拌下加热到80～90℃，使物料全部溶解，为混合物料B；

（4）在搅拌下，将化料罐中的混合物料A慢慢地加入到配料罐混合物料B中，乳化至少30min，降温到40℃，加入适量香精，搅拌均匀后，继续降温到室温，即成。

原料配伍　本品各组分质量份配比范围为：鸵鸟油4～8，硬脂酸5～10，十六醇4～8，甘油8～12，曲酸1～4，吡咯烷酮甲酸钠4～6，平平加1～3，尼泊金酯0.01～0.06，香精适量，去离子水加至100。

所述尼泊金酯为尼泊金甲酯、尼泊金乙酯、尼泊金丙酯的一种以上混合物。

产品应用　本品是一种鸵鸟油保湿增白霜。

产品特性　本品鸵鸟油保湿增白霜制备方法简单，生产效率高，所制得的鸵鸟油保湿增白霜具有如下优点：

（1）膏体均匀细腻，颜色雪白，略带清香，富有光泽。

（2）膏体稀稠合适，pH＝6～6.8。

（3）膏体在－11～－9℃或在39～41℃放置24h后，恢复室温无油水分离现象。

（4）由于鸵鸟油对皮肤渗透力强，皮肤对产品中有效成分吸收快，所以膏体涂擦面部无油腻感、无面条现象，涂擦膏体后保湿增白效果明显。

配方37　增白化妆品

原料配比

黑米提取物

原料	配比	
	1#	2#
黑米（长粒）/g	600	—
黑米（短粒）/g	—	600
60∶40（水和酒精）的溶液/mL	2000	2000

增白乳液

原料	配比（质量份）
橄榄油	0.5
黑米提取物	0.5
聚环氧乙烷(20E.O)脱水山梨醇单硬脂酸酯	2
聚环氧乙烷(60E.O)硬化蓖麻油	2
乙醇	10
1.0%透明质酸钠水溶液	5
精制水	80

雪花膏

	原料	配比（质量份）
组分 A	角鲨烯	20
	橄榄油	2
	水貂油	1
	霍霍巴油	5
	蜂蜡	5
	十六醇十八醇混合物	2
	单硬脂酸甘油酯	1
	脱水山梨醇单硬脂酸酯	2
	黑米的提取物	1
组分 B	精制水	47.9
	聚环氧乙烷(20E.O)脱水山梨醇单硬脂酸酯	2
	聚环氧乙烷(60E.O)硬化蓖麻油	1
	甘油	5
	1.0%透明质酸钠水溶液	5
	对羟基苯甲酸甲酯	0.1

制备方法

黑米提取物的制备：首先，取得黑米的表皮，可以采用精米机将黑米的表皮与精米分离，处理后的精米可用于食品加工或食用。获得的表皮用水、酒精或水和酒精的混合物处理，处理温度为常温～100℃，处理时间为 30min～12h，优选 1～5h。在处理时，表皮占物料总量的 1%～50%。优选在搅拌下进行，搅拌的速度为 100～150r/min。也可以增加超声波处理。处理后的物料经过滤后得到滤液，在 N_2 氛围下将滤液在真空下浓缩，然后冷冻干燥，得到黑米提取物。也可将过滤阶段得到的粉状物经减压处理，并干燥后回收。

增白乳液制备：将各组分溶于水混合均匀即可。

雪花膏制备：将 A 和 B 分别计量，加温至 70℃，边搅拌边慢慢将 A 加入 B 中，之后再慢搅冷却至 30℃。

原料配伍 本品各组分质量份配比范围为：

增白乳液：橄榄油 0.3～0.6，黑米提取物 0.3～0.6，聚环氧乙烷

（20E.O）脱水山梨醇单硬脂酸酯1~3，聚环氧乙烷（60E.O）硬化蓖麻油1~3，乙醇8~12，1.0%透明质酸钠水溶液4~6，精制水70~85。

雪花膏：组分A：角鲨烯15~22，橄榄油1~3，水貂油1~2，霍霍巴油4~6，蜂蜡4~5，十六醇十八醇混合物1~3，单硬脂酸甘油酯1~2，脱水山梨醇单硬脂酸酯1~3，黑米的提取物1~2。

雪花膏组分B：精制水45~55，聚环氧乙烷（20E.O）脱水山梨醇单硬脂酸酯1~3，聚环氧乙烷（60E.O）硬化蓖麻油1~3，甘油4~5，1.0%透明质酸钠水溶液4~6，对羟基苯甲酸甲酯0.1~0.15。

黑米提取物可以与用于化妆品的常用物品一起配制所需的化妆品，如雪花膏、乳液、润肤膏等。可以根据不同的需要，调整化妆品的配方。常用于化妆品的各组分均可用于本品，如角鲨烯等液状油，蜂蜡醇等固状油。各种活性剂，甘油、1,3-丁二醇等保湿剂。

配方 38　增白霜

原料配比

原料	配比(质量份)	原料	配比(质量份)
泛酸	0.1	凡士林	6
鞣花酸	0.25	三乙醇胺	1
十六醇	2.4	尿素	5
液体石蜡	10	对羟基苯甲酸乙酯	0.3
甘油	1.4	香精	0.4
聚乙二醇	2.8	去离子水	67
硬脂酸	2.8		

制备方法

(1) 将泛酸、鞣花酸、三乙醇胺、尿素、对羟基苯甲酸乙酯、甘油溶于水中，并适当加热溶解；

(2) 将除香精外其余物料混合，并加热至80℃左右；将步骤(1)制得的溶液慢慢倒入，边倒边搅拌；

(3) 待步骤(2)得到的混合物冷却至30~40℃时加入香精，并继续搅拌混匀即成。

原料配伍　本品各组分质量份配比范围为：泛酸0.05~0.1，鞣花酸0.2~0.3，十六醇2.3~2.4，液体石蜡9~10，甘油1~1.5，聚乙二醇2~3，硬脂酸2~3，凡士林5.7~6，三乙醇胺0.9~1，尿素4.6~5，对羟基苯甲酸乙酯0.2~0.3，香精0.3~0.4，去离子水60~70。

产品应用　本品是一种增白霜。

产品特性　通过该制备方法制成的增白霜，可以抑制黑色素的沉积，增白皮肤。该增白霜主要以泛酸、鞣花酸为主要原料，添加润肤剂、保湿剂、防腐剂、香精等助剂制成，不仅能抑制黑色素的沉积，增白皮肤，而且在润肤、洁肤、爽肤等方面亦有较好的功效。

配方 39　养颜增白霜

原料配比

原料	配比(质量份)	原料	配比(质量份)
白芷	15	凡士林	5
白瓜子	10	氢化羊毛脂	5
桃仁	5	单硬脂酸甘油酯	4
松木薯	10	吐温-60	1
葛麻茹	10	丙二醇	2
双合草	13	防腐剂	1
微晶蜡	6	香精	0.5
蜂蜡	4	蒸馏水	8.5

制备方法　按照最佳配比取白芷、白瓜子、桃仁、松木薯、葛麻茹、双合草六种植物经清洗、干燥、粉碎后过 60 目筛，再用水、醇浸泡一周时间，再过滤并把滤液脱色，在适宜温度（70℃）下蒸发回收乙醇，即得到滤液。再把基质按水溶性和油溶性配制好，将微晶蜡、蜂蜡、凡士林、氢化羊毛脂、单硬脂酸甘油酯、吐温-60、丙二醇、蒸馏水加热至 70℃，在搅拌下倒入滤液中，待冷却至 45℃再加入香精、防腐剂，再等冷却至室温，经检验合格后进行包装。

原料配伍　本品各组分质量份配比范围为：白芷 15～20，白瓜子 6～15，桃仁 4～10，松木薯 8～15，葛麻茹 8～18，双合草 6～16，微晶蜡 5～10，蜂蜡 3～5，凡士林 4～6，氢化羊毛脂 5～6，单硬脂酸甘油酯 3～4，吐温-60 0.5～1，丙二醇 1～3，防腐剂 0.5～1，香精 0.5，蒸馏水 5～15。

产品应用　本品主要应用于护肤、养颜、抗皱、抗衰、耐晒。

产品特性　本产品是采用天然植物醇的提取液与基质配制成增白霜，对皮肤无刺激、安全无害、黏度适当、易涂抹和清洗，不但增白，而且还具有护肤、养颜、抗皱、抗衰、耐晒等优点。

第四章
抗衰老化妆品
Chapter 04

第一节　抗衰老化妆品配方设计原则

一、抗衰老化妆品的特点

过去人们一般认为 25 岁以后的女性才需要抗衰老，但 2012 年德国的一份报告指出，现在人们开始更早地意识到抗衰老的重要性，这是由现代人的生活方式、饮食习惯和环境压力所导致。抗衰老产品已经蔓延到更广的年龄层以及更多的产品领域，以往非常受欢迎的保湿或美白产品，甚至彩妆，现在也会加入抗衰老的元素。目前市场上抗衰老产品有以下几个特点：

① 产品状态主要以精华素和膏霜为主，而彩妆产品也加入抗衰老元素；
② 无论在大众品牌还是奢侈品牌，其抗衰老产品都被定位在高档市场，雄居它们各产品线中最贵的位置；
③ 产品概念不断创新，潮流是高科技和天然；
④ 产品功能多元化，抗皱紧致最受捧；
⑤ 复配多种活性成分，专利成分作点睛，功效难以复制。

随着科技愈来愈进步，人们对人类的衰老进行了深入研究并发现了多种不同的抗衰老机理，而各大化妆品原料供货商则根据不同的抗衰老机理开发出多种抗衰老活性物：从最初用来抵抗氧化压力的维生素 E 乙酸酯，到后来能赋予细胞活力的辅酶 Q10，直至近年风靡全球的干细胞护肤原料都是基于不同抗衰老机理而开发的产品。

二、抗衰老化妆品的分类及配方设计

1. 抗衰老机理

皮肤老化外表表现为皮肤易干、易裂或粗糙，面部皱纹增加或皱褶加重，面部肌肉下垂松弛，有小量良性瘤出现等，而从皮肤组织内部来看，皮肤老化是发生在真皮组织的变化，随着年龄的增大，真皮组织内胶原的合成减少，在

胶原酶的作用下，胶原会发生蛋白水解，真皮乳头层的弹性纤维束由不规则排列变成排列成层，使表皮与真皮之间的联结层变成扁平。由于氧化作用使蛋白质链上的赖氨酸残基发生交联作用，造成弹性蛋白与胶原的交联，增加纤维的劲度，减少其水溶性，从而影响到真皮对表皮的支撑作用、皮肤的弹性和皮肤的丰满程度。从分子生物学层次考虑，年龄的增长，皮肤中胞间质葡胺聚糖（GAG），特别是透明质酸和硫酸皮肤素的含量下降，谷胱甘肽过氧化物酶活性下降，是皮肤衰老的原因，这也就是现在利用模拟和仿生方法，研发抗衰老、抗皱护肤化妆品的基点。

目前抗衰老产品主要针对人们常见的一些表征作为发展方向。总结起来共有六大表征包括细纹及皱纹、暗哑的肤色、眼袋、老年斑、干燥的皮肤及面颊下坠。而针对这六大表征的抗衰老产品常利用的机理主要有以下五种。

① 机理一。表皮干细胞活性降低：表皮干细胞存在于表皮的基底层中，它能分化成新的角质细胞，具有持续更新和修复表皮层的独特功能；随着年龄的增长，其活性降低令表皮更新率下降，同时令皮肤的屏障功能降低；最后造成皮肤干燥，肤色暗哑及不均匀等问题。

② 机理二。真皮干细胞及成纤维细胞的活性降低：真皮干细胞是真皮层中最重要的细胞，它具有自我更新的能力，同时能分化为成纤维细胞，继而产生弹性和胶原蛋白，作为皮肤的结构性物质；其活性的降低最终导致这些蛋白质流失，令皮肤失去支撑及变薄，产生皱纹、眼袋及面颊下坠等问题。

③ 机理三：蛋白酶体活性降低：蛋白酶体是人体细胞的自我清洁系统，它负责分解已氧化的蛋白质；随着年纪增长，清洁系统的效能降低，已氧化的蛋白质便会在人体积聚并形成脂褐素；近年的研究指出脂褐素便是构成老年斑的重要色素。

④ 机理四。糖化反应：皮肤中的蛋白质（包括胶原蛋白和弹性蛋白）会通过糖化反应（即 AGE）与体内的游离糖结合，形成深黄色的交联蛋白 AGEs，令肤色呈现黄色，同时令胶原蛋白纤维僵硬并容易断裂，造成皱纹、眼袋及面颊下坠等问题。

⑤ 机理五。外在环境因素特别是光衰老及氧化作用：各种外在环境因素如紫外线、环境污染、吸烟等均会对人体产生氧化压力，继而产生自由基，破坏皮肤的脂质及蛋白质，损害各种皮肤细胞，最后形成衰老的表征，特别是光衰老最为明显，70%左右的衰老是太阳紫外线的照射造成的。

实际上，人们对人体皮肤衰老原因的研究及抗衰老方法的探索从来就没有停步。目前的衰老理论不下百种，每一种理论的提出都推动着新产品的发展。

2. 配方设计

抗衰老化妆品可通过以下几类功能性原料达到延缓皮肤衰老的目的。

① 具有保湿和修复皮肤屏障功能的原料。这类原料能够保持皮肤角质层

中的含水量在适宜的范围内,减少皱纹的形成。如甘油、尿囊素、吡咯烷酮羧酸钠、乳酸和乳酸钠、神经酰胺以及透明质酸等。

② 促进细胞增殖和代谢能力的原料。这类原料能够促进细胞的分裂增殖,促进细胞新陈代谢,加速表皮细胞的更新速度,延缓皮肤衰老。如细胞生长因子(包括表皮生长因子、成纤维细胞生长因子、角质形成细胞生长因子等)、脱氧核糖核酸(DNA)、维甲酸酯、果酸、海洋肽、羊胚胎素、β-葡聚糖、尿苷及卡巴弹性蛋白等。

③ 抗氧化类原料。衰老与诸多氧化反应密切相关,抗氧化就能抗衰老,所以此类原料在抗衰老化妆品中具有无可取代的作用。常用的抗氧化原料主要有:a. 维生素类,如维生素 E、维生素 C 等;b. 生物酶类,如超氧化物歧化酶(SOD)、辅酶 Q10 等;c. 黄酮类化合物,如原花青素、茶多酚、黄芩苷等;d. 蛋白类,如金属硫蛋白、木瓜硫蛋白及丝胶蛋白等。

④ 防晒原料。长期的紫外线辐射会加速皮肤的老化进程,使皮肤提前衰老,所以防晒原料是抗皮肤衰老产品中必不可少的一类。

⑤ 具有复合作用的天然提取物。许多天然动植物提取物均有很好的抗衰老作用,而且通常是多角度的复合性作用,具有作用温和且持久稳定、适用范围广、安全性高等优势,越来越受到消费者的青睐和认可。尤其是一些中药提取物已经被广泛地用于抗衰老产品中,如人参、黄芪、绞股蓝、鹿茸、灵芝、沙棘、茯苓、当归、珍珠、银杏及月见草等。

⑥ 微量元素。微量元素的抗衰老作用近年来成为衰老生物学的研究热点。大量研究证明,与抗衰老密切相关的微量元素主要有锌、铜、锰和硒。

第二节 抗衰老化妆品配方实例

配方 1 保湿美白抗衰老化妆品

原料配比

原料	配比(质量份)				
	1#	2#	3#	4#	5#
甘草	2~3	0.5	1	2	4
白术	2~3	0.5	1	2	4
白及	8~12	2	5	8	10
银杏	2~3	0.5	1	2	4
西洋参	4~6	1	3	7	9
丹参	12	10	13	15	17
生姜	15~20	10	15	17	20
10%二氧化钛胶体	1.9~2.1	2	1.8	2.2	2.1
甘油	7.5~8.5	8	9	7	7.5
乙醇	11~13	12	11	13	12
对羟基苯甲酸甲酯	0.09~0.11	0.1	0.12	0.09	0.11
去离子水	加至 100	加至 100	加至 100	加至 100	加至 100

制备方法 先将甘草、白术、白及、银杏、西洋参、丹参、生姜混合在一起，用蒸馏水浸没 30~60min，武火煎沸，再文火煮 20~30min，过滤，得第一次滤液，药渣再加水浸没，武火煎沸，再文火煮 20~30min，过滤，得第二次滤液，合并两次滤液，按体积比 1:1 在滤液中加入质量浓度为 90% 的乙醇，在 4℃静置 24h，收集上清液，过滤，回收乙醇，在 -80℃预冷，真空冷冻干燥，得冻干物，与质量浓度 10% 的二氧化钛胶体、甘油、乙醇、对羟基苯甲酸甲酯、去离子水混匀，即为成品保湿美白的抗衰老中药化妆品。

原料配伍 本品各组分质量份配比范围为：甘草 0.5~5，白术 0.5~5，白及 2~15，银杏 0.5~5，西洋参 1~10，丹参 10~20，生姜 10~25，10%二氧化钛胶体 1.8~2.2，甘油 7~9，乙醇 10~14，对羟基苯甲酸甲酯 0.08~0.12，去离子水加至 100。

产品应用 本品是一种保湿美白的抗衰老中药化妆品。

产品特性

（1）本产品组分科学合理，原料丰富，制备方法简单，成本低，易生产，使用方便，效果好。

（2）本产品中甘草可消除自由基，促进胶原蛋白的生成，抑制黑色素细胞的分裂；白术主要采用干燥根的提取物，能促进胶原蛋白Ⅳ型的生成，抑制黑色素细胞的活性，具有很好的保水功能；白及采用干燥块茎的提取物，抑制黑色素细胞的活性，消除自由基，抑制脂质过氧化的产生；银杏叶消除自由基，抑制酪氨酸酶的活性，促进紧密连接蛋白的生成；西洋参主要用其干燥根的提取物，具有抗氧化作用，可促进弹性蛋白的生成，消除超氧自由基，促进表皮成纤维细胞的活性，增加弹性蛋白的生成量，具有很好的持水能力，是化妆品很好的保湿剂；丹参采用其干燥根的提取物，消除超氧自由基，促进成纤维细胞的增殖，促进胶原蛋白和透明质酸的生成；生姜采用新鲜或干燥的姜根茎的提取物，抑制弹性蛋白酶的活性，消除超氧自由基，增强皮肤的活性，可用作抗衰剂和保湿剂。本品具有很好实用性，是一种高效美白抗衰保湿的护肤品。

配方 2　纯植物抗衰老美肤剂

原料配比

原料		配比（质量份）		
		1#	2#	3#
淡黄色粉末B		8	8	8
1,3-丁二醇		15	10	15
甘油		—	10	—
乳化剂	聚山梨醇酯-60	5	1.5	5
	山梨醇硬脂酸酯	1	—	1
	山梨醇异硬脂酸酯	—	1	—
抗氧化剂	生育酚乙酸酯	0.3	0.5	0.3
赋形剂	黄原胶	0.3	—	0.3
	卡波姆	—	0.4	—

续表

原料		配比(质量份)		
		1#	2#	3#
紫外线吸收剂	二苯甲酮-3	0.5	—	0.5
	二苯甲酮-4	—	1	—
淡黄色粉末B	卵磷脂	6	10	8
	胆固醇	3	5	4
	油状液体提取物A	1	3	2
油状液体提取物A	杜仲	10	15	20
	忍冬	10	20	15
	松果菊	10	18	5
	升麻	5	7	15
	欧芹	2	5	3

制备方法

(1) 按以下质量份将各中药原料混合得复合草药：杜仲10～20份、忍冬10～20份、松果菊5～30份、升麻5～15份、欧芹2～5份。

(2) 采用超临界二氧化碳萃取技术提取复合草药的有效成分，得淡黄色油状液体A。超临界二氧化碳萃取的具体条件为：萃取压力15～20MPa，萃取温度32～38℃；分离釜Ⅰ温度39～43℃，分离釜Ⅰ压力4～6MPa；分离釜Ⅱ温度37～45℃，分离釜Ⅱ压力5～7MPa；萃取时间3～3.5h。

(3) 将淡黄色油状液体A包裹在脂质体中，得淡黄色粉末B。具体制备方法为：按质量份计，将1～3份淡黄色油状液体A、5～15份卵磷脂和2～6份胆固醇置于反应容器中，加无水乙醇充分溶解，于38～42℃条件下蒸发除去有机溶剂，干燥后加入磷酸盐缓冲液，38～42℃水浴常压旋转水合0.5～1h，超声波10～15min，过滤、清洗滤膜去除未包裹的油状物，真空干燥得淡黄色粉末B。

(4) 将淡黄色粉末B与乳化剂、抗氧化剂、多元醇（1,3-丁二醇）、赋形剂、紫外线吸收剂按比例混合均匀后即得抗衰老美肤制剂。

原料配伍 本品各组分质量份配比范围为：淡黄色粉末B 8～18，多元醇10～30，乳化剂2～6，抗氧化剂0.3～1，赋形剂0.2～0.5，紫外线吸收剂0.5～3。

所述的淡黄色粉末B是由淡黄色油状液体A 1～3份，卵磷脂5～15份和2～6份胆固醇制得。

所述的淡黄色油状液体A是由复合草药杜仲10～20份、忍冬10～20份、松果菊5～30份、升麻5～15份、欧芹2～5份制成。

所述乳化剂为聚山梨醇酯-60、山梨醇硬脂酸酯、山梨醇异硬脂酸酯、聚山梨醇酯-80中的一种或多种。

所述抗氧化剂为生育酚或生育酚乙酸酯。

所述赋形剂为卡波姆、黄原胶、羟乙基纤维素中的一种或多种；紫外线吸收剂为二苯甲酮-3、二苯甲酮-4、甲氧基肉桂酸乙基己酯、水杨酸乙基己酯中一种或多种。

产品应用　本品主要是一种纯植物抗衰老美肤剂。

使用方法：本产品的纯植物抗衰老美肤剂可以按照不同加工工艺及配方，进一步制作具有特定功效的化妆品，诸如抗皱乳液、抗皱靓肤水、营养美容霜、延缓衰老精华素、洁面乳、防晒护肤剂、抗皱美白剂、沐浴露等多种日用化妆品。

产品特性　采用本产品制备过程中的包裹模式，各种抗衰老活性成分可以缓慢释放出来，在细胞特定的代谢周期中及时起到抗衰老作用，这样的释放模式，既可以起到保护活性成分稳定性和溶剂性的作用，同时，能从根本上起到抗衰老作用，抗衰老效果显著并持久。

配方 3　番茄红素美白保湿抗衰老乳液

原料配比

原料	配比（质量份）		
	1#	2#	3#
番茄红素	0.3	0.7	0.5
海藻提取液	5	3	4
玫瑰精油	2	5	3
橄榄油	9	5	7
甘油	35	45	40
丙二醇	12	8	10
黄原胶	10	15	13
维生素 E	3	1	2
鲸蜡醇	3	5	4
蒸馏水	加至 100	加至 100	加至 100

制备方法　将各组分原料混合均匀即可。

原料配伍　本品各组分质量份配比范围为：番茄红素 0.3~0.7，海藻提取液 3~5，玫瑰精油 2~5，橄榄油 5~9，甘油 35~45，丙二醇 8~12，黄原胶 10~15，维生素 E 1~3，鲸蜡醇 3~5，蒸馏水加至 100。

产品应用　本品是一种番茄红素美白保湿抗衰老乳液。

产品特性　本产品含有纯天然原料番茄红素，其超强抗氧化性能有效去除自由基，防止皮肤细胞受到损伤，减少皱纹及雀斑的生成，美白防晒，延缓肌肤衰老。本品含有海藻提取物，能深度保湿补水，促进肌肤新陈代谢，焕发肌肤新生，达到美白、保湿、抗衰老的效果。

配方4 防晒、保湿、抗衰老氨基酸化妆品

原料配比

原料		配比(质量份)		
		1#	2#	3#
氨基酸组合物	赖氨酸	2.4	2.4	2.4
	组氨酸	0.7	0.7	0.7
	精氨酸	6.5	6.5	6.5
	天冬氨酸	5.2	5.2	5.2
	苏氨酸	7.4	7.4	7.4
	丝氨酸	12.5	12.5	12.5
	谷氨酸	12.4	12.4	12.4
	脯氨酸	8.6	8.6	8.6
	甘氨酸	5.7	5.7	5.7
	丙氨酸	4.4	4.4	4.4
	缬氨酸	5.6	5.6	5.6
	蛋氨酸	1	1	1
	异亮氨酸	2.5	2.5	2.5
	亮氨酸	6.4	6.4	6.4
	酪氨酸	2.5	2.5	2.5
	苯基丙氨酸	1.2	1.2	1.2
	半胱氨酸	15	15	15
氨基酸组合物		18	25	20
保湿剂	1,3-丁二醇	5	2	3
	透明质酸钠	—	0.1	—
润肤剂	PEG-40	2	—	—
	甘油	10	—	10
	青刺果油	—	0.2	—
	氢化植物油	—	—	2
乳化剂	黄原胶	2	—	2
	二氧化硅	—	—	1
防腐剂	EDTA二钠	0.05	—	—
	柠檬酸	0.03	—	0.03
	抗菌剂	—	0.5	—
	苯氧乙醇	—	—	0.06
溶剂	棕榈酸乙基己酯	4	—	—
	去离子水	加到100	加到100	加到100

制备方法 将各组分原料混合均匀即可。

原料配伍 本品各组分质量份配比范围为：氨基酸组合物18~25，保湿剂2~5，润肤剂0.2~12，乳化剂0~3，防腐剂0.03~0.5，溶棕榈酸乙基已酯4，去离子水加至100。

所述氨基酸组合物为2.0~3.0赖氨酸，0.5~1.1组氨酸，6~7精氨酸，5~6天冬氨酸，7~8苏氨酸，12~13丝氨酸，12~13谷氨酸，8~9脯氨酸，5~6甘氨酸，4~5丙氨酸，5~6缬氨酸，0.5~1.1蛋氨酸，2~3异亮氨酸，6~7亮氨酸，2~3酪氨酸，1~2苯基丙氨酸，15~16半胱氨酸。

所述化妆品基质中含有润肤剂、保湿剂和防腐剂。

产品应用 本品是一种防晒、保湿、抗衰老的氨基酸化妆品。

所述化妆品的制剂形式为乳液、乳霜或精华素。

产品特性　本产品利用赖氨酸、组氨酸、精氨酸、天冬氨酸、苏氨酸、丝氨酸、谷氨酸、脯氨酸、甘氨酸、丙氨酸、缬氨酸、蛋氨酸、异亮氨酸、亮氨酸、酪氨酸、苯基丙氨酸和半胱氨酸中优良的生物特性和独特的营养成分，配合其他化妆品基质原料制备而成，组合后协同效应良好，疗效明显。本品对皮肤起到保护作用，是一种安全的，对皮肤有一定防晒、保湿、抗衰老作用的天然生物提取物组合物，符合人们对化妆品安全的要求。

配方5　枸杞抗衰老护肤品

原料配比

原料	配比(质量份)		
	1#	2#	3#
枸杞提取物	20	25	30
甘油	15	20	10
鲸蜡醇	18	18	10
硬脂酰乳酸钠	10	10	5
硅油	8	10	5
视黄醇	2	2	1.5
氯苯甘油醚	2	1	1.5
对羟基苯甲酸甲酯	0.2	0.2	0.1
香料	适量	适量	适量
去离子水	加至100	加至100	加至100

制备方法

(1) 按配方量将甘油、鲸蜡醇、硅油、视黄醇和氯苯甘油醚于75℃加热混合均匀；

(2) 按配方量将枸杞提取物、硬脂酰乳酸钠和去离子水于75℃加热混合均匀；

(3) 将步骤(1)和步骤(2)所得混合物混合，加入对羟基苯甲酸甲酯和香精，搅拌均匀，冷却，即得。

原料配伍　本品各组分质量份配比范围为：枸杞提取物20～30，甘油10～20，鲸蜡醇10～20，硬脂酰乳酸钠5～10，硅油5～10，视黄醇1～2，氯苯甘油醚1～2，对羟基苯甲酸甲酯0.1～0.2，香料适量，去离子水加至100。

所述枸杞提取物的制备方法为：将枸杞干燥研碎，置于回流装置中，加入氯仿-正丁醇(5∶1) 20mL/次，在60℃下回流脱脂3次，每次1h，滤出溶剂，残渣风干后加入60%乙醇20mL/次，在60℃回流3次，每次1h，回收乙醇，再以60℃固液比为1∶(10～15)的蒸馏水提取3次，每次1h，合并滤液浓缩，以5倍量的95%乙醇沉淀，放置24h，抽滤，所得产物依次用95%乙醇、无水乙醇、丙酮洗涤，真空干燥，即得。

产品应用　本品主要是一种枸杞抗衰老护肤品。

产品特性　本品细腻柔和，铺展性佳，消费者体验好。

配方6 含慈姑提取物的保湿抗衰老化妆品

原料配比

原料		配比（质量份）		
		1#	2#	3#
慈姑提取物		5	10	15
维生素		1.2	1.5	1.2
抗氧化剂	生育酚	0.6	1	1.2
	辅酶Q10	1.5	1.2	1
抗皱赋活剂	酵母提取液	1.8	1.5	1.8
	多肽	2.3	2.6	2.5
	葡萄籽提取液	1.2	0.8	1.2
	红酒多酚	2	2.2	1.6
防晒剂	二氧化钛	0.8	0.8	4.2
	肉桂酸酯类	1.5	1.2	1.1
	二苯(甲)酮类化合物	0.8	1.1	0.8
抗敏剂	甘草酸二钾	0.4	0.4	0.4
	苦参素	0.6	0.8	0.6
美白剂	红花提取液	1.5	1.3	1.5
	红景天提取液	2	1.8	2
	氢醌双丙酸酯	0.8	0.8	0.8
	果酸	1.2	1.2	0.8
保湿剂	甘油	5	5.5	6
	玉米丙二醇	4	3.2	4
	海藻提取液	2.6	2.4	2
	胶原蛋白	0.05	0.05	0.05
氢氧化钾		0.15	0.15	0.13
元宝枫籽油		0.7	0.8	0.7
螯合剂		0.5	0.45	0.5
增稠剂		0.15	0.15	0.15
乳化剂	甘油硬脂酸酯/PEG-100硬脂酸酯	1.5	1.5	1.5
	鲸蜡醇棕榈酸酯/山梨醇棕榈酸酯/山梨醇橄榄油酸酯	1.6	1.6	1.6
	甲基葡糖倍半硬脂酸酯	2	1.8	2
	聚氧乙烯鲸蜡基硬脂基双醚	0.8	0.8	0.8
防腐剂	山梨酸钾	0.3	0.3	0.3
	羟苯甲酯	0.2	0.2	0.2
去离子水		70	60	50

制备方法

（1）将乳化剂、抗氧化剂和元宝枫籽油依次投入油相锅中，加热至70～85℃，等所有组分溶解后保温，制得A相；

（2）将维生素、抗皱赋活剂、防晒剂、抗敏剂、美白剂、保湿剂、螯合剂、增稠剂和去离子水依次投入乳化锅中，加热至70～85℃，保温15～30min，使其充分溶解，制得B相；

（3）将步骤（1）制得的A相和步骤（2）制得的B相依次抽入到均质器中，均质5～15min，搅拌速率为2000～4000r/min，而后保温搅拌15～45min，搅拌速率为30～50r/min；

（4）将步骤（3）中的乳液冷却至40～45℃，加入氢氧化钾，搅拌均匀；

（5）加入慈姑提取液和防腐剂，搅拌均匀，得到保湿抗衰老类化妆品组合物。

原料配伍 本品各组分质量份配比范围为：慈姑提取物5～15，维生素0.6～3.2，抗氧化剂1～5，抗皱赋活剂3～12，防晒剂1～8，抗敏剂0.5～2，美白剂2.5～6，保湿剂2～15，氢氧化钾0.03～0.2，元宝枫籽油0.5～2，螯合剂0.3～1.2，增稠剂0.1～0.3，乳化剂1.5～6，防腐剂0.2～1，去离子水40～80。

所述抗氧化剂为质量比为(1～3)：(2～5)的生育酚和辅酶Q10的混合物。

所述抗皱赋活剂为质量比为(1～3)：(1～2.5)：(0.6～1.8)：(1～3.5)的酵母提取液、多肽、葡萄籽提取液和红酒多酚的混合物。

所述防晒剂为质量比为(1～3)：(2～4)：(1.5～4)的二氧化钛、肉桂酸酯类和二苯（甲）酮类化合物的混合物。

所述抗敏剂为质量比为(1～2.5)：(1.5～4)的甘草酸二钾、苦参素的混合物。

所述美白剂为质量比为(1～2.5)：(2～4)：(0.3～1.2)：(0.5～2.4)的红花提取液、红景天提取液、氢醌双丙酸酯和果酸的混合物。

所述保湿剂为质量比为(3～10)：(2～8)：(0.1～3)：(0.1～0.6)的甘油、玉米丙二醇、海藻提取液和胶原蛋白的混合物。

所述乳化剂为质量比为(1～3)：(1～3)：(0.5～3)：(0.05～2)的甘油硬脂酸酯/PEG-100硬脂酸酯、鲸蜡醇棕榈酸酯/山梨醇棕榈酸酯/山梨醇橄榄油酸酯、甲基葡糖倍半硬脂酸酯和聚氧乙烯鲸蜡基硬脂基双醚的混合物。

所述防腐剂为质量比为(3～5)：(2～4)的山梨酸钾、羟苯甲酯混合物。

产品应用 本品是一种含慈姑提取物的保湿抗衰老类化妆品。

产品特性 本产品有效地提高皮肤弹性、延缓皮肤衰老；改善肤色，坚持使用有美白效果；增加抗敏剂，防止过敏现象；螯合重金属，消除重金属污染；舒缓皱纹，改善皮肤，提高皮肤的光亮度和白皙度。

配方7 含黄花菜提取物的保湿抗衰老化妆品

原料配比

原料		配比(质量份)		
		1#	2#	3#
黄花菜提取物		5	10	15
维生素		1.2	1.5	1.2
抗氧化剂	生育酚	0.6	1	1.2
	茶叶籽油	1.5	1.2	1
抗皱赋活剂	多糖/水解胶原	1.8	1.5	1.8
	多肽	2.3	2.6	2.5
	葡萄籽提取液	1.2	0.8	1.2
	红酒多酚	2	2.2	1.6
防晒剂	邻氨基苯甲酸酯	0.8	0.8	1.2
	肉桂酸酯类	1.5	1.2	1.1
	二苯(甲)酮类化合物	0.8	1.1	0.8
抗敏剂	甘草酸二钾	0.4	0.4	0.4
	马齿苋提取物	0.6	0.8	0.6
美白剂	甘草黄酮	1.5	1.3	1.5
	红景天提取液	2	1.8	2
	柚核提取物	0.8	0.8	0.8
	果酸	1.2	1.2	0.8
保湿剂	甘油	5	5.5	6
	玉米丙二醇	4	3.2	4
	芦荟油	2.6	2.4	2
	胶原蛋白	0.05	0.05	0.05
氢氧化钾		0.15	0.15	0.13
元宝枫籽油		0.7	0.8	0.7
螯合剂		0.5	0.45	0.5
增稠剂		0.15	0.15	0.15
乳化剂	甘油硬脂酸酯/PEG-100硬脂酸酯	1.5	1.5	1.5
	鲸蜡硬脂醇橄榄油酸酯/山梨醇橄榄油酸酯	1.6	1.6	1.6
	甲基葡糖倍半硬脂酸酯	2	1.8	2
	丙烯酸(酯)类/$C_{10} \sim C_{30}$醇丙烯酸酯交联聚合物钾盐	0.8	0.8	0.8

续表

原料		配比(质量份)		
		1#	2#	3#
防腐剂	山梨酸钾	0.3	0.3	0.3
	羟苯丙酯	0.2	0.2	0.2
去离子水		70	30	50

制备方法

(1) 将乳化剂、抗氧化剂和元宝枫籽油依次投入油相锅中,加热至70～85℃,等所有组分溶解后保温,制得A相;

(2) 将维生素、抗皱赋活剂、防晒剂、抗敏剂、美白剂、保湿剂、螯合剂、增稠剂和去离子水依次投入乳化锅中,加热至70～85℃,保温15～30min,使其充分溶解,制得B相;

(3) 将步骤(1)制得的A相和步骤(2)制得的B相依次抽入到均质器中,均质5～15min,搅拌速率为2000～4000r/min,而后保温搅拌15～45min,搅拌速率为30～50r/min;

(4) 将步骤(3)中的乳液冷却至40～45℃,加入氢氧化钾,搅拌均匀;

(5) 加入黄花菜提取液和防腐剂,搅拌均匀,得到保湿抗衰老类化妆品组合物。

原料配伍 本品各组分质量份配比范围为:黄花菜提取物5～15,维生素0.6～3.2,抗氧化剂1～5,抗皱赋活剂3～12,防晒剂1～5,抗敏剂0.5～2,美白剂2.5～6,保湿剂2～15,氢氧化钾0.03～0.2,元宝枫籽油0.5～2,螯合剂0.3～1.2,增稠剂0.1～0.3,乳化剂1.5～6,防腐剂0.2～1,去离子水40～80。

所述抗氧化剂为质量比为(1～3):(2～5)的生育酚和茶叶籽油的混合物。

所述抗皱赋活剂为质量比为(1～3):(1～2.5):(0.6～1.8):(1～3.5)的多糖/水解胶原、多肽、葡萄籽提取液和红酒多酚的混合物。

所述防晒剂为质量比为(1～3):(2～4):(1.5～4)的邻氨基苯甲酸酯、肉桂酸酯类和二苯(甲)酮类化合物的混合物。

所述抗敏剂为质量比为(1～2.5):(1.5～4)的甘草酸二钾、马齿苋提取物的混合物。

所述美白剂为质量比为(1～2.5):(2～4):(0.3～1.2):(0.5～2.4)的甘草黄酮、红景天提取液、柚核提取物和果酸的混合物。

所述保湿剂为质量比为(3～10):(2～8):(0.1～3):(0.1～0.6)的甘油、玉米丙二醇、芦荟油和胶原蛋白的混合物。

所述乳化剂为质量比为(1～3):(1～3):(0.5～3):(0.8～3)的甘油硬脂

酸酯/PEG 100硬脂酸酯、鲸蜡醇棕榈酸酯、山梨醇棕榈酸酯/山梨醇橄榄油酸酯、甲基葡糖倍半硬脂酸酯和丙烯酸（酯）类/$C_{10}\sim C_{30}$醇丙烯酸酯交联聚合物钾盐的混合物。

所述防腐剂为质量比为（3~5）:（2~4）的山梨酸钾、羟苯丙酯混合物。

产品应用　本品主要是含黄花菜提取物的保湿抗衰老类化妆品，可制成修复霜、修复乳、精华霜等产品。

产品特性　本产品有效地提高皮肤弹性、延缓皮肤衰老；改善肤色，坚持使用有美白效果；增加抗敏剂，防止过敏现象；螯合重金属，消除重金属污染；舒缓皱纹，改善皮肤，提高皮肤的光亮度和白皙度。

配方8　含金针菇提取物的保湿抗衰老类化妆品

原料配比

原料		配比（质量份）		
		1#	2#	3#
金针菇提取物		10	15	20
维生素		0.5	1	2
防晒剂	邻氨基苯甲酸酯	2	2.5	3
	氧化锌	2	3	4
	二氧化钛	1.5	2	3
抗氧化剂	丁羟甲苯(BHT)	2	3	4
	生育酚	3	4	5
抗皱赋活剂	泽泻提取液	1	2	3
	红酒多酚	1	1.5	2
	葡萄籽提取液	0.6	0.8	1.5
抗敏剂	红没药醇	1	1.5	2
	牡丹根提取物	1.5	2	3
保湿剂	乳酸	3	4	6
	乳酸钠	1.2	1.8	2.1
	海藻糖	0.5	0.6	0.6
氢氧化钾		0.03	0.1	0.15
增稠剂	黄原胶	0.1	0.2	0.3
乳化剂	鲸蜡硬脂醇橄榄油酸酯/山梨醇橄榄油酸酯	1	2	3
	鲸蜡硬脂醇	0.8	1	2
	聚氧乙烯鲸蜡基硬脂基双醚	0.1	0.8	1
防腐剂	杰马	0.3	0.4	0.4
	卡松	0.2	0.3	0.3
去离子水		60	70	80

制备方法

（1）将乳化剂、抗氧化剂依次投入乳化机中，加热至 70～85℃，通过 2000～2800r/min 的高速旋转，使物料充分破碎，混合均匀后保温，制得 A 相；

（2）将维生素、抗皱赋活剂、防晒剂、抗敏剂、保湿剂、增稠剂和去离子水依次投入乳化锅中，加热至 70～80℃，通过 2000～2800r/min 的高速旋转混合均匀，保温 15～30min，使其充分溶解，制得 B 相；

（3）将步骤（1）制得的 A 相和步骤（2）制得的 B 相依次抽入到均质器中，均质 5～15min，搅拌速率为 2000～4000r/min，而后保温搅拌 15～45min，搅拌速率为 40～50r/min；

（4）将步骤（3）中的乳液冷却至 40～45℃，加入氢氧化钾，搅拌均匀；

（5）加入金针菇提取液和杰马、卡松，搅拌均匀，得到化妆品组合物。

原料配伍 本品各组分质量份配比范围为：金针菇提取物 10～20，维生素 0.5～3，防晒剂 0.5～2，抗氧化剂 5～10，抗皱赋活剂 3～12，抗敏剂 0.5～5，保湿剂 2～12，氢氧化钾 0.03～0.2，增稠剂 0.1～0.3，乳化剂 1.5～6，防腐剂 0.2～1，去离子水 40～80。

所述防晒剂为质量比为(2～3)：(2～4)：(1.5～4)的邻氨基苯甲酸酯、氧化锌、二氧化钛的混合物。

所述抗氧化剂为质量比为(2～4)：(2～5)的丁羟甲苯（BHT）和生育酚的混合物。

所述抗皱赋活剂为质量比为(1～3)：(1～2.5)：(0.6～1.8)的泽泻提取液、红酒多酚和葡萄籽提取液的混合物。

所述抗敏剂为质量比为(1～2.5)：(1.5～4)的红没药醇、牡丹根提取物的混合物。

所述保湿剂为质量比为(3～10)：(0.1～3)：(0.1～0.6)的乳酸、乳酸钠、海藻糖混合物。

所述增稠剂为黄原胶。

所述乳化剂为质量比为(1～3)：(0.5～3)：(0.05～2)的鲸蜡硬脂醇橄榄油酸酯/山梨醇橄榄油酸酯、鲸蜡硬脂醇和聚氧乙烯鲸蜡基硬脂基双醚的混合物。

所述防腐剂为质量比为(3～5)：(2～4)的杰马、卡松的混合物。

产品应用 本品主要是一种含金针菇提取物的保湿抗衰老类化妆品，可制成修复霜、精华霜等产品。

使用方法：将保湿抗衰老霜涂抹脸部和颈部，每日早晚各 1 次。

产品特性 本产品有效地提高皮肤弹性、延缓皮肤衰老；增加抗敏剂，防止过敏现象；添加保湿剂，使皮肤不易干燥产生缎纹；舒缓皱纹，改善皮肤，提高皮肤的光亮度。

配方9　含木耳提取物的保湿抗衰老化妆品

原料配比

原料		配比（质量份）		
		1#	2#	3#
木耳提取物		5	10	15
维他生素		1.2	1.5	1.2
抗氧化剂	生育酚	0.6	1	1.2
	茶叶籽油	1.5	1.2	1
抗皱赋活剂	多糖/水解胶原	1.8	1.5	1.8
	β-葡聚糖	2.3	2.6	2.5
	葡萄籽提取液	1.2	0.8	1.2
	红酒多酚	2	2.2	1.6
防晒剂	邻氨基苯甲酸酯	0.8	0.8	1.2
	肉桂酸酯类	1.5	1.2	1.1
	樟脑类衍生物	0.8	1.1	0.8
抗敏剂	甘草酸二钾	0.4	0.4	0.4
	茶树精油	0.6	0.8	0.6
美白剂	甘草黄酮	1.5	1.3	1.5
	根皮素	2	1.8	2
	柚核提取物	0.8	0.8	0.8
	桑叶提取物	1.2	1.2	0.8
保湿剂	甘油	5	5.5	6
	玉米丙二醇	4	3.2	4
	芦荟油	2.6	2.4	2
	低聚果糖	0.05	0.05	0.05
氢氧化钾		0.15	0.15	0.13
元宝枫籽油		0.7	0.8	0.7
螯合剂		0.5	0.45	0.5
增稠剂		0.15	0.15	0.15
乳化剂	甘油硬脂酸酯/PEG-100硬脂酸酯	1.5	1.5	1.5
	鲸蜡硬脂醇橄榄油酸酯/山梨醇橄榄油酸酯	1.6	1.6	1.6
	甲基葡糖倍半硬脂酸酯	2	1.8	2
	丙烯酸(酯)类/C_{10}~C_{30}醇丙烯酸酯交联聚合物钾盐	0.8	0.8	0.8

续表

原料		配比(质量份)		
		1#	2#	3#
防腐剂	苯甲酸钠	0.3	0.3	0.3
	羟苯丙酯	0.2	0.2	0.2
去离子水		70	30	50

制备方法

（1）将乳化剂、抗氧化剂和元宝枫籽油依次投入油相锅中，加热至70～85℃，等所有组分溶解后保温，制得A相；

（2）将维生素、抗皱赋活剂、防晒剂、抗敏剂、美白剂、保湿剂、螯合剂、增稠剂和去离子水依次投入乳化锅中，加热至70～85℃，保温15～30min使其充分溶解，制得B相；

（3）将步骤（1）制得的A相和步骤（2）制得的B相依次抽入到均质器中，均质5～15min，搅拌速率为2000～4000r/min，而后保温搅拌15～45min，搅拌速率为30～50r/min；

（4）将步骤（3）中的乳液冷却至40～45℃，加入氢氧化钾，搅拌均匀；

（5）加入木耳提取液和防腐剂，搅拌均匀，得到保湿抗衰老类化妆品组合物。

原料配伍 本品各组分质量份配比范围为：木耳提取物5～15，维生素0.6～3.2，抗氧化剂1～5，抗皱赋活剂3～12，防晒剂1～5，抗敏剂0.5～2，美白剂2.5～6，保湿剂2～15，氢氧化钾0.03～0.2，元宝枫籽油0.5～2，螯合剂0.3～1.2，增稠剂0.1～0.3，乳化剂1.5～6，防腐剂0.2～1，去离子水40～80。

所述抗氧化剂为质量比为(1～3)∶(2～5)的生育酚和茶叶籽油的混合物。

所述抗皱赋活剂为质量比为(1～3)∶(1～2.5)∶(0.6～1.8)∶(1～3.5)的多糖/水解胶原、β-葡聚糖、葡萄籽提取液和红酒多酚的混合物。

所述防晒剂为质量比为(1～3)∶(2～4)∶(1.5～4)的邻氨基苯甲酸酯、肉桂酸酯类和樟脑类衍生物的混合物。

所述抗敏剂为质量比为(1～2.5)∶(1.5～4)的甘草酸二钾、茶树精油的混合物。

所述美白剂为质量比为(1～2.5)∶(2～4)∶(0.3～1.2)∶(0.5～2.4)的甘草黄酮、根皮素、柚核提取物和桑叶提取物的混合物。

所述保湿剂为质量比为(3～10)∶(2～8)∶(0.1～3)∶(0.1～0.6)的甘油、玉米丙二醇、芦荟油和低聚果糖的混合物。

所述乳化剂为质量比为(1~3):(1~3):(0.5~3):(0.8~3)的甘油硬脂酸酯/PEG 100 硬脂酸酯、鲸蜡硬脂醇橄榄油酸酯/山梨醇橄榄油酸酯、甲基葡糖倍半硬脂酸酯和丙烯酸（酯）类/C_{10}~C_{30}醇丙烯酸酯交联聚合物钾盐的混合物。

所述防腐剂为质量比为（3~5）：（2~4）的苯甲酸钠、羟苯丙酯混合物。

产品应用 本品主要是一种含木耳提取物的保湿抗衰老类化妆品,具体可制成修复霜、修复乳、精华霜等产品。

产品特性 木耳可通过降血浆胆固醇,减少脂质过氧化产物脂褐质的形成,以维护细胞的正常代谢,起延缓衰老作用。本产品有效地提高皮肤弹性、延缓皮肤衰老;改善肤色,坚持使用有美白效果;增加抗敏剂,防止过敏现象;螯合重金属,消除重金属污染;舒缓皱纹,改善皮肤,提高皮肤的光亮度和白皙度。

配方10 含苯蓝提取物的保湿抗衰老化妆品

原料配比

原料		配比(质量份)		
		1#	2#	3#
苯蓝提取物		5	10	15
维生素		1.2	1.5	1.2
抗氧化剂	生育酚	0.6	1	1.2
	辅酶Q10	1.5	1.2	1
抗皱赋活剂	酵母提取液	1.8	1.5	1.8
	天然维生素E	2.3	2.6	2.5
	泽泻提取液	1.2	0.8	1.2
	红酒多酚	2	2.2	1.6
防晒剂	二氧化钛	0.8	0.8	1.2
	肉桂酸酯类	1.5	1.2	1.1
	对氨基苯甲酸酯及其衍生物	0.8	1.1	0.8
抗敏剂	甘草酸二钾	0.4	0.4	0.4
	洋甘菊萃取液	0.6	0.8	0.6
美白剂	熊果苷	1.5	1.3	1.5
	维生素C乙基醚	2	1.8	2
	氢醌双丙酸酯	0.8	0.8	0.8
	果酸	1.2	1.2	1.2
保湿剂	甘油	5	5.5	6
	山梨醇	4	3.2	4
	海藻提取液	2.6	2.4	2
	胶原蛋白	0.05	0.05	0.05
氢氧化钾		0.15	0.15	0.13

续表

原料		配比(质量份)		
		1#	2#	3#
元宝枫籽油		0.7	0.8	0.7
螯合剂		0.5	0.45	0.5
增稠剂		0.15	0.15	0.15
乳化剂	甘油硬脂酸酯/PEG-100硬脂酸酯	1.5	1.5	1.5
	鲸蜡醇棕榈酸酯/山梨醇棕榈酸酯/山梨醇橄榄油酸酯	1.6	1.6	1.6
	鲸蜡硬脂醇	2	1.8	2
	聚氧乙烯鲸蜡基硬脂基双醚	0.8	0.8	0.8
防腐剂	山梨酸钾	0.3	0.3	0.3
	苯甲酸钠	0.2	0.2	0.2
去离子水		70	60	50

制备方法

(1) 将乳化剂、抗氧化剂和元宝枫籽油依次投入油相锅中,加热至70~85℃,等所有组分溶解后保温,制得A相;

(2) 将维生素、抗皱赋活剂、防晒剂、抗敏剂、美白剂、保湿剂、螯合剂、增稠剂和去离子水依次投入乳化锅中,加热至70~85℃,保温15~30min,使其充分溶解,制得B相;

(3) 将步骤(1)制得的A相和步骤(2)制得的B相依次抽入到均质器中,均质5~15min,搅拌速率为2000~4000r/min,而后保温搅拌15~45min,搅拌速率为30~50r/min;

(4) 将步骤(3)中的乳液冷却至40~45℃,加入氢氧化钾,搅拌均匀;

(5) 加入菘蓝提取液和防腐剂,搅拌均匀,得到保湿抗衰老类化妆品组合物。

原料配伍 本品各组分质量份配比范围为:菘蓝提取物5~15,维生素0.6~3.2,抗氧化剂1~5,抗皱赋活剂3~12,防晒剂1~5,抗敏剂0.5~2,美白剂2.5~6,保湿剂2~15,氢氧化钾0.03~0.2,元宝枫籽油0.5~2,螯合剂0.3~1.2,增稠剂0.1~0.3,乳化剂1.5~6,防腐剂0.2~1,去离子水40~80。

所述抗氧化剂为质量比为(1～3)∶(2～5)的生育酚和辅酶 Q10 的混合物。

所述抗皱赋活剂为质量比为(1～3)∶(1～2.5)∶(0.6～1.8)∶(1～3.5)的酵母提取液、天然维生素 E、泽泻提取液和红酒多酚的混合物。

所述防晒剂为质量比为(1～3)∶(2～4)∶(1.5～4)的二氧化钛、肉桂酸酯类和对氨基苯甲酸酯及其衍生物的混合物。

所述抗敏剂为质量比为(1～2.5)∶(1.5～4)的甘草酸二钾、洋甘菊萃取液的混合物。

所述美白剂为质量比为(1～2.5)∶(2～4)∶(0.3～1.2)∶(0.5～2.4)的熊果苷、维生素 C 乙基醚、氢醌双丙酸酯和果酸的混合物。

所述保湿剂为质量比为(3～10)∶(2～8)∶(0.1～3)∶(0.1～0.6)的甘油、山梨醇、海藻提取液和胶原蛋白的混合物。

所述乳化剂为质量比为(1～3)∶(1～3)∶(0.5～3)∶(0.05～2)的甘油硬脂酸酯/PEG-100 硬脂酸酯、鲸蜡醇棕榈酸酯/山梨醇棕榈酸酯/山梨醇橄榄油酸酯、鲸蜡硬脂醇和聚氧乙烯鲸蜡基硬脂基双醚的混合物。

所述防腐剂为质量比为(3～5)∶(2～4)的山梨酸钾、苯甲酸钠混合物。

产品应用 本品主要是含苯蓝提取物的保湿抗衰老类化妆品。

产品特性 本产品有效地提高皮肤弹性、延缓皮肤衰老;改善肤色,坚持使用有美白效果;增加抗敏剂,防止过敏现象;螯合重金属,消除重金属污染;舒缓皱纹,改善皮肤,提高皮肤的光亮度和白皙度。

配方 11 含香椿提取物的保湿抗衰老化妆品

原料配比

原料		配比(质量份)		
		1#	2#	3#
香椿提取物		5	10	15
维生素		1.2	1.5	1.2
抗氧化剂	生育酚	0.6	1	1.2
	辅酶 Q10	1.5	1.2	1
抗皱赋活剂	酵母提取液	1.8	1.5	1.8
	天然维生素 E	2.3	2.6	2.5
	银杏提取液	1.2	0.8	1.2
	红酒多酚	2	2.2	1.6
防晒剂	二氧化钛	0.8	0.8	1.2
	氧化锌	1.5	1.2	1.1
	对氨基苯甲酸酯及其衍生物	0.8	1.1	0.8
抗敏剂	甘草酸二钾	0.4	0.4	0.4
	辛酰水杨酸	0.6	0.8	0.6

续表

原料		配比(质量份)		
		1#	2#	3#
美白剂	熊果苷	1.5	1.3	1.5
	维生素C乙基醚	2	1.8	2
	烟酰胺	0.8	0.8	0.8
	红花提取液	1.2	1.2	0.8
保湿剂	甘油	5	5.5	6
	丁二醇	4	3.2	4
	海藻提取液	2.6	2.4	2
	透明质酸钠	0.05	0.05	0.05
氢氧化钾		0.15	0.15	0.13
元宝枫籽油		0.7	0.8	0.7
螯合剂		0.5	0.45	0.5
增稠剂		0.15	0.15	0.15
乳化剂	鲸蜡硬脂醇橄榄油酸酯/山梨醇橄榄油酸酯	1.5	1.5	1.5
	鲸蜡醇棕榈酸酯/山梨醇棕榈酸酯/山梨醇橄榄油酸酯	1.6	1.6	1.6
	鲸蜡硬脂醇	2	1.8	2
	聚氧乙烯鲸蜡基硬脂基双醚	0.8	0.8	0.8
防腐剂	山梨酸钾	0.3	0.3	0.3
	苯甲酸钠	0.2	0.2	0.2
去离子水		70	60	50

制备方法

(1) 将乳化剂、抗氧化剂和元宝枫籽油依次投入油相锅中，加热至70～85℃，等所有组分溶解后保温，制得A相；

(2) 将维生素、抗皱赋活剂、防晒剂、抗敏剂、美白剂、保湿剂、螯合剂、增稠剂和去离子水依次投入乳化锅中，加热至70～85℃，保温15～30min，使其充分溶解，制得B相；

(3) 将步骤(1)制得的A相和步骤(2)制得的B相依次抽入到均质器中，均质5～15min，搅拌速率为2000～4000r/min，而后保温搅拌15～45min，搅拌速率为30～50r/min；

(4) 将步骤(3)中的乳液冷却至40～45℃，加入氢氧化钾，搅拌均匀；

(5) 加入香椿提取液和防腐剂，搅拌均匀，得到保湿抗衰老类化妆品组合物。

原料配伍 本品各组分质量份配比范围为：香椿提取物5～15，维生素0.6～3.2，抗氧化剂1～5，抗皱赋活剂3～12，防晒剂1～5，抗敏剂0.5～2，美白剂 2.5～6，保湿剂 2～15，氢氧化钾 0.03～0.2，元宝枫籽油 0.5～2，螯合剂 0.3～1.2，增稠剂 0.1～0.3，乳化剂 1.5～6，防腐剂 0.2～1，去离子水 40～80。

所述抗氧化剂为质量比为(1～3)：(2～5)的生育酚和辅酶 Q10 的混合物。

所述抗皱赋活剂为质量比为(1～3)：(1～2.5)：(0.6～1.8)：(1～3.5)的酵母提取液、天然维生素 E、银杏提取液和红酒多酚的混合物。

所述防晒剂为质量比为(1～3)：(2～4)：(1.5～4)的二氧化钛、氧化锌和对氨基苯甲酸酯及其衍生物的混合物。

所述抗敏剂为质量比为(1～2.5)：(1.5～4)的甘草酸二钾、辛酰水杨酸的混合物。

所述美白剂为质量比为(1～2.5)：(2～4)：(0.3～1.2)：(0.5～2.4)的熊果苷、维生素 C 乙基醚、烟酰胺和红花提取液的混合物。

所述保湿剂为质量比为(3～10)：(2～8)：(0.1～3)：(0.1～0.6)的甘油、丁二醇、海藻提取液和透明质酸钠的混合物。

所述乳化剂为质量比为(1～4)：(1～3)：(0.5～3)：(0.05～2)的鲸蜡硬脂醇橄榄油酸酯/山梨醇橄榄油酸酯、鲸蜡醇棕榈酸酯/山梨醇棕榈酸酯/山梨醇橄榄油酸酯、鲸蜡硬脂醇和聚氧乙烯鲸蜡基硬脂基双醚的混合物。

所述防腐剂为质量比为(3～5)：(2～4)的山梨酸钾、苯甲酸钠混合物。

产品应用 本品主要是一种含香椿提取物的保湿抗衰老类化妆品，具体可制成修复霜、修复乳、精华霜等产品。

产品特性 本产品有效地提高皮肤弹性、延缓皮肤衰老；改善肤色，坚持使用有美白效果；增加抗敏剂，防止过敏现象；螯合重金属，消除重金属污染；舒缓皱纹，改善皮肤，提高皮肤的光亮度和白皙度。

配方 12　具有抚平皱纹、平滑皮肤功效的抗衰老化妆品

原料配比

原料		配比(质量份)				
		1#	2#	3#	4#	5#
油相	BiobaseS(甘油硬脂酸酯、硬脂酰乳酰乳酸钠、鲸蜡硬脂醇)	3	3	3	3.5	4
	鲸蜡硬脂醇	0.5	1	1	1.5	2
	霍霍巴油	1	1	1	2	2
	氢化聚异丁烯	3	5	8	8	9
	生育酚乙酸酯	0.5	1	1	1	1
	聚二甲基硅氧烷	2	2	2	2	2
	透明质酸钠微球	0.5	1.5	0.5	2	3

续表

原料		配比(质量份)				
		1#	2#	3#	4#	5#
水相	去离子水	加至100	加至100	加至100	加至100	加至100
	甘油	3	4	4	4	4
	丁二醇	3	4	4	4	4
	汉生胶	0.2	0.2	0.2	0.2	0.2
	卡波姆	0.1	0.2	0.2	0.2	0.2
	尿囊素	0.2	0.2	0.2	0.2	0.2
乳化后高温添加	三乙醇胺	0.1	0.2	0.2	0.2	0.2
	去离子水	1.8	1.8	1.8	1.8	1.8
乳化后低温添加	棕榈酰三肽	1.5	1.5	0.5	2	3
	麦冬根提取物	2	2	0.5	3	5
	透明质酸钠保湿复合物	1	2	0.5	2.5	5
	防腐剂	适量	适量	适量	适量	适量
	香精	适量	适量	适量	适量	适量
透明质酸钠保湿复合物	透明质酸钠	0.05~0.1	0.05~0.1	0.05~0.1	0.05~0.1	0.05~0.1
	甘油	37~42	37~42	37~42	37~42	37~42
	水	31~38	31~38	31~38	31~38	31~38
	PCA钠	5~11	5~11	5~11	5~11	5~11
	尿素	5~11	5~11	5~11	5~11	5~11
	海藻糖	1~4	1~4	1~4	1~4	1~4
	三乙酸甘油酯	0.11~0.7	0.11~0.7	0.11~0.7	0.11~0.7	0.11~0.7
	聚季铵盐51	0.1~1	0.1~1	0.1~1	0.1~1	0.1~1

制备方法 将油相、水相分别加热到80℃后，两相混合均质数分钟，加入质量分数为10%的三乙醇胺水溶液，搅拌均匀，搅拌降温，降温到45℃加入棕榈酰三肽、麦冬根提取物、透明质酸钠保湿复合物、防腐剂、香精，搅拌均匀，35℃放置后成白色细腻均匀的乳液。

原料配伍 本品各组分质量份配比范围为：透明质酸钠微球0.5~3，棕榈酰三肽0.5~3，麦冬根提取物0.5~5，透明质酸钠保湿复合物0.5~5，余量为化妆品外用剂型的常用基质、去离子水。

所述透明质酸钠微球为市售产品，优选出分子量小于40的透明质酸钠及分子量高于200的魔芋多糖交联脱水形成。

所述的棕榈酰三肽为棕榈酰三肽的甘油水溶液。每升甘油水溶液中优选含有棕榈酰三肽200~300mg。

所述的麦冬根提取物为市售产品，其固形物含量优选为90~130g/L，富含纯化的麦冬果聚糖，从光谱中分析其果聚糖的分子量在500~7500。

所述的透明质酸钠保湿复合物为市售产品，优选的复合物组成配比为：透明质酸钠0.05~0.1，甘油37~42，水31~38，PCA钠5~11，尿素5~11，海藻糖1~4，三乙酸甘油酯0.1~0.7，聚季铵盐51 0.1~1。

产品应用 本品是一种含透明质酸钠微球及肽的具有抚平皱纹、平滑皮肤功效的抗衰老化妆品。

产品特性

(1) 本产品先选择天然植物提取液及保湿复合物来达到增加皮肤水分含量，改善皮肤干燥，重建皮肤屏障的功效，再选择透明质酸钠微球、小分子肽类来达到抚平皱纹、平滑皮肤的抗衰老功效，这种联合协同的方式对达到安全、有效的抗衰老效果，具有非常重要的意义。麦冬根提取物通过激活表皮蜡质合成并优化其组织，加强表皮连接，以及激活角质细胞分化从而促进肌肤保湿，重建皮肤屏障。

(2) 本产品含有可快速抚平皱纹、使肌肤表面变得光滑的填充型成分——透明质酸钠微球；可促进肌肤基质以及表皮与真皮连接层（DEJ）中6种要素的合成的抗衰老棕榈酰三肽；通过激活表皮蜡质合成并优化其组织、加强表皮连接、以及激活角质细胞分化从而促进肌肤保湿、重建皮肤屏障的麦冬根提取物；通过表面吸水保湿、表面成膜保湿、深层修复保湿从而在皮肤表面形成屏障、牢牢锁住水分的透明质酸钠保湿复合物。四种活性成分协同作用达到抚平皱纹、平滑皮肤的抗衰老功效。

配方13 具有抗衰老功效的化妆品

原料配比

抗衰老植物提取液

原料	配比（质量份）			
	1#	2#	3#	4#
蕨麻提取液	1	5	10	5
沙棘果提取液	10	4	1	5
沙棘叶提取液	1	6	10	6
藏红花提取液	10	5	1	5
肉苁蓉提取液	1	4	10	4

护肤品组合物

原料		配比（质量份）			
		1#	2#	3#	4#
A相	山梨醇橄榄油酸酯	2	1.5	3	2
	鲸蜡硬脂基葡糖苷	2	0.5	1	1
	姜根油	1	0.3	0.6	0.1
	沙棘果油	2	1.2	1.5	1
	葡萄籽油	6	4	5	3
	牛油果树果脂油	5	4	3	2
	十六十八醇	3	2	1.5	1

续表

原料		配比(质量份)			
		1#	2#	3#	4#
B相	甘油	3	4	5	6
	1,3-丙二醇	6	5	4	3
	透明质酸钠	0.01	0.02	0.03	0.05
	黄原胶	0.2	0.15	0.1	0.12
	水	加至100	加至100	加至100	加至100
C相	己二醇	0.3	0.3	0.1	0.5
	甘油辛酸酯	0.6	0.2	0.1	0.1
	抗衰老植物提取物	0.5	2	5	4

制备方法

(1) 将上述乳化剂、十六十八醇、植物油投入油相锅，加热至70~85℃，等所有组分溶解后保温待用。

(2) 将上述甘油、1,3-丙二醇、黄原胶、透明质酸钠、水投入乳化锅，加热至70~85℃，保温15~30min。

(3) 将步骤(1)中的油相抽入步骤(2)的乳化锅中，均质(均质搅拌速率为3000r/min) 3~15min后保温搅拌(搅拌速率为30r/min) 15~45min。

(4) 在102~108MPa压力、81~82℃温度条件下，通过高压均质机循环均质8~9次，控制均质机出口温度低于85℃，得到粒径在100nm以下的微乳液。

(5) 将步骤(4)中的乳液冷却至40~45℃，加入上述抗衰老植物提取液、防腐剂，搅拌均匀。

原料配伍　本品各组分质量份配比范围为：抗衰老植物提取液0.5~5，甘油3~6，1,3-丙二醇3~6，汉生胶0.1~0.2，透明质酸钠0.01~0.05，乳化剂2~4，十六十八醇1~3，植物油5~15，防腐剂0.2~1，水加至100。

所述抗衰老植物提取液为蕨麻提取液、沙棘果提取液、沙棘叶提取液、藏红花提取液和肉苁蓉提取液的混合液。所述蕨麻提取液、沙棘果提取液、沙棘叶提取液、藏红花提取液和肉苁蓉提取液的质量比优选为(1~10)：(1~10)：(1~10)：(1~10)：(1~10)。所述蕨麻提取液、沙棘果提取液、沙棘叶提取液、藏红花提取液和肉苁蓉提取液的质量分数总和为0.5%~5%。

所述乳化剂为氢化卵磷脂、卵磷脂、甘油硬脂酸酯、PEG 100 硬脂酸酯、山梨醇硬脂酸酯、聚山梨醇酯-20、聚山梨醇酯-60、聚山梨醇酯-80、鲸蜡硬脂醇聚醚-25、鲸蜡硬脂醇聚醚-6、甲基葡糖倍半硬脂酸酯、PEG 20 甲基葡糖倍半硬脂酸酯、山梨醇橄榄油酸酯、鲸蜡硬脂基葡糖苷中的一种或它们的混合。进一步优选的乳化剂为山梨醇橄榄油酸酯、鲸蜡硬脂基葡糖苷的混合，所述山梨醇橄榄油酸酯、鲸蜡硬脂基葡糖苷的质量比为(1~2)：(0.5~1)。山梨醇橄榄油酸酯、鲸蜡硬脂基葡糖苷是由天然来源的山梨醇、橄榄油、鲸蜡醇、硬脂醇、葡萄糖通过酯化反应制得的乳化剂，是一种来源天然、有利于功效物吸收、无刺激的液晶乳化剂。

所述植物油为沙棘果油、姜根油、大豆油、红花籽油、橄榄油、月见草油、玫瑰果油、鳄梨油、霍霍巴油、葡萄籽油、白池花籽油、牛油果树果脂油、可可籽脂、澳洲坚果籽油、油茶籽油、棕榈油、棕榈仁油、狗牙蔷薇果油、小麦胚芽油、甜杏仁油中的一种或它们的混合。进一步优选的植物油为姜根油、沙棘果油、葡萄籽油和牛油果树果脂油的混合，所述姜根油、沙棘果油、葡萄籽油和牛油果树果脂油质量比为(0.1~1)∶(1~2)∶(3~6)∶(2~5)。姜根油由姜科多年生草本植物姜的新鲜根茎提取制得，姜根油能促使皮肤血流量的增加，有促渗透的作用。沙棘果油含有50%以上含量的不饱和脂肪酸，如亚油酸、亚麻酸等多种有益脂肪酸，还含有少量的维生素E、类胡萝卜素、维生素A、植物甾醇、儿茶素类、黄酮类化合物等营养物质。葡萄籽油含有的不饱和脂肪酸含量高达90%，其中亚油酸高达75%以上，并含有维生素A、维生素E、维生素D、维生素K、维生素P和多种微量元素。牛油果树果脂油在常温下是一种软固体油脂，它的熔点接近皮肤温度，涂抹时易融化，牛油果树果脂油所含的甘油三酯高达80%，不可皂化物约9%~13%，具有良好的润肤、消炎、促渗、促进伤口愈合的作用，另外牛油果树果脂油还具有轻微阻断紫外线作用。沙棘果油、葡萄籽油和牛油果树果脂油的组合能起到营养皮肤、促进渗透、延缓衰老的功效。

所述的十六十八醇，为十六醇和十八醇的混合物，优选的，十六醇∶十八醇的质量比为4∶6时，可使体系稳定性增加。其是由棉子油、棕榈油经酯交换，再高压加氧还原而制得。其在本配方中起增稠稳定的作用。

所述的1,3-丙二醇由玉米中的糖经生物发酵而制得，来源天然。1,3-丙二醇是一种优良的促渗剂，它与姜根油具有协同作用，能更好地促进护肤品组合物透过皮肤表层进入深层及体循环。本产品的组合物中，既含有1,3-丙二醇又含有姜根油，更加有利于提高枸杞、桑葚、薏苡仁提取液中有效物的渗透性能，促进人体对于蕨麻、沙棘果、沙棘叶、藏红花和肉苁蓉提取液中有效物的吸收。

所述的防腐剂可以为戊二醇、己二醇、甘油辛酸酯、咪唑烷基脲、DMDM乙内酰脲、甲基异噻唑啉酮、尼泊金酯类。进一步优选的防腐剂为己二醇和甘油辛酸酯的混合，所述己二醇和甘油辛酸酯的质量比为(0.3~0.6)∶(0.1~0.5)。

所述的蕨麻提取液、沙棘果提取液、沙棘叶提取液、藏红花提取液和肉苁蓉提取液，可以通过常规的生产工艺制备，优选以下方法制备：

(1) 将植物(蕨麻、沙棘果、沙棘叶、藏红花和肉苁蓉或者它们的混合)切碎，浸泡在蜂蜜中约24h(1kg的药草用3kg的蜂蜜浸泡)，再晾干。

(2) 将步骤(1)中干燥的植物加入到75%的乙醇中，采用频率为20kHz

的超声波处理3～5min，在回流和浸渍下进行萃取4～8h。随后，用滤布对提取液进行过滤，再离心分离即得到药用植物提取液。

所述步骤（1）中采用中药蜜炙的办法，用蜂蜜浸泡蕨麻、沙棘果、沙棘叶、藏红花和肉苁蓉或者它们的混合物，增强了蕨麻、沙棘果、沙棘叶、藏红花和肉苁蓉或者它们的混合物中有效物的溶解，从而提高有效物的萃取量；蜂蜜本身就具有促进细胞再生，护肤美容的效果，能够增加提取液的护肤功效；蜂蜜具有抗菌消炎的作用，能提升提取液的有效保存期。

产品应用 本品是一种具有抗衰老功效的化妆品，能有效对抗自由基、减少皮肤皱纹、延缓皮肤衰老。

产品特性 本产品各组分的特性起互补、协调作用，产生协同效应，其抗衰老性能远优于单一性抗衰老剂，皮肤渗透能力强，稳定性好，纯天然，安全无刺激，兼具营养和滋润作用，能有效对抗自由基、减少皮肤皱纹、延缓皮肤衰老，具有良好的抗衰老能力。

配方14 具有美白、淡斑及抗衰老功效的化妆品

原料配比

护肤组合物

原料	配比（质量份）		
	1#	2#	3#
水仙提取物	1	4	3
褐藻胶	1	3	2
葡萄果皮提取物	2	0.5	1
积雪草提取物	2	0.5	1.5
烟酰胺	0.5	2	1.5

嫩肤霜

原料		配比（质量份）		
		1#	2#	3#
护肤组合物		5	15	10
润肤剂		7	11	8
乳化剂	聚甘油-3-甲基葡糖二硬脂酸酯	3	6	6
中和剂	三乙醇胺	0.2	1	0.5
保湿剂		12	18	15
防腐剂		—	0.2	0.5
增稠剂		—	3	6
水		79.8	45.8	54
保湿剂	丁二醇	40	60	—
	锁水磁石	20	40	40
	β-葡聚糖	30	10	10
	透明质酸钠	1	1	1

续表

原料		配比(质量份)		
		1#	2#	3#
润肤剂	异壬酸异壬酯	1.5	3	—
	双-PEG-18-甲基醚二甲基硅烷	2	1	1
	牛油果树果脂	1	1	1
防腐剂	碘丙炔醇丁基氨甲酸酯	—	3	3
	双咪唑烷基脲	—	—	3
	苯氧乙醇	—	4	4
增稠剂	鲸蜡硬脂醇	—	6	8
	卡波姆	—	1	1

制备方法

所述护肤组合物的制备方法是：将各原料混合均匀，即得到所述护肤组合物。

所述化妆品的制备方法为：将各原料混合后，加热至 40~50℃，维持温度搅拌 20~40min，得到所述化妆品。为了使所述化妆品混合得更均匀，优选的技术方案是原料混合过程在使用氮气的加压环境中进行，压强为 120~150 kPa。

原料配伍　本品各组分质量份配比范围为：

护肤组合物：水仙提取物 1~4，褐藻胶 1~3，葡萄果皮提取物 0.5~2，积雪草提取物 0.5~2 及烟酰胺 0.5~2。

所述水仙提取物是按以下方法提取到的：将水仙花的花瓣粉碎，加入水仙花瓣质量 4~10 倍的 50%~98%（体积分数）乙醇溶液，浸泡 12~48h，然后加热回流提取 2~3 次，每次回流提取时间为 2~4h，提取液过滤，滤液经回收乙醇后浓缩成浸膏，加水溶解，然后用氯仿萃取至水相呈无色，所得氯仿萃取液经去除溶剂后干燥，即得所述水仙提取物。

所述葡萄果皮提取物是按以下方法提取到的：将葡萄果皮粉碎，加入葡萄果皮质量 5~10 倍的无机酸水溶，所述无机酸水溶的质量分数为 0.3%~0.7%；维持温度在 50~60℃，提取 2~3h，过滤取上清液，浓缩、干燥得到所述葡萄果皮提取物；

所述积雪草提取物是按以下方法提取到的：将积雪草粉碎，加入积雪草质量 2~10 倍的 50%~98%（体积分数）乙醇，加热提取 1~3 次，每次 30~180min，合并提取液，离心取上清液，浓缩、干燥得到所述积雪草提取物。

化妆品中含护肤组合物 5~15。所述化妆品还含有 7~11 的润肤剂、3~6 的乳化剂、0.2~1 的中和剂，12~18 的保湿剂，0.2~0.5 的防腐剂。3~6 的增稠剂，水加至 100。

所述润肤剂为异壬酸异壬酯、双-PEG-18-甲基醚二甲基硅烷及牛油果树果脂中的一种或多种。

所述保湿剂为丁二醇、锁水磁石、β-葡聚糖及透明质酸钠中的一种或多种。

所述中和剂为三乙醇胺。

所述乳化剂为聚甘油-3-甲基葡糖二硬脂酸酯。

所述保湿剂为丁二醇、锁水磁石、β-葡聚糖及透明质酸钠时,四种物质的质量比为(40～60):(20～40):(10～30):1,当所述保湿剂缺少其中一种或多种时,剩余物质的仍按照上述比例;所述润肤剂为异壬酸异壬酯、双-PEG-18-甲基醚二甲基硅烷及牛油果树果脂时,三种物质的质量比为(1.5～3):(1～2):1,当所述润肤剂缺少其中一种或多种时,剩余物质的仍按照上述比例。

产品应用　本品主要是一种具有美白、淡斑及抗衰老功效的护肤组合物及化妆品。

产品特性　本产品能够抑制黑色素的合成和释放;显著减少色素沉着造成的黑斑,净化肤色、淡化斑点;促进真皮层中胶原蛋白形成,使纤维蛋白再生,有助于解决皮肤松弛现象,使皮肤光滑有弹性;提高皮肤抵抗力;本产品各成分在美白、淡斑及抗衰老方面起到协同作用,且天然提取物对皮肤温和、基本无刺激性。

配方 15　具有美白、抗衰老、去皱、祛斑功能的化妆品

原料配比

原料	配比(质量份)		
	1#	2#	3#
卡波姆	0.6	0.65	0.55
水	44.82	16.42	66.29
聚乙二醇衍生物	0.03	0.05	0.02
小分子透明质酸(即玻尿酸小分子)	0.1	0.18	0.06
尼泊金甲酯	0.1	0.15	0.07
丙二醇	6	8	4
甘草提取物	0.1	0.2	0.06
氨基酸保温剂(即三甲基甘氨酸)	2	3	1
聚甘油-10	3	4	2
聚油醚-26	4	5	3
羟乙基脲	3	4	2
1,3-丁二醇	5	6	3
苯氧乙醇	0.5	0.7	0.4
燕麦提取物	3	5	2
人参提取液	10	20	5
异抗坏血酸	3	4	2
马齿苋提取液	3	5	2
葡聚糖(别称右旋糖酐)	4	5	2

续表

原料	配比(质量份)		
	1#	2#	3#
芦芭油	2	4	1
芦荟提取物	5	8	3
TEA(即三乙基胺)	0.6	0.65	0.55
柠檬黄荷荷巴彩粒子	0.15	0.25	—

制备方法 将各组分原料混合均匀即可。

原料配伍 本品各组分质量份配比范围为：卡波姆 0.01~2，水 1~70，聚乙二醇衍生物 0.01~0.3，小分子透明质酸（即玻尿酸小分子）0.01~2，尼泊金甲酯 0.01~0.2，丙二醇 1~10，甘草提取物 0.01~1，氨基酸保温剂（即三甲基甘氨酸）0.5~5，聚甘油-10 0.5~20，聚油醚-26 0.5~20，羟乙基脲 0.5~30，1,3-丁二醇 1~40，苯氧乙醇 0.2~0.8，燕麦提取物 0.5~10，人参提取液 1~50，异抗坏血酸 0.5~5，马齿苋提取液 0.5~10，葡聚糖（别称右旋糖酐）1~10，芦芭油 1~10，芦荟提取物 1~10，TEA（即三乙基胺）0.01~2，柠檬黄荷荷巴彩粒子 0.15~0.25。

产品应用 本品是一种具有美白、抗衰老、去皱、祛斑功能的化妆品。

产品特性

（1）本品美白效果好，抗衰老能力强，去皱效果佳，祛斑能力卓越，安全性好，可靠性高，样式美观。

（2）该化妆品可提高皮肤代谢、促进皮肤血液循环、增加皮肤营养，去除皮肤出现的皱纹和色斑，使皮肤细腻、光滑、嫩白和富于弹性，满足人们对面部皮肤的美白、抗衰老、去皱、去斑的护肤要求，给人们对面部皮肤的日常护理带来了方便。

配方 16　具有皮肤抗衰老功效的化妆品

原料配比

具有皮肤抗衰老功效的组合物

原料		配比(质量份)				
		1#	2#	3#	4#	5#
欧蓍草提取物		10	10	40	10	8
茶提取物		1	10	5	5	5
竹荪提取物		10	20	10	10	10
富勒烯		0.001	0.1	1	0.1	0.5
鲟鱼鱼籽酱提取物		0.5	5	10	5	3
富勒烯	C_{60}	0.05	0.5	0.01	0.05	0.1
	C_{70}	1	1	0	1	0

具有皮肤抗衰老功效的化妆品

原料		配比(质量份)					
		1#面霜	2#乳液	3#凝胶	4#化妆水	5#精华液	6#喷雾
A相	水	加至100	加至100	加至100	—	—	—
	甘油	7	5	3	—	—	—
	丙烯酸(酯)类/C_{10}~C_{30}烷醇丙烯酸酯交联聚合物	0.14	—	0.6	—	—	—
	汉生胶	—	0.15	—	—	—	—
	透明质酸钠	0.05	0.05	0.05	—	—	—
	丁二醇	—	3	3	3	5	3
	苯氧乙醇/乙基己基甘油	—	—	—	0.5	0.5	0.5
	PEG-40氢化蓖麻油	—	—	—	0.2	0.2	0.1
	香精	—	—	—	0.02	0.02	0.01
B相	PEG-100硬脂酸酯、甘油硬脂酸酯	3.5	—	—	—	—	—
	水	—	—	—	加至100	加至100	加至100
	甘油	—	—	—	5	7	5
	甜菜碱	—	—	—	1	2	—
	透明质酸钠	—	—	—	0.03	0.1	0.01
	具有皮肤抗衰老功效的组合物	—	—	—	—	5	2
	三乙醇胺	—	—	0.58	—	—	—
	黄原胶	—	—	—	—	0.2	—
	硬脂醇聚醚-21	—	2	—	—	—	—
	硬脂醇聚醚-2	—	1.8	—	—	—	—
	鲸蜡硬脂醇	2	0.5	—	—	—	—
	生育酚乙酸酯	1	0.5	—	—	—	—
	聚二甲基硅氧烷	2	2	—	—	—	—
	氢化聚异丁烯	5	5	—	—	—	—
	辛酸/癸酸甘油三酯	—	5	—	—	—	—
	澳洲坚果籽油	2	—	—	—	—	—
C相	三乙醇胺	0.12	—	—	—	—	—
	苯氧乙醇/乙基己基甘油	—	0.5	0.5	—	—	—
	具有皮肤抗衰老功效的组合物	—	0.5	1	—	—	—
	香精	—	0.05	0.03	—	—	—
D相	苯氧乙醇/乙基己基甘油	0.5	—	—	—	—	—
	具有皮肤抗衰老功效的组合物	2	—	—	—	—	—
	香精	0.05	—	—	—	—	—

制备方法

具有皮肤抗衰老功效的组合物制作工艺为：按上述比例称取竹荪提取物、富勒烯、鲟鱼鱼籽酱提取物装入球磨罐中，加入锆珠，球磨 0.5～2h，加入欧蓍草提取物、茶提取物，球磨 5～10min。

1#面霜的制备：

（1）将 A 相、B 相分别搅拌加热至 80℃；

（2）80℃条件下，将 B 相加入到 A 相中，均质 10min；

（3）水浴搅拌冷却至 60℃，加入 C 相，均质 3min；

（4）继续冷却至 45℃，加入 D 相，搅拌均匀，冷却至 35℃以下即得抗衰老面霜。

2#乳液的制备：

（1）将 A 相、B 相分别搅拌加热至 80℃；

（2）80℃条件下，将 B 相加入到 A 相中，均质 10min；

（3）水浴搅拌冷却至 45℃，加入 C 相，搅拌均匀，冷却至 35℃以下即得抗衰老乳液。

3#凝胶的制备：

（1）将 A 相搅拌分散均匀；

（2）将 B 相加入到 A 相中，搅拌均质 5min；

（3）加入 C 相，搅拌均质 3min，混合均匀即得抗衰老凝胶。

4#化妆水的制备：

（1）将 A 相搅拌溶解，混合均匀；

（2）加入 B 相搅拌溶解，混合均匀即得抗衰老化妆水。

5#精华液的制备：

（1）将 A 相搅拌溶解；

（2）加入 B 相，搅拌溶解，混合均匀即得到抗衰老精华液。

6#喷雾的制备：

（1）将 A 相搅拌溶解；

（2）加入 B 相，搅拌溶解，混合均匀，过滤，即得抗衰老喷雾。

原料配伍 本品各组分质量份配比范围为：

功效成分：欧蓍草提取物 0.01～100，茶提取物 0.01～20，竹荪提取物 0.001～100，富勒烯 0.0001～10，鲟鱼鱼籽酱提取物 0.01～50。富勒烯中 C_{60}：C_{70} =（0.01～0.5）:1。

A 组分：甘油 0～7，丙烯酸（酯）类/C_{10}～C_{30} 烷醇丙烯酸酯交联聚合物 0～1，汉生胶 0～0.2，透明质酸钠 0～0.06，丁二醇 0～3，苯氧乙醇/乙基己基甘油 0～0.5，PEG-40 氢化蓖麻油 0～0.2，香精 0～0.02，水加至 100。

B 组分：PEG-100 硬脂酸酯、甘油硬脂酸酯 0～4，水加至 100，甘油 0～7，甜菜碱 0～2，透明质酸钠 0～0.1，具有皮肤抗衰老功效的组合物 0～5，三乙醇胺0~0.6，黄原胶0~0.2，硬脂醇聚醚-21 0~2，硬脂醇聚醚-2 0~2，鲸蜡硬脂醇0~2，生育酚乙酸酯0~1，聚二甲基硅氧烷0~2，氢化聚异丁烯0~5，辛酸/癸酸甘油三酯0~5，澳洲坚果籽油0~2。

C组分：三乙醇胺0~0.2，苯氧乙醇/乙基己基甘油0~0.5，具有皮肤抗衰老功效的组合物0~1，香精0~0.05。

D组分：苯氧乙醇/乙基己基甘油0~0.5，具有皮肤抗衰老功效的组合物0~2，香精0~0.05。

所述的皮肤抗衰老功效的组合物占化妆品总质量的比例为0.001%~60%。

产品应用 本品主要是一种延缓皮肤衰老功效的组合物。

所述的化妆品为膏霜剂、乳液、溶液剂、凝胶剂、气雾剂形式。

产品特性 本产品从皮肤衰老形成的机理出发，从调控衰老基因表达，防止紫外线对皮肤的损伤，清除有害的自由基，增强细胞增殖活性，重构细胞外基质，降低MMPs类蛋白酶活性防止Ⅰ、Ⅲ、Ⅳ型等多种胶原蛋白、蛋白多糖、弹性蛋白及层粘连蛋白等细胞外基质被降解，降低因皮肤衰老而诱导的炎症因子水平，补充胶原蛋白合成所需的多种氨基酸，促进胶原蛋白合成，调节皮肤细胞的新陈代谢水平，激发细胞活力。此外，本品可在皮肤外层增强皮肤的屏障功能，提高皮肤细胞抵御外界损伤的能力，提高皮肤的含水量，恢复肌肤弹性，实现全方位延缓皮肤衰老。

配方17 具有修护和抗衰老功效的双层精华液

原料配比

原料		配比(质量份)		
		1#	2#	3#
A组分	PEG-40氢化蓖麻油	1	1.6	2
	甲基聚三甲基硅氧烷	5	12	19
	碳酸二辛酯	4	5	6
	鲸蜡基聚二甲基硅氧烷	0.5	1	1.5
	向日葵籽油	0.5	1	1.5
B组分	甘油	3	6	9
	透明质酸钠	0.1	0.12	0.15
	水	加至100	加至100	加至100
C组分	密罗木叶/茎提取物	0.5	1	1.5
	含棕榈酰三肽-1和棕榈酰四肽-7的多肽	1	2	3
	乳酸杆菌发酵溶胞产物	0.5	1	1.5
	糖鞘脂类	1	2	3
	甘油辛酸酯和对羟基苯乙酮以及甘油月桂酸酯的混合物	0.8	0.9	1

制备方法

(1) 将PEG-40氢化蓖麻油、甲基聚三甲基硅氧烷、碳酸二辛酯、鲸蜡基聚二甲基硅氧烷、向日葵籽油置于容器中，搅拌升温至75～85℃，保温备用，得到油相原料。所述搅拌速度为600～800r/min；所述保温时间为8～10min。

（2）将甘油、透明质酸钠以及水置于容器中，搅拌升温至85～90℃，保温备用，得到水相原料；所述搅拌速度为600～800r/min；所述保温时间为15～20min。

（3）将水相原料加入乳化均质装置内，开启搅拌，在80～85℃的条件下，将油相原料缓慢吸入乳化装置中，得到混合液；随后将混合液进行高速均质。所述搅拌转速为300～500r/min；所述高速均质的均质速度为6000～12000r/min；所述均质时间为20～40s。

（4）均质完成后，保持搅拌速度不变，冷却；随后加入密罗木叶/茎提取物、含棕榈酰三肽-1和棕榈酰四肽-7的多肽、乳酸杆菌发酵溶胞产物、糖鞘脂类、甘油辛酸酯和对羟基苯乙酮及甘油月桂酸酯的混合物，搅拌，出料，得到双层精华液。所述冷却温度为35～40℃；所述搅拌时间为15～20min。

原料配伍　本品各组分质量份配比范围为：PEG-40氢化蓖麻油1～2，甲基聚三甲基硅氧烷5～19，碳酸二辛酯4～6，鲸蜡基聚二甲基硅氧烷0.5～1.5，向日葵籽油0.5～1.5，甘油3～9，透明质酸钠0.1～0.15，密罗木叶/茎提取物0.5～1.5，含棕榈酰三肽-1和棕榈酰四肽-7的多肽1～3，乳酸杆菌发酵溶胞产物0.5～1.5，糖鞘脂类1～3，甘油辛酸酯和对羟基苯乙酮以及甘油月桂酸酯的混合物0.8～1，水加至100。

所述的棕榈酰三肽-1和棕榈酰四肽-7的多肽中，棕榈酰三肽-1含量为100×10^{-6}，棕榈酰四肽-7含量为50×10^{-6}。

产品应用　本品是一种具有修护和抗衰老功效的双层精华液。

产品特性

（1）本产品具有良好的修护抗衰老功效。

（2）本产品为新型超低黏双层体系，结构独特，且使用方便。

（3）本产品进行配方结构优化，无香精、无防腐剂等潜在的刺激过敏源，配方温和无刺激。

配方18　抗衰老纯植物化妆品

原料配比

原料	配比(质量份)					
	1#	2#	3#	4#	5#	6#
植物多糖胶	20	40	25	38	28	30
液体石蜡	10	30	15	28	25	20
二氧化钛	5	12	7	11	8	8
植物甾醇酯	5	15	6	13	12	10
葡萄籽油	2	10	3	8	6	6
薄荷提取物	10	30	15	28	25	20
香桃木提取物	4	12	5	10	8	8

续表

原料	配比(质量份)					
	1#	2#	3#	4#	5#	6#
黑色素降解酶	4	15	6	13	7	10
牛油树脂	2	10	4	9	8	6
霍霍巴油	5	10	7	9	7	8
海藻糖	8	20	10	18	16	14
去离子水	20	40	25	38	36	30

制备方法

(1) 将植物多糖胶、液体石蜡、二氧化钛、植物甾醇酯、葡萄籽油混合后加入搅拌釜中搅拌,搅拌速率为300r/min,搅拌时间为40min,得到混合物A;

(2) 在混合物A中加入薄荷提取物、香桃木提取物以及1/3去离子水,混合后加入水浴锅中进行水浴加热,水浴温度为40℃,加热时间为10min,得到混合物B;

(3) 在混合物B中加入牛油树脂、霍霍巴油、海藻糖以及2/3去离子水,混合后再次加入搅拌釜中进行高速搅拌,搅拌速率为3000r/min,搅拌时间为40min,得到混合物C;

(4) 将混合物C在常温下静置3h,即得到化妆品组合物。

原料配伍 本品各组分质量份配比范围为:植物多糖胶20~40,液体石蜡10~30,二氧化钛5~12,植物甾醇酯5~15,葡萄籽油2~10,薄荷提取物10~30,香桃木提取物4~12,黑色素降解酶4~15,牛油树脂2~10,霍霍巴油5~10,海藻糖8~20以及去离子水20~40。

产品应用 本品是一种抗衰老纯植物化妆品。

产品特性 本产品制备工艺简单,制得的化妆品纯天然、无毒、无害,能够有效防止皮肤老化,抗皱能力强;添加的黑色素降解酶能够抑制自由基产生,降低黑色素细胞活性,均匀黑色素分布,优化角质层;添加的牛油树脂、霍霍巴油能使皮肤更具有弹性,有很强的营养、成膜、防止老化和促进再生的作用。

配方19 抗衰老防晒霜

原料配比

原料		配比(质量份)			
		1#	2#	3#	4#
固体油脂	乳木果油	1	—	—	—
	二乙氨基羟苯甲酰基苯甲酸己酯	—	5	—	—
	甘油硬脂酸酯	—	—	2	4
	PEG-100硬脂酸酯	—	—	—	4

续表

原料		配比(质量份)			
		1#	2#	3#	4#
液体油脂	山梨醇硬脂酸酯	20	—	—	—
	蔗糖椰油酸酯	—	16	—	—
	羟基硬脂酸乙基己酯	—	—	4	15
	二PPG-2肉豆蔻油醇聚醚-10己二酸酯	—	—	3	—
乳化剂	卡波姆	0.5	—	—	—
	PEG-100硬脂酸酯	—	3	—	—
	甘油硬脂酸酯	—	—	5	—
	液体石蜡	0.5	—	—	—
	山梨醇油酸酯	—	—	—	3
抗衰老剂	乳酸杆菌发酵溶胞产物	10	17	20	14
防晒剂	亚甲基双苯并三唑四甲基丁基苯酚	10	7	—	—
	二乙基己基丁酰胺基三嗪酮	—	8	—	—
	二氧化钛	—	—	5	—
	甲氧基肉桂酸辛酯	—	—	—	12
保湿剂	丙二醇	5	4	—	—
	PPG-30磷酸酯	—	6	—	—
	PEG-26磷酸酯	—	—	9	—
	羟乙基脲	—	—	—	7
防腐剂	苯氧乙醇	0	0.4	1.6	0.4
增稠剂	黄原胶	0.1	0.3	0.5	0.4
	香精	0.2	0.3	1.4	0.2
	去离子水	加至100	加至100	加至100	加至100

制备方法

(1) 将固体油脂、液体油脂、乳化剂和防晒剂加热至70～90℃,搅拌至完全溶解,即得油相;

(2) 将保湿剂、增稠剂、去离子水加热到80～95℃,搅拌至完全溶解,即得水相;

(3) 将所得油相和水相搅拌混匀,即得乳化液;所述乳化液的pH值为5～8(乳化液的pH调节剂为三乙醇胺);加入乳酸杆菌发酵溶胞产物的乳化液温度为26～34℃。

(4) 在所得乳化液中加入抗衰老剂、防腐剂和香精,搅拌混匀,即得防晒霜。

原料配伍 本品各组分质量份配比范围为:固体油脂1～6,液体油脂7～20,乳化剂1～5,抗衰老剂10～20,防晒剂5～15,保湿剂5～10,防腐剂0～1.6,增稠剂0.1～0.5,香精0.2～1.4,去离子水加至100。

所述增稠剂的质量分数为0.1%～0.5%。

所述抗衰老剂为乳酸杆菌发酵溶胞产物。所述乳酸杆菌发酵溶胞产物含有肽聚糖、磷壁酸、蛋白质、磷脂、甾醇、脂肪酸、多种酶类、多种肽和氨基酸、核苷酸以及胞外多糖等,乳酸杆菌发酵溶胞产物为肌肤提供丰富营养、多种抗氧化活性成分,显著减少肌肤皱纹的数量、降低皱纹深度、提高皮肤弹性，同时具有美白保湿效果。

所述固体油脂为乳木果油、甘油硬脂酸酯、PEG-100硬脂酸酯、二乙氨基羟苯甲酰基苯甲酸己酯中的至少一种。所述液体油脂为山梨醇硬脂酸酯、蔗糖椰油酸酯、羟基硬脂酸乙基己酯、二PPG-2肉豆蔻油醇聚醚-10己二酸酯中的至少一种。

所述乳化剂为卡波姆、山梨醇油酸酯、液体石蜡、聚山梨醇酯-80，辛酸三甘油酯、癸酸三甘油酯、十三烷醇聚醚-6、甘油硬脂酸酯、PEG-100硬脂酸酯中的至少一种。

所述防晒剂为甲氧基肉桂酸辛酯、亚甲基双苯并三唑四甲基丁基苯酚、二乙基己基丁酰氨基三嗪酮（DBT）、物理防晒剂中的至少一种。所述物理防晒剂为二氧化钛、氧化锌甲氧基肉桂酸辛酯和二乙基己基丁酰氨基三嗪酮是化学防晒剂，能吸收紫外线，保护皮肤免受伤害。

所述保湿剂为丙二醇、PEG-26磷酸酯、PPG-30磷酸酯、羟乙基脲（结晶）中的至少一种。羟乙基脲是极佳的保湿剂，能给防晒霜提供高效保湿效果同时又无黏腻手感。所述防腐剂为苯氧乙醇。所述增稠剂为黄原胶。黄胶原是由糖类经黄单胞杆菌发酵而产生的胞外微生物多糖，具有多种功能，如乳化、稳定、增稠等。

产品应用　本品是一种具有抗衰老、改善皮肤弹性和保湿效果的防晒霜。

产品特性　本产品不仅防晒效果好，冷热稳定性较优；同时，防晒霜具有多种营养成分和抗氧化的活性成分，使防晒霜具有抗衰老的功能，并且有改善皮肤弹性以及保湿效果。

配方20　抗衰老隔离防晒霜

原料配比

原料	配比（质量份）		
	1#	2#	3#
螺旋藻	12	16	20
芦荟提取液	12	15	18
木瓜提取液	12	15	18
蜂胶	4	5	6
β-葡聚糖	2	2.5	3
维生素E	2	2.5	3
角鲨烯	1	1.5	2
黄原胶	1	1.5	2
霍霍巴油	1	1.5	2
L-苹果酸	1	1.5	2
壳寡糖	1	1.5	2
肌肽	1	1.5	2
水	50	35	20

制备方法

(1) 先将螺旋藻放入水中浸泡 5~10h,然后煮沸,沸腾 3~5h 后冷却至室温然后过滤,得螺旋藻萃取液;

(2) 向步骤(1)得到的螺旋藻萃取液中加入芦荟提取液、木瓜提取液、蜂胶、β-葡聚糖、维生素 E、角鲨烯、黄原胶、霍霍巴油、L-苹果酸、壳寡糖和肌肽混合均匀,冷却至室温,经消毒后装瓶即得。

原料配伍 本品各组分质量份配比范围为:螺旋藻 12~20,芦荟提取液 12~18,木瓜提取液 12~18,蜂胶 4~6,β-葡聚糖 2~3,维生素 E 2~3,角鲨烯 1~2,黄原胶 1~2,霍霍巴油 1~2,L-苹果酸 1~2,壳寡糖 1-2,肌肽 1~2 和水 20~50。

产品应用 本品是一种抗衰老隔离防晒霜。

产品特性

(1) 本产品配伍合理、科学,各组分相互配合、协同作用,共同起到抗衰老和防晒隔离的效果。

(2) 本产品配方合理安全,富含多种营养成分,对皮肤温和无刺激,可以提高皮肤整体的隔离防晒和抗衰老的能力。

配方 21 抗衰老护肤霜

原料配比

原料	配比(质量份)	原料	配比(质量份)
褐海藻	10	凡士林	3
红海藻	8	十八醇	4
绿海藻	7	二甲基硅油	2
甘油	2	植物香精	适量
丙二醇	6	化妆品防腐剂	适量
蒸馏水	80	甲醇	适量
硬脂酸	6		

制备方法 将褐海藻、红海藻、绿海藻用蒸馏水洗净,切碎后混合,放入 85%~90%甲醇溶液中浸泡 1~2h,将残渣过滤后得滤液,将残渣再用甲醇溶液浸泡提取 2~3 次,将所得滤液合并后静置 2~3h,减压浓缩至 12%~15% 体积,减压浓缩温度不超过 50℃,所得海藻提取物溶液备用。将甘油、丙二醇、加入蒸馏水中,放入坩埚 1 中加热至 90℃,将硬脂酸、凡士林、十八醇、二甲基硅油,放入坩埚 2 中加热至 80℃,保持坩埚 1 和坩埚 2 温度,将坩埚 2 中混合物慢慢加入坩埚 1 中,保持温度进行搅拌 0.5~1h,搅拌完成后冷却至 50℃,加入海藻提取物溶液,再加入适量植物香精和化妆品防腐剂,搅拌均匀后冷却至常温,即得成品护肤霜。

原料配伍 本品各组分质量份配比范围为:褐海藻 8~12,红海藻 6~9,绿海藻 5~8,硬脂酸 6,凡士林 3,十八醇 4,二甲基硅油 2,甘油 2,丙二醇

6，植物香精适量，化妆品防腐剂适量，甲醇适量，蒸馏水 80。

产品应用 本品是一种具有良好抗衰老效果的护肤霜。

产品特性 本产品原料纯净，无工业残留，能有效发挥海藻提取物的多种护肤美肤效果，特别是对抗皮肤衰老的功效，适合大多数肤质人群特别是需要抗衰老护肤效果的爱美人士使用。

配方 22 螺旋藻抗衰老化妆品

原料配比

原料		配比(质量份)			
		1#	2#	3#	4#
螺旋藻藻蓝蛋白		15	10	11	20
雨生红球藻提取物		2	1	1	2
维生素 E		2	5	3	5
青刺果油		6	8	5	8
油相原料		30	35	25	35
水相原料		45	41	55	30
油相原料	麻油	8	10	5	12
	月桂氮䓬酮	2	2	2	2
	棕榈酸异丙酯	5	5	5	5
	甘油	15	18	13	16
水相原料	维生素 B	0.2	0.2	0.2	0.2
	水解胶原	2	2	2	2
	去离子水	37.9	33.9	47.9	22.9
	尿素	0.5	0.5	0.5	0.5
	偏磷酸钠	0.4	0.4	0.4	0.4
	丁二醇	3	3	3	3
	乳酸	0.8	0.8	0.8	0.8
	玻璃酸	0.2	0.2	0.2	0.2

制备方法

(1) 按上述质量比的组分备料；

(2) 将油相原料在 70~75℃下熔化后充分搅拌均匀，保持熔融状态；

(3) 将水相原料在搅拌下加热至 90~100℃，维持 20min 进行灭菌，冷却后到 70~80℃待用；

(4) 将步骤 (2) 所得油相和步骤 (3) 所得水相经均匀分散进行乳化，再在 75~80℃下加入螺旋藻藻蓝蛋白、雨生红球藻提取物、维生素 E 和青刺果油，待搅拌均匀后自然冷却，即得到抗衰老化妆品。

原料配伍 本品各组分质量份配比范围为：螺旋藻藻蓝蛋白 10~20，雨生红球藻提取物 1~2，维生素 E2~5，青刺果油 5~8，油相原料 25~35，水相原料 30~55。

所述油相原料包括麻油、月桂氮䓬酮、棕榈酸异丙酯和甘油，按常规用量添加。

所述水相原料包括维生素 B、水解胶原、去离子水、尿素、偏磷酸钠、丁二醇、乳酸和玻璃酸，按常规用量添加。

所述螺旋藻藻蓝蛋白通过下列各步骤制得：

（1）将新鲜或干燥的钝顶螺旋藻的藻体制成螺旋藻粉；

（2）按螺旋藻粉：缓冲溶液＝（1∶0.8）～（1∶1.2）的质量比，在步骤（1）的螺旋藻粉中加入pH值为6.5、浓度为0.1mol/L的磷酸钠缓冲溶液，搅匀，在压力为40～70MPa下进行高压匀质破壁2～5次，得到螺旋藻破壁液；

（3）将步骤（2）所得螺旋藻破壁液进行离心分离后，取上清液，然后将上清液依次用2μm、0.45μm及0.2μm的微滤膜进行过滤，过滤后得到藻蓝蛋白粗提液；

（4）将步骤（3）所得藻蓝蛋白粗提液，以2～5mL/min的流速通过组合型树脂进行脱色纯化，收集洗脱液，即为藻蓝蛋白提取液；所述组合型树脂的用量是螺旋藻粉体积的0.8～2倍；

（5）将步骤（4）所得藻蓝蛋白提取液进行高速离心喷雾干燥，收集粉末，即得到藻蓝蛋白。

所述雨生红球藻提取物通过下列步骤制得：

（1）将雨生红球藻粉在-20℃条件下避光冷冻处理12～24h，取出后粉碎至20目左右，以25000～26000r/min的转速粉碎3～5min，使破壁率达95%以上即得雨生红球藻破壁粉。

（2）在雨生红球藻破壁粉中加入雨生红球藻破壁粉质量0.5～1倍的红花籽油，浸泡12～36h后，采用超临界CO_2流体进行萃取，萃取条件为：CO_2流体流量为20～24L/h、萃取压力为12～20MPa、萃取温度为40～45℃、分离压力为6～7MPa、分离温度为35～45℃、总萃取1～2h，即得到雨生红球藻提取物，含虾青素达2%～5%。

所述青刺果油经过下列各步骤制得：将青刺果晒干并经破碎后，通过风选的方法去除青刺果果皮，得到青刺果果仁，再将青刺果果仁破碎为20～30目后，采用超临界二氧化碳方法进行萃取，萃取条件为：CO_2流体流量为18～22L/h、萃取压力为25～30MPa、萃取温度为50～55℃、分离压力为7～8MPa、分离温度为30～40℃、总萃取2～3h，即得到青刺果油。

产品应用　本品是一种抗衰老化妆品。

使用方法：将该抗衰老化妆品均匀涂抹在皮肤表面即可。

产品特性

（1）本产品渗透性强，能改善角质退化，具有保湿、防裂等功效。对预防皮肤干燥皱裂，保持皮肤水分，保持皮肤柔嫩，深度调理肌肤，促进皮肤血液循环，调节皮脂分泌及肌肤新陈代谢，改善暗黄、粗糙、皱纹、多粉刺的肤质，使肌肤更加健康润泽；防止皱纹、眼袋和黑眼圈的出现，可延缓皮肤皱纹出现，可收敛紧实肌肤，增强皮肤弹性；抗炎舒敏、抗紫外线，改善循环抗自由基耐缺氧力、抗炎抑菌，且安全性好，对人体无毒、无不良反应，对人体皮肤无刺激作用。

（2）该抗衰老化妆品具有天然无毒、无刺激、工艺简便等优点，所制得的产品质量稳定，使用方便，疗效确切，且适于各类人群。

配方 23 抗衰老化妆品（一）

原料配比

	原料	配比（质量份）						
		1#	2#	3#	4#	5#	6#	7#
A相	鲸蜡硬脂醇橄榄油酸酯/山梨醇橄榄油酸酯	1	2	2	2	3	2	1
	鲸蜡醇棕榈酸酯/山梨醇棕榈酸酯/山梨醇橄榄油酸酯	1	1	2	1	1	2	1
	鲸蜡硬脂醇	0.5	2	0.5	3	2	0.5	3
	硬脂酸	0.05	0.5	2	0.05	1	2	0.05
	乳木果油	1	3	5	1	3	5	1
	橄榄油	0.5	2	5	0.5	2	5	0.5
	辛酸/癸酸甘油三酯	0.5	3	5	0.8	3	5	0.5
	角鲨烷	1	3	5	1	3	5	1
	生育酚	2	0.5	0.05	2	0.5	0.05	2
	环五聚二甲基硅氧烷	5	3	1	3	0.5	0.05	5
	聚二甲基硅氧烷	2	2	0.5	0.5	2	2	0.5
B相	甘油	10	5	1	1	5	10	8
	丁二醇	1	5	10	1	5	9	1
	海藻糖	3	1	0.1	0.45	1	0.9	3
	硅石	0.5	2	0.1	0.5	2	0.1	0.5
	卡波姆	0.15	0.15	0.1	0.15	0.15	0.1	0.15
	透明质酸钠	0.05	0.01	0.1	0.05	0.03	0.1	0.05
	甘草酸二钾	0.1	0.2	0.3	0.1	0.2	0.3	0.2
	水	58.2895	54.2825	60.014	66.5395	55.2625	40.715	63.6895
C相	氢氧化钠	0.0525	0.0525	0.035	0.0525	0.0525	0.03	0.0525
D相	甘草提取物	10	3	0.5	5	4	2	5
	西洋参提取物	2	7	0.5	10	6	3	7
E相	苯氧乙醇	0.3	0.3	0.2	0.3	0.3	0.2	0.3
	甲基异噻唑啉酮	0.008	0.005	0.001	0.008	0.005	0.005	0.008

制备方法

（1）将润肤剂、乳化剂和抗氧化剂投入油相锅，加热至70~85℃，等所有组分溶解后保温，即得A相；

（2）将保湿剂、硅石、增稠剂、甘草酸二钾和水投入乳化锅，加热至70~85℃，保温15~30min，即得B相；

（3）将步骤（1）中的A相抽入步骤（2）的乳化锅中，均质3~15min，搅拌速率为2000~4000r/min，而后保温搅拌15~45min，搅拌速率为20~40r/min；

（4）将步骤（3）中的乳液冷却至40~45℃，加入氢氧化钠，搅拌均匀；

（5）加入植物提取液和防腐剂，搅拌均匀，得到抗衰老化妆品组合物。

原料配伍 本品各组分质量份配比范围为：植物提取液1~15，乳化剂2.55~7，润肤剂4~26，保湿剂2.5~20，甘草酸二钾0.1~0.3，硅石0.1~2，氢氧化钾0.03~0.07，增稠剂0.1~0.2，抗氧化剂0.05~2，防腐剂0.201~1.01，水40~75。

所述植物提取液为甘草提取液和西洋参提取液的混合液。所述甘草提取液和西洋参提取液的质量比为(0.5~10):(0.5~10)。

所述增稠剂为卡波姆;所述抗氧化剂为生育酚。

所述乳化剂为质量比为(1~3):(1~3):(0.5~3):(0.05~2)的鲸蜡硬脂醇橄榄油酸酯/山梨醇橄榄油酸酯、鲸蜡醇棕榈酸酯/山梨醇棕榈酸酯/山梨醇橄榄油酸酯、鲸蜡硬脂醇和硬脂酸的混合物。

所述润肤剂为质量比为(1~5):(0.5~5):(0.5~5):(1~5):(0.5~5):(0.5~2)的乳木果油、橄榄油、辛酸/癸酸甘油三酯、角鲨烷、环五聚二甲基硅氧烷和聚二甲基硅氧烷的混合。

所述保湿剂为质量比为(1~10):(1~10):(0.1~3):(0.01~0.1)的甘油、丁二醇、海藻糖和透明质酸钠的混合物。

所述防腐剂为质量比为(0.2~1):(0.001~0.01)的苯氧乙醇和甲基异噻唑啉酮的混合物。

所述甘草提取液和西洋参提取液可以通过常规醇提方法制备,以此最大限度保证两种提取液的抗衰老性能,优选以下提取方法:将干燥的植物(甘草或西洋参)加入到质量比为50%的乙醇中,在回流和浸渍下萃取4~8h。随后,用滤布对提取液进行过滤,再离心分离即得到植物(甘草或西洋参)提取液。

产品应用 本品主要是一种具有抗衰老功能的化妆品组合物。

产品特性 本产品能有效地提高皮肤细胞的增殖活性、减少皮肤衰老的症状。

配方24 抗衰老化妆品(二)

原料配比

原料		配比(质量份)		
		1#	2#	3#
A相	山莓提取物	15	18	20
	薏米提取物	4	5	6
	红花提取物	7	8	10
	熊果叶提取物	12	13	15
	荆芥提取物	2	4	5
	透明质酸	12	13	15
	鲸蜡醇乙基己酸酯	4	6	8
	十六十八醇	12	14	15
	甘油	5	8	12
	去离子水	150	180	200
B相	鳄梨油	6	8	10
	二甲基硅油	30	40	50
	维生素C磷酸镁	6	8	10
	牛油树脂	15	16	18
	卡波姆	14	14	15
	月见草油	8	9	10
	鼠尾草精油	2	3	5
	羊毛脂	20	18	20
	辛基十二烷醇	12	13	14
防腐剂		适量	适量	适量
香精		适量	适量	适量

制备方法

(1) 将 A 相各组分加热搅拌均匀；

(2) 将 B 相各组分加热搅拌均匀；

(3) 将 A 相和 B 相混合均匀，加入防腐剂和香精，搅拌均匀，冷却，即得。

原料配伍 本品各组分质量份配比范围为：

A 相：山莓提取物 15~20，薏米提取物 4~6，红花提取物 6~10，熊果叶提取物 12~15，荆芥提取物 2~5，透明质酸 10~15，鲸蜡醇乙基己酸酯 3~8，十六十八醇 12~15，甘油 3~12，去离子水 150~200。

B 相：鳄梨油 6~10，二甲基硅油 30~50，维生素 C 磷酸镁 6~10，牛油树脂 15~18，卡波姆 12~15，月见草油 8~10，鼠尾草精油 1~5，羊毛脂 15~20，辛基十二烷醇 12~14。

防腐剂、香精适量。

所述山莓提取物、红花提取物和熊果叶提取物的制备方法为：将山莓、红花或熊果叶按料液比 1：(10~15) 加入蒸馏水中于 80℃ 提取 1~2h，重复 3 次，过滤，合并滤液，减压浓缩，用 6~8 倍体积的 90% 乙醇醇沉 3 次，过滤，将沉淀干燥，即得。

所述薏米提取物和荆芥提取物的制备方法为：在薏米或荆芥中加入石油醚脱脂，然后用 60% 乙醇按料液比 1：(10~15) 于 50℃ 提取 0.5~1h，重复提取 3 次，合并滤液，于 90℃ 旋转蒸发得稠膏，干燥，粉碎，即得。

产品应用 本品主要是一种抗衰老化妆品。

产品特性 本产品的抗衰老化妆品组合物的活性成分由山莓提取物、红花提取物、熊果叶提取物、薏米提取物和荆芥提取物组合而成，试验结果表明，其抗衰老效果优异。

配方 25 抗衰老化妆水

原料配比

原料	配比(质量份)	原料	配比(质量份)
黑枸杞提取液	120	鱼胶提取液	20
玫瑰花提取液	50	吐温-20	5
当归提取液	50	甲基异噻唑啉酮	0.1
甘油	70	纯水	654.9
丙二醇	30		

制备方法

(1) 将黑枸杞提取液、玫瑰花提取液、当归提取液、甘油、吐温-20、甲基异噻唑啉酮、纯水按比例混合，搅拌均匀，加热至 80℃，保持 5min；

(2) 温度降至 40℃，按比例加入丙二醇、鱼胶提取液，搅拌均匀；

(3) 待降至室温之后，即可出料包装使用。

原料配伍 本品各组分质量份配比范围为：黑枸杞提取液 100~150；玫

瑰花提取液 40～60；当归提取液 40～60；甘油 60～80；丙二醇 20～40；鱼胶提取液 10～20；吐温-20 4～6；甲基异噻唑啉酮 0.1；纯水 654.9。

所述植物提取液，可以采用水煎浓缩提取，或者采用乙醇提取，经过清洗、粉碎、浸泡、提取、过滤等工序，浓缩至含 5%～8% 的中药提取液。

所述吐温-20 作为乳化剂，甘油和丙二醇作为保湿剂，甲基异噻唑啉酮作为防腐剂。

产品应用 本品是一种抗衰老化妆水。

产品特性 黑枸杞含有大量的花青素，有抗衰老的作用，玫瑰花和当归有活血的功效，可以祛斑养颜，两种复配，有活血祛斑，美容养颜抗皱的效果，鱼胶提取液是把小鱼胶慢火熬煮数小时，提取其汤汁，鱼胶提取液作为营养物同时又有保湿作用。本产品采用草本植物作为原料，天然无刺激，具有养颜、抗衰老等功效。

配方 26　含抗衰老活性物化妆品

原料配比

抗衰老活性物组合物

原料	配比(质量份)		
	1#	2#	3#
大分子透明质酸钠(平均分子量为1800000)	0.1	—	—
大分子透明质酸钠(平均分子量为1000000)	—	1	—
大分子透明质酸钠(平均分子量为1500000)	—	—	0.5
小分子透明质酸钠(平均分子量为8000)	0.5	—	—
小分子透明质酸钠(平均分子量为5000)	—	2	—
小分子透明质酸钠(平均分子量为9000)	—	—	1
人表皮生长因子(hEGF)	1	1.5	1.2
乙酰六肽-8	0.02	0.06	0.04
肌肽	0.2	0.8	0.5
水	加至100	加至100	加至100

皮肤护理用化妆品

原料		配比(质量份)			
		1#抗衰老面贴膜	2#抗衰老乳液	3#抗衰老眼霜	4#抗衰老面霜
A组分	卡波姆	0.2	—	—	—
	EDTA二钠	0.02	—	—	—
	尿囊素	0.2	—	—	—
	泛醇	1	—	—	—
	去离子水	补足100	—	—	—
	椰油醇-辛酸酯/癸酸酯	—	3	6	6
	牛油果树果脂	—	2	2	3
	碳酸二辛酯	—	3	—	—
	辛酸/癸酸甘油三酯	—	—	6	4
	辛基十二醇	—	—	—	3
	鲸蜡硬脂醇	—	0.5	3	1
	油橄榄果油	—	—	2	2
	蔗糖多硬脂酸酯	—	1.6	—	—
	鲸蜡醇棕榈酸酯	—	0.2	—	—
	氢化橄榄油癸醇酯类	—	—	3	2
	椰子油	—	—	—	2
	鲸蜡硬脂基葡糖苷	—	—	1.5	—
	聚甘油-3-甲基葡糖二硬脂酸酯	—	—	—	2
	椰油基葡糖苷	—	—	1.5	—
	花生醇葡糖苷	—	—	—	1
B组分	丁二醇	8	—	—	2
	氨甲基丙醇	0.12	—	—	—
	乙基己基甘油	0.5	—	—	—
	苯氧乙醇	0.3	—	—	—
	3#抗衰老活性物组合物	5	—	—	—
	去离子水	—	加至100	加至100	加至100
	硬脂酰谷氨酸钠	—	0.5	—	—
	甘油	—	5	5	5
	1,3-丙二醇	—	2	2	—
	1,3-戊二醇	—	—	—	1
	生物糖胶-1	—	—	0.15	—
	丙烯酰二甲基牛磺酸铵/维生素P共聚物	—	—	—	0.4
	黄原胶	—	0.3	0.2	0.1

续表

原料		配比(质量份)			
		1#抗衰老面贴膜	2#抗衰老乳液	3#抗衰老眼霜	4#抗衰老面霜
C组分	乙基己基甘油	—	0.5	0.5	0.5
	苯氧乙醇	—	0.3	0.3	0.3
	香精	—	0.05	0.1	0.06
	1#抗衰老活性物组合物	—	6	—	—
	2#抗衰老活性物组合物	—	—	10	—
	3#抗衰老活性物组合物	—	—	—	10

制备方法

所述的抗衰老活性物组合物的制备方法：将各组分混合均匀，得到抗衰老活性物组合物。

1#皮肤护理用抗衰老面贴膜制备方法如下：

（1）将A组分投入到搅拌锅中，加热至55℃，搅拌至溶解均匀；

（2）冷却至40℃，加入B相组分，搅拌分散均匀；

（3）降温至35℃，复测pH值后400目出料，得到皮肤护理用抗衰老面贴膜。2#皮肤护理用抗衰老乳液制备方法如下：

（1）将A组分投入到油锅中，80℃下搅拌分散均匀，作为油相；

（2）将B组分原料投入到乳化锅中，80℃下溶解分散均匀；

（3）将油相在搅拌条件下匀速加入到水相中，费时3min；加入完毕后，在均质速度为6000r/min下再乳化5min，乳化结束后开始搅拌，搅拌速度为500r/min；

（4）降温到40℃将C组分加入乳化锅，搅拌均匀；

（5）搅拌均匀后，抽真空，降温到35℃出料，得到皮肤护理用抗衰老乳液。3#皮肤护理用抗衰老眼霜制备方法如下：

（1）将A组分投入到油锅中，80℃下搅拌分散均匀，作为油相；

（2）将B组分原料投入到乳化锅中，80℃下溶解分散均匀；

（3）将油相在搅拌条件下匀速加入到水相中，费时3min；加入完毕后，在均质速度为6000r/min下再乳化5min，乳化结束后开始搅拌，搅拌速度500r/min；

（4）降温到40℃将C组分加入乳化锅，搅拌均匀；

（5）搅拌均匀后，抽真空，降温到35℃出料，得到皮肤护理用抗衰老眼霜。4#皮肤护理用抗衰老面霜的制备方法如下：

（1）将A组分投入到油锅中，80℃下搅拌分散均匀，作为油相；

（2）将B组分原料投入到乳化锅中，80℃下溶解分散均匀；

(3) 将油相在搅拌条件下匀速加入到水相中,费时 3min;加入完毕后,在均质速度为 6000r/min 下再乳化 5min,乳化结束后开始搅拌,搅拌速度为 500r/min;

(4) 降温到 40℃将 C 组分加入乳化锅,搅拌均匀;

(5) 搅拌均匀后抽真空,降温到 35℃出料,得到皮肤护理用抗衰老面霜。

原料配伍 本品各组分质量份配比范围为:

A 组分:卡波姆 0~0.2,EDTA 二钠 0~0.02,尿囊素 0~0.2,泛醇 0~1,去离子水补足 100,椰油醇-辛酸酯/癸酸酯 3~6,牛油果树果脂 0~3,碳酸二辛酯 0~3,辛酸/癸酸甘油三酯 0~6,辛基十二醇 0~3,鲸蜡硬脂醇 0~3,油橄榄果油 0~2,蔗糖多硬脂酸酯 0~2,鲸蜡醇棕榈酸酯 0~0.2,氢化橄榄油癸醇酯类 0~3,椰子油 0~2,鲸蜡硬脂基葡糖苷 0~1.5,聚甘油-3-甲基葡糖二硬脂酸酯 0~2,椰油基葡糖苷 0~1.5,花生醇葡糖苷 0~1。

B 组分:丁二醇 0~8,氨甲基丙醇 0~0.15,乙基己基甘油 0~0.5,苯氧乙醇 0~0.3,3#抗衰老活性物组合物 0~5,去离子水加至 100,硬脂酰谷氨酸钠 0~0.5,甘油 0~5,1,3-丙二醇 0~3,1,3-戊二醇 0~2,生物糖胶-1 0~0.2,丙烯酰二甲基牛磺酸铵/维生素 P 共聚物 0~0.5,黄原胶 0~0.5。

C 组分:乙基己基甘油 0~0.5,苯氧乙醇 0~0.5,香精 0~0.1,1#抗衰老活性物组合物 0~6,2#抗衰老活性物组合物 0~10,3#抗衰老活性物组合物 0~10。

所述的大分子透明质酸钠的平均分子量优选为 1000000~1800000。

所述的小分子透明质酸钠的平均分子量优选为 <10000。

所述的水优选为去离子水。

所述的化妆品优选为皮肤护理用化妆品。

所述的皮肤护理用化妆品中抗衰老活性物组合物的用量为 1%~10%。

所述的皮肤护理用化妆品中,除上述必需成分以外,可以根据需要适当地配合通常在化妆品中使用的成分,例如,表面活性剂、醇类、水等基质成分。

产品应用 本品主要是一种抗衰老活性物组合物。

所述的皮肤护理用化妆品的剂型优选为溶液、悬浮液、乳状液、霜剂、膏状、凝胶、奶液、护肤液、粉、香皂、油、干粉、粉底液、湿粉或喷剂。

产品特性

(1) 本产品的抗衰老活性物组合物由于搭配合理,配比科学,具有显著的协同增效效果,较单一抗衰老成分而言,效果明显,使用 30 天后可达到非常明显的抗衰老效果,肌肤变得紧致充盈,恢复年轻态。

(2) 本产品不用将美肤营养成分注入真皮层,其安全性高。

(3) 本产品提供的抗衰老活性物组合物用于化妆品中,可制出温和、稳定并且效果良好的皮肤用抗衰老化妆品。

配方 27　抗衰老保湿化妆品

原料配比

原料	配比（质量份）	原料	配比（质量份）
甘油	6.5	燕麦肽	1.5
丙二醇	5.5	透明质酸	0.5
胶原蛋白交联体	2	β-葡聚糖	3
寡肽-1	0.75	碧萝芷提取物	0.75
寡肽-2	0.8	人参提取液	0.6
寡肽-5	1.1	水	加至100

制备方法

（1）按照配比称取丙二醇、胶原蛋白交联体、寡肽-1、寡肽-2、寡肽-5，将上述原料在10～20℃的温度下充分混合，得到混合物A；

（2）按照配比称取燕麦肽、透明质酸、β-葡聚糖、碧萝芷提取物，将上述原料依次放入水中，在15～25℃的温度下充分搅拌20～30min，得到混合液B；

（3）将人参提取液加入混合液B中，静置5～10min后，向混合液B中加入混合物A，充分混合得到预制品；

（4）将预制品包装入库，即可得到一种抗衰老及保湿化妆品。

原料配伍　本品各组分质量份配比范围为：甘油5～8，丙二醇4～7，胶原蛋白交联体1～3，寡肽-1 0.5～1，寡肽-2 0.7～0.9，寡肽-5 1～1.2，燕麦肽1～2，透明质酸0.1～1，β-葡聚糖2～4，碧萝芷提取物0.5～1，人参提取液0.2～1，水加至100。

所述甘油、丙二醇、胶原蛋白交联体的质量比为（6～7）：（5～6）：（1.5～2.5）。

所述寡肽-1、寡肽-2、寡肽-5的质量比为（0.6～0.9）：（0.75～0.85）：（1.05～1.15）。

所述燕麦肽、透明质酸、β-葡聚糖的质量比为（1.2～1.8）：（0.2～0.9）：（2.5～3.5）。

所述化妆品可混合在膏霜、乳液、精华液或爽肤水中。

产品应用　本品主要用于日晒、辐射、冻伤、划伤、抓伤、烧烫及皲裂的肌肤的修复；青春痘、暗疮、粉刺治疗后的肌肤的修复；激光疗肤、光子嫩肤术、皮肤磨削后肌肤的修复；老化的皮肤、妊娠纹皮肤的修复。

本产品需常温通风保存，最佳储存条件为25℃室温，避免与浓的植物天然提取物等含有较高浓度生物碱的原料直接混合，以免生物细胞变性失活；避免与甲醛共体防腐剂、酒精类产品合用，以免降低生物细胞的活性。

产品特性　本品能促进皮损部位快速修复，调节成纤维细胞紊乱，明显减少易老化区域的皱纹,可以有效降低皮肤粗糙度,减小皱纹深度,去皱效果好。

配方 28 抗衰老精华液

原料配比

原料		配比(质量份)			
		1#	2#	3#	4#
A组分	聚乙二醇	6	7	8	9
	丙二醇	4	6	8	8
	丙三醇	9	8	6.5	5
	丁二醇	1	1.5	2	3
B组分	茶油	4	4.5	5	6
	氢化蓖麻油	2	2	3	4
	$C_{12}\sim C_{20}$烷基葡糖苷	3	4	5	5
	甘油硬脂酸酯	1	2.5	3.5	5
	十八醇	0.5	1.5	2.5	3
C组分	尼泊金甲酯	0.05	0.08	0.11	0.15
	卡松	0.2	0.3	0.4	0.4
	咪唑烷基脲	0.2	0.2	0.3	0.3
D组分	辅酶Q10	0.1	0.2	0.3	0.5
	角鲨烷	1	1.75	2.5	3
	吡咯烷酮羧酸钠	1	3	5	7
E组分	虎耳草提取液	12	15	18	20
	积雪草提取液	6	8	10	12
	柠檬酸	0.02	0.03	0.02	0.01
	去离子水	加至100	加至100	加至100	加至100

制备方法

(1) A组分混合:将A组分的所有原料加入到去离子水中,以2000r/min的转速搅拌2~4min,然后,按2~4℃/min的升温速度加热至70~80℃,保持8~12min,A组分混合料,备用;

(2) B组分混合:将B组分的所有原料混合均匀,以2000r/min的转速搅拌2~4min,然后,按2~4℃/min的升温速度加热至60~80℃,保持8~12min,B组分混合料,备用;

(3) A、B组分混合:将备用的A组分混合料与B组分混合料混合,在60~80℃条件下以500r/min的转速搅拌、预乳化10~20min,然后,以1~2℃/min的速率缓慢降温至50~70℃时,再以3000r/min的转速搅拌5~10min,再依次经过20~40MPa高压均质5~10min、5~15MPa低压均质5~10min处理后,在0.1~0.5MPa条件下真空脱气,A、B组分混合料,备用;

(4) A、B、C组分混合:将备用的A、B组分混合料保持温度为50~70℃,恒温条件下加入C组分的所有原料,混合均匀,成为A、B、C组分混合料,备用;

（5）全混合：将备用的 A、B、C 组分混合料从 50～70℃ 以 1～2℃/min 的速率冷却至 40～60℃，加入 D 组分和 E 组分的所有原料，再加入柠檬酸调节 pH 值至 6～7，然后，以 1000r/min 的速度搅拌冷却至 25～35℃，得到全混料，备用；

（6）陈化：将备用的全混料在 20～25℃ 下放置陈化 25～35h，得到抗衰老精华液。

原料配伍 本品各组分质量份配比范围为：

A 组分：聚乙二醇 6～9，丙二醇 4～8，丙三醇 5～12，丁二醇 1～3；

B 组分：茶油 4～6，氢化蓖麻油 1～4，C_{12}～C_{20} 烷基葡糖苷 1～5，甘油硬脂酸酯 1～5，十八醇 0.5～3；

C 组分：尼泊金甲酯 0.05～0.15，卡松 0.2～0.4，咪唑烷基脲 0.2～0.3；

D 组分：辅酶 Q10 0.1～0.5，角鲨烷 1～3，吡咯烷酮羧酸钠 1～7；

E 组分：虎耳草提取液 12～20，积雪草提取液 6～12；

柠檬酸 0.01～0.1，去离子水加至 100。

所述的茶油是市售的精制茶油，也可采用下述方法制备而成：将市售的精制茶油，加热至 45～55℃，恒温保持 15～25min；然后，降温至 3～5℃，养晶 10～15h；再在 0～4℃ 低温条件下，真空抽滤，分离出液体油脂和固体脂质，收集所得的液体油脂，即为所需的茶油。

所述的虎耳草提取液是将虎耳草全草用去离子水清洗干净，榨取其汁，过滤后所得，虎耳草提取液可按下述方法制备而成：将虎耳草全草用去离子水清洗干净，榨取其汁，过滤后，分别得滤液 A 和残滤渣；再向残滤渣中加入 1.5～2.5 倍质量的乙醇（体积浓度为 45%～55%），在常温常压下浸泡 10～15h，过滤，得浸泡液；再将浸泡液采用减压浓缩的方法，浓缩至原体积的一半，得滤液 B；合并滤液 A 和滤液 B，即为所需的虎耳草提取液。上述所用的虎耳草是采用新鲜的虎耳草全草。

所述的积雪草提取液是将积雪草清洗干净，按照料液比 1:5 的质量比加入去离子水，煮沸提取 1h，过滤后所得。积雪草提取液可按下述方法制备而成：将积雪草用去离子水清洗干净，按照料液比 1:（10～20）的质量比加入去离子水，加热至 90～110℃，恒温提取 1～3h，过滤，分别得一次提取液和滤渣；再按料液比 1:（10～20）的质量比，向滤渣中加入去离子水，煮沸提取 0.5～2h，过滤，得二次提取液；合并两次提取液，并采用真空浓缩的方法，浓缩至原体积的一半，即为所需的积雪草提取液。

所述的聚乙二醇即 PFG-600，是一种非离子型的水溶性聚合物，化学性质稳定，在本产品中作为润滑剂和润湿剂。

所述的丙二醇在本产品中与丙三醇配合作为润湿剂。

所述的丙三醇即甘油，在本产品中用作保湿剂。

所述的丁二醇又名 1,3-二羟基丁烷，是多元醇的一种，在本产品中作为保湿剂和溶剂。

所述的甘油硬脂酸酯在本产品中用作乳化剂。

所述的茶油为淡黄色透明的液体，是由油茶科植物油茶的种仁（camellia oleiferaabel）榨取所得的油脂，含有85％以上的不饱和脂肪酸，为本产品中的有效成分，作为柔软剂使用。

所述的氢化蓖麻油能够促进油相保养成分在产品中的均匀分散，在本产品中用作增溶剂。

所述的 C_{12}～C_{20} 烷基葡糖苷是一种低刺激的非离子表面活性剂，在本产品中作为乳化剂、乳化稳定剂使用。

所述的十八醇是化妆品膏霜、乳液的基本原料，具有增稠乳剂的作用，在本产品中作为乳化稳定剂使用。

所述的柠檬酸用以配制缓冲溶液，保持化妆水体系的pH值稳定，在本产品中用作缓冲剂。

所述的辅酶Q10是一种强抗氧化剂，能抑制脂质过氧化反应，减少自由基的生成，保护SOD活性中心及其结构免受自由基氧化损伤，提高体内SOD等酶活性，抑制氧化应激反应诱导的细胞凋亡，具有显著的抗氧化、延缓衰老的作用。

所述的角鲨烷是从深海鲨鱼肝脏中提取的角鲨烯经氢化制得，具有良好的抗氧化性能，能较好地亲和皮肤，低敏和低刺激，并能加速皮肤对其他活性成分的吸收。

所述的吡咯烷酮羧酸钠（PCANa）又称焦谷氨酸钠，是皮肤中天然保湿因子NMF的主要成分，具有很强的保湿作用，长期保湿性强，对皮肤非常温和，在本产品中用作保湿剂。

所述的卡松简称异噻唑啉酮，易溶于水和低碳醇，最佳使用pH值为4～8，毒性低，具有抗菌作用范围广泛和抗菌效果强的优点，与尼泊金甲酯配合使用效果更佳。

所述的尼泊金甲酯又名对羟基苯甲酸甲酯，为白色结晶粉末或无色结晶，易溶于醇、醚和丙酮，具有酚羟基结构，抗细菌性能优越。

所述的咪唑烷基脲为白色粉末，极易溶于水，在本产品中作为防腐剂。

所述的虎耳草提取液提取自虎耳草科植物虎耳草，微苦、辛、寒，可祛风、清热，凉血解毒。

所述的积雪草提取液提取自伞形科植物积雪草，性味：苦、辛、寒，归肝、脾、肾经，能清热解毒，利湿消肿。积雪草提取液含有丰富的积雪草苷，有促进胶原细胞合成和新血管生成、刺激肉芽生长等重要作用，并具有一定的抗氧化功能，可抑制自由基活性，改善肌肤血液循环，促进肌肤细胞再生。

产品应用　本品主要用于不同肤质、有抗衰老需求的人群，是一种既有较好的保湿、滋润效果，又具有抗衰老功效的护肤产品。

使用方法：本产品的抗衰老精华液使用时，适宜在清洁面部肌肤后，使用化妆水，再取适量的抗衰老精华液涂于脸上，轻轻拍打促进吸收。注意每次使用不宜过量，也不宜在肌肤过敏情况下使用。

产品特性 本产品添加了茶油和保湿成分吡咯烷酮羧酸钠，并采用辅酶Q10、角鲨烷、虎耳草提取液和积雪草提取液为主要抗衰老成分，一方面锁住皮肤水分，增加皮肤弹性，另一方面本产品中添加有辅酶Q10，能渗透进入皮肤生长层，减弱光子的氧化反应，在生育醇的协助下可以启动特异性的磷酸化酪氨酸激酶，防止DNA的氧化损伤，抑制紫外线照射下人皮肤成纤维母细胞胶原蛋白酶的表达，保护皮肤免于损伤。涂抹含有辅酶Q10的护肤品，能增加细胞对辅酶Q10的吸收，从而减少皱纹的形成。虎耳草提取液和积雪草提取液所具备的抗氧化功能，能延缓肌肤衰老。因此，本产品不但有较好的保湿、滋润效果，其强大的抗衰老能力，也能为肌肤抗衰提供源源不断的动力。

配方 29 抗衰老洗面奶

原料配比

原料		配比（质量份）			
		1#	2#	3#	4#
表面活性成分	月桂酰谷氨酸钠	10	8	5	10
	椰油酰胺丙基甜菜碱	1	3	3	5
	椰油单乙醇酰胺	1	3	2	3
	甲基椰油酰基牛磺酸钠	5	1	5	10
水性组分	甘油	5	1	3	5
	丙二醇	2	5	2	5
	1,3-丁二醇	2	5	3	4
营养组分	透明质酸	0.1	0.5	0.3	0.5
	角鲨烷	0.1	0.2	0.5	1
	油茶叶提取物	3	10	8	10
	茶籽蛋白水解液	3	10	6	10
辅助剂组分	柠檬酸	0.5	0.3	0.2	0.5
	氯化钠	0.5	0.6	0.5	0.9
	香精 香叶醇	0.1	—	—	—
	香精 铃兰醛	—	0.1	—	—
	香精 紫罗兰酮	—	—	0.15	—
	香精 茉莉内酯	—	—	—	0.15
	防腐剂 咪唑烷基脲	0.3	—	0.3	—
	防腐剂 卡松	—	0.4	—	0.5
	去离子水	加至100	加至100	加至100	加至100

制备方法

（1）备料：按照上述配比，分别取各原料，备用。

（2）表面活性组分配制：先将备用的表面活性组分中的月桂酰谷氨酸钠加入到备用的去离子水中，搅拌至溶解均匀；然后加入备用的椰油酰胺丙基甜菜碱和椰油单乙醇酰胺，搅拌至溶解；再用备用的辅助剂组分中的柠檬酸调节其pH值为6～7，并加入甲基椰油酰基牛磺酸钠，搅拌至溶解，得组分A，

（3）水性组分配制：将备用的水性组分中的甘油、丙二醇和1,3-丁二醇混合溶解，得组分B，备用。

（4）组分混合：将备用的组分A与组分B混合，搅拌2～10min，得混合组分，备用。

（5）均质：将备用的混合组分以4～6℃/min的速率升温至70～80℃，然后，在10～20r/min的条件下搅拌并保持此温度5～10min，得均质组分，备用。

（6）混合：将备用的辅助剂组分中的氯化钠加入到备用的均质组分中，在20～50r/min的条件下搅拌，使其温度降至50～60℃，然后加入备用的营养组分中的透明质酸、角鲨烷、油茶叶提取物和茶籽蛋白水解液，并在10～20r/min的条件下持续搅拌至温度降至40～50℃，再加入备用的辅助剂组分中的香精和防腐剂，持续搅拌至室温，即为抗衰老洗面奶。

原料配伍 本品各组分质量份配比范围为：

表面活性组分：月桂酰谷氨酸钠1～10，椰油酰胺丙基甜菜碱1～5，椰油单乙醇酰胺1～3，甲基椰油酰基牛磺酸钠1～10；

水性组分：甘油1～5，丙二醇1～5，1,3-丁二醇1～5；

营养组分：透明质酸0.1～0.5，角鲨烷0.1～1，油茶叶提取物1～10，茶籽蛋白水解液1～10；

辅助剂组分：柠檬酸0.1～0.5，氯化钠0.1～1，香精0.05～0.2，防腐剂0.1～0.5；去离子水加至100。

所述的油茶叶提取物是按下述方法制备而成：选取新鲜、健康无污染的油茶老叶，在40～50℃下烘干至水分含量低于10%，然后粉碎，过50～70目筛，得油茶老叶粉；然后，按照每50g油茶老叶粉加体积浓度为60%～80%的食用乙醇350～450mL的比例，在80～90℃下水浴回流提取2～4h后过滤；其滤渣再按照原每50g油茶老叶粉加入体积浓度为60%～80%的食用乙醇150～250mL的比例，并在80～90℃下水浴回流提取0.5～1.5h后过滤；合并两次滤液，得油茶叶提取液；再将油茶叶提取液减压浓缩至原体积的20%～50%，得油茶叶提取物，储存于无菌条件下。

所述的茶籽蛋白水解液是按下述方法制备而成：将已去除残油后的茶粕粉碎，过70～90目筛，按照1:(8～12)的料液质量比加入去离子水，用碱（所采用的碱为氢氧化钠、氢氧化钾、碳酸钠、碳酸钾或其他无机碱）水溶液调节pH值至9～11，然后在30～50℃条件下浸提1.5～3h，再在3000～5000r/min条件下离心处理，取上清液，并用酸（所采用的酸为盐酸、硫酸或其他无机酸）水溶液调节pH值至4～5，得茶籽蛋白水解液。

所述的月桂酰谷氨酸钠为氨基酸表面活性剂。

所述的椰油酰胺丙基甜菜碱是一种两性离子表面活性剂，刺激小，起泡力强。

所述的椰油单乙醇酰胺为一种季铵盐型两性离子表面活性剂。

所述的甲基椰油酰基牛磺酸钠为天然来源的氨基酸表面活性剂。

所述的丙二醇在本产品中与丙三醇、1,3-丁二醇一起组成水性组分。

所述的丙三醇即甘油,本产品中的保湿剂。

所述的丁二醇又名1,3-二羟基丁烷,本产品中的保湿剂和溶剂。

所述的角鲨烷是一种具有良好的抗氧化性能的活性成分,对皮肤亲和性好,低刺激。

所述的油茶叶提取物含有多种黄酮类化合物,具有清除二苯基苦基肼自由基(DPPH)的作用。

所述的茶籽蛋白水解液含有茶籽多肽的水解液,具有清除自由基,抗氧化的作用。

所述的柠檬酸用来调节 pH 值;所述的氯化钠用来调节黏度;所述的香精赋予产品愉悦的香气,如香叶醇、铃兰醛、紫罗兰酮和茉莉内酯等;

所述的防腐剂为温和不刺激的化合物,如咪唑烷基脲、卡松及其复配物。

产品应用 本品是一种既有较好的保湿、滋润效果,又具有抗衰老功效的面部清洁的一种抗衰老洗面奶。

产品特性 本产品采用温和的氨基酸表面活性成分,添加含有黄酮类化合物的油茶叶提取物,以及从茶粕中提取的天然茶籽蛋白水解液,同时添加具有保湿效果和抗氧化功效的营养成分,在有效清洁肌肤的同时保持皮肤水分,并具有减缓皮肤衰老速度之效果。

配方 30 抗衰老新型化妆品

原料配比

原料	配比(质量份)			
	1#	2#	3#	4#
咖啡酸苯乙酯	1	30	15	22
丙二醇	30	1	15	17
甘油	20	1	10	12
1,3-丁二醇	1	10	5	7
1,2-戊二醇	1	20	10	15
阿魏酸异辛酯	30	1	15	16
汉生胶	2	1	1.5	1
透明质酸钠	0.1	0.5	0.3	0.4
乙二胺四乙酸二钠	1.5	0.1	0.8	1
乳化剂	30	60	45	50
鲸蜡硬脂醇	30	10	20	25
聚甲基硅氧烷	5	30	20	25
植物油	30	30~60	45	40

续表

原料	配比(质量份)			
	1#	2#	3#	4#
清凉剂	1	20	10	15
维生素 B$_5$	5	10	8	5
防腐剂	10	2	6	10
香精	1	5	3	4
去离子水	加至100	加至100	加至100	加至100

制备方法

(1) 将乳化剂、鲸蜡硬脂醇、植物油、聚甲基硅氧烷、汉生胶、阿魏酸异辛酯投入油相锅,加热至70~85℃,等所有组分溶解后保温待用;

(2) 将甘油、透明质酸钠、乙二胺四乙酸二钠、去离子水投入乳化锅,加热至70~85℃,保温15~30min;

(3) 将咖啡酸苯乙酯、甘油、丙二醇,1,2-戊二醇,1,3-丁二醇投入油相锅,加热至70~85℃,待完全溶解后保温待用;

(4) 将步骤(1)和步骤(3)中的油相抽入步骤(2)的乳化锅中,以搅拌速率为3000r/min搅拌3~5min后,再以搅拌速率为30r/min搅拌15~45min;

(5) 将步骤(4)中的乳液冷却至50~55℃,加入维生素B、清凉剂、防腐剂、香精,搅拌均匀。

原料配伍 本品各组分质量份配比范围为:咖啡酸苯乙酯1~30,丙二醇1~30,甘油1~20,1,3-丁二醇1~10,1,2-戊二醇1~20,阿魏酸异辛酯1~30,汉生胶1~2,透明质酸钠0.1~0.5,乙二胺四乙酸二钠0.1~1.5,乳化剂30~60,鲸蜡硬脂醇10~30,聚甲基硅氧烷5~30,植物油30~60,清凉剂1~20,维生素B$_5$ 5~10,防腐剂2~10,香精1~5,去离子水加至100。

所述清凉剂为薄荷醇。

所述防腐剂为苯氧乙醇。

所述咖啡酸苯乙酯是蜂胶的主要活性成分之一,含有o-二羟基(儿茶酚)苯环结构,具有强的抗氧化作用,可清除自由基,具有抗衰老作用和美白作用,是该组合物的最主要组分,咖啡酸苯乙酯质量比为1~30g/1000g。

所述丙二醇在本产品中作为一种润湿剂。

所述甘油在本产品中作为一种保湿剂。

所述1,3-丁二醇是多元醇的一种,在本产品中作为保湿剂和溶剂。

所述1,2-戊二醇在本产品中作为抗菌剂。

所述汉生胶在本产品中作为一种乳化剂。

所述乙二胺四乙酸二钠在本产品中作为一种络合剂。

所述的鲸蜡硬脂醇,为十六醇和十八醇的混合物,优选的十六醇与十八醇的质量比为3:7,可使体系稳定性增加。其是由棉籽油、棕榈油经酯交换,在高压加氧还原而制得。其在本配方中起增稠稳定的作用。

所述聚甲基硅氧烷在本产品中作为一种憎水添加剂。

所述乳化剂为吐温-80、氢化卵磷脂、卵磷脂、甘油硬脂酸酯、PEG-100硬脂酸酯、平平加O、十二烷基硫酸钠中的一种或它们的混合。进一步优选的乳化剂为PEG-100硬脂酸酯、平平加O。

所述的植物油为甜杏仁油、鳄梨油、乳木果油、橄榄油、霍霍巴油、葡萄籽油、澳洲坚果油中的一种或它们的混合。进一步优选植物油为甜杏仁油、鳄梨油、乳木果油,所述甜杏仁油、鳄梨油、乳木果油的质量比为(30~80):(30~60):(10~50)。

产品应用 本品是一种抗衰老新型化妆品。

产品特性

(1) 本产品将多种成分按一定比例混合制备,针对人体衰老的机制,从多个方面阻止人体衰老,能为抗衰老提供源源不断的动力。

(2) 植物油选用甜杏仁油、鳄梨油、乳木果油以一定比例混合使用,能更好地发挥抗衰老作用,滋润皮肤。

(3) 本产品制备方法简单易行,节能环保。

配方 31 抗衰老眼霜

原料配比

原料	配比(质量份)		
	1#	2#	3#
甘油	4	8	6
丙二醇	2	6	8
透明质酸	8	6	4
聚二甲基硅氧烷	1	0.8	1
棕榈酸乙基己酯	2	4	6
C_{20}~C_{22}醇磷酸酯	2	1	2
羟苯甲酯	1	0.8	0.8
聚丙烯酰胺	1	2	0.8
辣木叶提取物	4	2	6
银杏叶提取物	6	4	4
桑叶提取物	4	6	2
马齿苋提取物	2	2	4
蜂蜜	0.8	1	2
牛油果树果脂	2	1	4
三乙醇胺	0.8	0.8	1
香精	0.01	0.008	0.006
水	加至100	加至100	加至100

制备方法

(1) 将聚二甲基硅氧烷、棕榈酸乙基己酯、C_{20}~C_{22}醇磷酸酯、羟苯甲酯、蜂蜜、牛油果树果脂置于油相锅中，搅拌并加热至80~90℃，搅拌至物料完全溶解，得到物料A。

（2）主锅中放入水，开启均质，将甘油、丙二醇、透明质酸、聚丙烯酰胺，搅拌至均匀，加热至80~90℃，保温20~30min，所述均质的转速为2500~4000r/min。

（3）将物料A抽入主锅中，再加入三乙醇胺，开启均质，均质10~15min，得到物料B，物料B进行保温消泡。

（4）待物料B无气泡后降温至40~45℃，加入辣木叶提取物、银杏叶提取物、桑叶提取物、马齿苋提取物和香精，搅拌至均匀，出料即得抗衰老眼霜。所述搅拌速度为50~60r/min。

原料配伍 本品各组分质量份配比范围为：甘油4~10，丙二醇2~8，透明质酸4~8，聚二甲基硅氧烷0.4~2，棕榈酸乙基己酯2~6，C_{20}~C_{22}醇磷酸酯1~4，羟苯甲酯0.5~2，聚丙烯酰胺0.5~2，辣木叶提取物2~8，银杏叶提取物4~8，桑叶提取物2~6，马齿苋提取物2~4，蜂蜜0.4~2，牛油果树果脂1~4，三乙醇胺0.4~2，香精0.002~0.04和水加至100。

所述辣木叶提取物的制备方法为：取辣木叶，洗净，干燥后粉碎，过80~100目筛，加入药材总量8~12倍量体积分数为50%~70%的乙醇，再加入药材总量1.5%~3%的蜗牛酶，在38~45℃下浸提1~2h，然后在85~95℃回流提取1~2h，过滤，滤液减压浓缩至60℃下，变为相对密度为1.1~1.25的浸膏，即得。

所述银杏叶提取物的制备方法为：取银杏叶，洗去杂质，干燥后粉碎，过60~80目筛，得粗粉；将粗粉置于超临界二氧化碳萃取装置中，加入粗粉总量30%~45%体积分数为70%~85%的乙醇，调控二氧化碳流量为15~20L/h，萃取压力为15~20MPa，萃取温度为40~60℃，萃取时间为1.5~2h，减压分离，即得。

所述桑叶提取物的制备方法为：取桑叶洗净，干燥后粉碎，过90~100目筛，加入其质量6~10倍量体积分数为70%~85%的乙醇，浸泡3~6h，在45~65℃温度下超声提取两次，每次30~60min，超声频率为25~35kHz，过滤，合并滤液，滤液减压浓缩至60℃时，变为相对密度为1.05~1.25的浸膏，即得。

所述马齿苋提取物的制备方法为：取马齿苋，洗去杂质，干燥后粉碎，过60~80目筛，加入药材总质量6~10倍量体积分数为70%~85%的乙醇，微波提取10~20min，微波功率为250~300W，提取温度为45~65℃，过滤，滤液减压浓缩至60℃变为相对密度为1.1~1.25的浸膏，即得。

产品应用 本品主要是一种抗衰老眼霜。

使用方法：受试者清洁脸部后，取米粒大小的眼霜，轻点于眼部四围，以指腹沿着眼周轻轻弹拍直到彻底吸收即可，每日早晚各使用一次。

产品特性

(1) 本产品渗透性好,易吸收,深层补水保湿,滋养修护肌肤,增强眼周肌肤弹力并改善干燥、松弛现象,降低色素沉积,减轻黑眼圈,修复受损或缺乏养分的细胞,明显延缓皮肤衰老,使眼周肌肤恢复丰满与圆润,重拾亮丽光彩的明亮双眸。

(2) 本产品安全稳定,渗透性好,易吸收,使用后肌肤清爽不黏腻;且本产品抗衰老眼霜的制备方法简单,条件可控,工艺稳定。

配方 32 抗衰老系列化妆品

原料配比

原料		配比(质量份)			
		1#抗衰老护肤水	2#抗衰老乳液	3#抗衰老膏霜	4#抗衰老护肤水
抗衰老组合物	西洋车前草籽提取物	1.5	1.5	1.5	1
	白羽扇豆提取物	1.5	1.5	1.5	1
	荷花提取物	1	1	1	2
	丁二醇	5	—	—	5
	辛酸/癸酸甘油三酯	—	10	10	—
乳化剂	鲸蜡硬脂醇	—	—	1	—
	二鲸蜡醇磷酸酯	—	—	2	—
	鲸蜡醇聚醚-10 磷酸	—	—	2	—
	山梨醇硬脂酸酯	—	2.5	—	—
	蔗糖椰油酸酯	—	2.5	—	—
	白油	—	5	2.5	—
	硬脂醇	—	2	—	—
	环状硅油	—	—	1	—
	甘油	—	3	3	—
	黄原胶	—	0.5	0.5	—
	香精	—	0.1	0.1	—
	防腐剂	0.2	0.5	0.5	0.2
	柠檬酸	适量	适量	适量	适量
	水	90.8	69.9	73.4	90.8

制备方法

1#、4#抗衰老护肤水制备方法:将各组分混合均匀即可。

2#抗衰老乳液制备方法:

(1) 将甘油、黄原胶、山梨醇硬脂酸酯、蔗糖椰油酸酯以及水混合搅拌均匀加热到 80~85℃,即为水相。

(2) 将辛酸/癸酸甘油三酯、白油和硬脂醇混合搅拌均匀,加热到 80~85℃,即为油相。

(3) 将所得油相在真空条件下继续搅拌,然后向油相中加入水相,并继续搅拌和乳化,乳化后,继续保温搅拌,然后降温。

(4) 向降温后的混合体系中加入 pH 调节剂，并继续搅拌均匀。

(5) 向继续搅拌均匀的混合体系中加入防腐剂、抗衰老组合物以及香精，并在真空条件下继续降温搅拌。所述真空条件下继续降温搅拌为：将混合体系在真空乳化釜中再次抽真空，并开动刮板，并继续降温至 38℃ 以下搅拌；所述降温采用冷却水降温。

(6) 破真空，并将所得混合体系过滤后，即得抗衰老乳液。

3#抗衰老膏霜的制备方法：

(1) 将辛酸/癸酸甘油三酯、乳化剂、白油以及环状硅油加热搅拌至完全熔化，即为油相；完全熔化的加热温度为 80～85℃。

(2) 向水中加入黄原胶和甘油，并搅拌加热至 80℃ 以上，即为水相。

(3) 将所得油相在真空条件下继续搅拌，然后向油相中加入水相，并搅拌和乳化，乳化后，继续保温搅拌为 10～15min，然后降温。

(4) 向降温后的混合体系中加入 pH 调节剂，并继续搅拌均匀，将混合体系降温至 45℃ 以下后，加入 pH 调节剂，然后保持体系温度为 35～40℃，并接续搅拌。

(5) 然后加入防腐剂、抗衰老组合物以及香精，并继续搅拌，然后过滤，即得抗衰老膏霜。

原料配伍 本品各组分质量份配比范围为：所述抗衰老组合物中车前草籽提取物、羽扇豆提取物以及荷花提取物的质量比为(1～2)∶(0.5～2)∶(1～2)。

车前草科车前草属于西洋车前草，是一种高度为 30～60cm 的多年生草本植物，4～9月开黄色穗状小花，果实内有八到十多颗橄榄状、直径为 1～2mm 的籽。叶子中含有多糖类、类黄酮之类的三羟黄酮、木樨草素、丹宁、有机酸和黏液质等；籽中含有活性成分洋车前草苷以及亚油酸、油酸、配糖体等。

所述抗衰老护肤水主要由以下组分制成：抗衰老组合物 3～5，丁二醇 3～7，防腐剂 0.1～0.5，水 88～94。

所述抗衰老乳液主要由以下组分制成：辛酸/癸酸甘油三酯 8～13，白油 3～6，硬脂醇 1～3，甘油 2～4，黄原胶 0.3～0.5，乳化剂 3～6，抗衰老组合物 3～6，防腐剂 0.5～1，香精 0.1～0.3，水 65～80。

所述乳化剂为山梨醇硬脂酸酯和蔗糖椰油酸酯中的一种或两种的混合物；优选的乳化剂为山梨醇硬脂酸酯和蔗糖椰油酸酯的混合物。所述 pH 调节剂为柠檬酸。

所述抗衰老膏霜主要由以下组分制成：辛酸/癸酸甘油三酯 8～13，乳化剂 3～6，白油 1.5～3.5，环状硅油 1～2，甘油 2～5，黄原胶 0.3～0.7，抗衰老提取物 3～6，防腐剂 0.5～1，香精 0.1～0.3，水 65～80。

所述乳化剂为鲸蜡硬脂醇、二鲸蜡醇磷酸酯以及鲸蜡醇聚醚-10 磷酸酯中的一种或者两种的混合物；优选的乳化剂为鲸蜡硬脂醇、二鲸蜡醇磷酸酯以及鲸蜡醇聚醚-10 磷酸酯的混合物。

产品应用 本品是一种抗衰老组合物、抗衰老化妆品。

产品特性 本产品以抗衰老组合物为活性成分，并辅以其他原料以制备不同剂型的化妆品，从而可以在有效起到抗皮肤衰老作用的同时，还能够满足不同人群以及不同场合下的使用需要。本产品中由植物萃取精华组成的抗衰老组合物之间具有协同增效作用，可以预防和改善皮肤的老化。

配方 33 抗衰老面霜

原料配比

	原料	配比(质量份)				
		1#	2#	3#	4#	5#
A 相	$C_{14} \sim C_{22}$ 醇/$C_{12} \sim C_{20}$ 烷基葡糖苷	1.5	1.7	2	1.6	1.8
	甘油硬脂酸酯/PEG-100 硬脂酸酯	1.2	1.5	1.8	1.3	1.7
	鲸蜡硬脂醇	1.8	2	2.2	1.9	2.1
	角鲨烷	2.5	3	3.5	2.6	3.4
	聚二甲基硅氧烷	1	2	3	2	2
	辛酸/癸酸甘油三酯	2	3	4	3	3
	牛油果树果脂	1	2	3	2	2
	氢化霍霍巴油	1	2	3	2	2
	法国薰衣草提取物	0.2	0.5	0.8	0.3	0.7
	羟苯甲酯	0.1	0.1	0.2	0.1	0.1
	羟苯丙酯	0.1	0.15	0.2	0.15	0.1
B 相	透明质酸钠	0.01	0.02	0.04	0.02	0.02
	黄原胶	0.1	0.12	0.14	0.12	0.12
	甘油	1	2	4	3	1
	聚乙二醇-8	3	5	7	4	6
C 相	聚丙烯酰胺/$C_{13} \sim C_{14}$ 异链烷烃/月桂醇聚醚-7	0.2	0.4	0.6	0.5	0.3
D 相	聚二甲基硅氧烷/聚二甲基硅氧烷醇	0.2	0.3	0.6	0.3	0.3
E 相	倒地铃提取物	4	6	8	5	7
	柠檬烯	2	3	5	4	3
	葛根提取物	4	5	6	5	4
	月见草油	3	5	8	4	7
	丁二醇	1	1.5	2	1.5	1.5
F 相	双(羟甲基)咪唑烷基脲	0.1	0.2	0.3	0.2	0.2
	去离子水	68.99	53.51	34.62	55.41	50.66

制备方法

（1）将 $C_{14} \sim C_{22}$ 醇/$C_{12} \sim C_{20}$ 烷基葡糖苷、甘油硬脂酸酯/PEG-100 硬脂酸

酯、鲸蜡硬脂醇、角鲨烷、聚二甲基硅氧烷、辛酸/癸酸甘油三酯、牛油果树果脂、氢化霍霍巴油、法国薰衣草提取物、羟苯甲酯、羟苯丙酯混合作为A相投入油相锅加热搅拌至85℃，搅拌溶解完全后保温待用；

（2）将透明质酸钠、黄原胶、甘油、聚乙二醇-8混合作为B相加入水相锅中加热搅拌至85℃，搅拌溶解完全后保温待用；

（3）将乳化锅预热至60～65℃，搅拌速度为50r/min，先将B相抽入，再将A相抽入，搅拌30min，温度保持在85℃；

（4）将C相加入乳化锅，均质3min，保温搅拌30min，温度保持在80～85℃，搅拌速度为35r/min，所述C相为聚丙烯酰胺/C_{13}～C_{14}异链烷烃/月桂醇聚醚-7；

（5）降温至42℃加入D相和E相，保温搅拌10min，搅拌速度为25～30r/min，最后加入F相，保温10～20min，所述D相为聚二甲基硅氧烷/聚二甲基硅氧烷醇，所述E相为抗衰老组合物、丁二醇，所述F相为双（羟甲基）咪唑烷基脲；

（6）搅拌降温至40℃出料。

原料配伍 本品各组分质量份配比范围为：

所述抗衰老组合物由以下质量份的物质组成：倒地铃提取物1～8，柠檬烯2～5，葛根提取物4～6，月见草油3～8。

所述化妆品由以下质量份的原料组成：抗衰老组合物10～30，C_{14}～C_{22}醇/C_{12}～C_{20}烷基葡糖苷1.5～2，甘油硬脂酸酯/PEG-100硬脂酸酯1.2～1.8，鲸蜡硬脂醇1.8～2.2，角鲨烷2.5～3.5，聚二甲基硅氧烷1～3，辛酸/癸酸甘油三酯2～4，牛油果树果脂1～3，氢化霍霍巴油1～3，法国薰衣草提取物0.2～0.8，羟苯甲酯0.1～0.2，羟苯丙酯0.1～0.2，透明质酸钠0.01～0.04，黄原胶0.1～0.14，甘油1～4，聚乙二醇-8 3～7，聚丙烯酰胺/C_{13}～C_{14}异链烷烃/月桂醇聚醚-7 0.2～0.6，聚二甲基硅氧烷/聚二甲基硅氧烷醇0.2～0.6，丁二醇1～2，双（羟甲基）咪唑烷基脲0.1～0.3，去离子水35～70。

所述倒地铃提取物的制备方法为：

（1）将干燥的倒地铃粉碎成平均粒径为20～70目的倒地铃原料粉末；

（2）将步骤（1）中得到的倒地铃原料粉末放入提取容器中，向提取容器中加入15倍的75%乙醇溶液，回流提取5次，每次2h，浓缩，干燥，粉碎后即得到倒地铃提取物。

所述葛根提取物的制备方法为：

（1）取新鲜葛根，洗净干燥，粉碎成粗粒，粗粒用水煎煮提取3次，煎煮时间每次2h，合并两次滤液，静置2h，过滤，滤液备用；

（2）将步骤（1）所得滤液减压浓缩得稠浸膏，将稠浸膏进行喷雾干燥（入口温度为180℃，出口温度为70℃），将干燥后的浸膏粉碎成70目大小的细粉，即得所述葛根提取物。

产品应用 本品是一种抗衰老组合物面霜。

产品特性 本产品有效成分安全无刺激,兼具营养和滋润作用,本配方组分能达到很好的产品功效,有效对抗自由基,延缓皮肤衰老,具有良好的抗衰老能力。

配方 34 抗衰老面霜化妆品

原料配比

原料	配比(质量份)				
	1#	2#	3#	4#	5#
大高良姜提取物	0.8	1	0.26	0.02	0.75
红花提取物	1.1	1.5	0.4	0.03	0.4
黑枣提取物	1	2	0.53	0.5	0.5
甘油硬脂酸酯/PEG-100硬脂酸酯	1.5	1.2	1.35	1.65	1.8
鲸蜡硬脂醇	2	2.2	2.1	1.9	1.8
角鲨烷	3	3.5	3.25	2.75	2.5
聚二甲基硅氧烷	2	1	1.5	2.5	3
辛酸/癸酸甘油三酯	3	2	2.5	3.5	4
鳄梨油	2	3	2.5	1.5	1
氢化霍霍巴油	2	3	2.5	1.5	1
羟苯甲酯	0.15	0.2	0.12	0.17	0.1
羟苯丙酯	0.15	0.2	0.12	0.17	0.1
透明质酸钠	0.02	0.01	0.04	0.03	0.02
甘油	2.5	1	1.75	3.25	4
聚丙烯酰胺	1.15	1.5	1.32	0.97	0.8
聚二甲基硅氧烷/聚二甲基硅氧烷醇	1.75	2	1.87	1.62	1.5
去离子水	加至100	加至100	加至100	加至100	加至100

制备方法

(1) 将甘油硬脂酸酯/PEG-100 硬脂酸酯、鲸蜡硬脂醇、角鲨烷、聚二甲基硅氧烷、辛酸/癸酸甘油三酯、鳄梨油、氢化霍霍巴油、聚丙烯酰胺、聚二甲基硅氧烷/聚二甲基硅氧烷醇、羟苯甲酯、羟苯丙酯混合作为 A 相投入油相锅加热搅拌至 85℃,搅拌溶解完全后保温待用;

(2) 将透明质酸钠、甘油、去离子水混合作为 B 相加入水相锅中加热搅拌至 85℃,搅拌溶解完全后保温待用;

(3) 将乳化锅预热至 60~65℃,搅拌速度为 50r/min,先将 B 相抽入,再将 A 相抽入,搅拌 30min,温度保持在 85℃;

(4) 降温至 45℃加入抗衰老功能的植物组合物,保温搅拌 10min,降温至 40℃出料。

原料配伍 本品各组分质量份配比范围为:

抗衰老组合物按质量份包括以下组分:大高良姜提取物 0.02~1,红花提取物 0.03~1.5,黑枣提取物 0.05~2。大高良姜提取物、红花提取物、黑枣提取物的质量比为(3~8):(4.5~12):(9~16)。

美白抗衰老面霜由以下质量份原料组成：抗衰老组合物 0.1~4.5，甘油硬脂酸酯/PEG-100 硬脂酸酯 1.2~1.8，鲸蜡硬脂醇 1.8~2.2，角鲨烷 2.5~3.5，聚二甲基硅氧烷 1~3，辛酸/癸酸甘油三酯 2~4，鳄梨油 1~3，氢化霍霍巴油 1~3，羟苯甲酯 0.1~0.2，羟苯丙酯 0.1~0.2，透明质酸钠 0.01~0.04，甘油 1~4，聚丙烯酰胺 0.8~1.5，聚二甲基硅氧烷/聚二甲基硅氧烷醇 1.5~2，去离子水加至 100。

所述大高良姜提取物的制备方法包括以下步骤：

（1）将大高良姜烘干，粉碎过 40~60 目筛，用石油醚脱脂 24h，挥干石油醚；

（2）以乙醇为提取溶剂，按料液比为 1∶（65~85），提取温度为 70~90℃，提取 5h，提取液于 3000r/min 条件下离心 20min；

（3）取步骤（2）中经离心后的上清液减压浓缩至膏状即可。

所述红花提取物的制备方法为：将红花烘干、粉碎过 40~60 目筛，备用；取红花粉末，加入乙醇，料液比 1∶（10~30），充分浸泡 20~30min，置于 50℃水浴振荡器中，振荡提取 2h，过滤，离心取上清液，用旋转蒸发仪真空浓缩至膏状即可。

所述黑枣提取物的制备方法为：将黑枣烘干，粉碎成粉末，加入 60%~90%乙醇，于 45℃下超声提取 2~3h 后，离心收集上清液，将残渣重复提取，离心后合并上清液，用旋转蒸发仪浓缩除去乙醇即可。

产品应用 本品主要是一种抗衰老组合物，并将其应用到面霜中，使面霜安全，有效对抗自由基、延缓皮肤衰老。

产品特性

（1）本产品对酪氨酸酶有显著抑制性，对 DPPH 具有显著的清除力，从而发挥良好的抗衰老效果。

（2）由于大高良姜带有的独特香味，其精油可充当香味剂，大高良姜成分有出色的抗菌能力可充当天然的防腐剂，减少产品的人工防腐剂使用量，而且具有特有的辛辣感和温热感，使得本产品具有一定的提神驱寒功效。

配方 35　美白抗衰老化妆品（一）

原料配比

美白抗衰老中药组合物

原料	配比（质量份）		
	1#	2#	3#
芙蓉花	25	30	35
荷花	20	20	15
桃花	20	20	20
白茯苓	15	15	10
白及	10	7	10
甘草	10	8	10

美白抗衰老化妆品

原料		配比(质量份)		
		1#精华液	2#修复面膜	3#护肤乳
水相	尿囊素	0.1	0.1	—
	泛醇	0.5	0.5	0.5
	甜菜碱	0.5	—	—
	汉生胶	0.2	0.2	—
	甘油	5	10	8
	卡波姆941	—	—	0.2
	氢化卵磷脂	—	2.0	—
	丙烯酸(酯)类/$C_{10}\sim C_{30}$烷醇丙烯酸酯交联聚	—	0.5	—
	EDTA二钠	—	—	0.02
	去离子水	加至100	加至100	加至100
油相	角鲨烷	—	4	—
	聚二甲基硅氧烷	—	3	7
	鲸蜡硬脂醇	—	—	2
	辛酸/癸酸甘油三酯	—	—	3
	乳木果油	—	—	1
	山梨醇硬脂酸酯	—	—	1
	聚山梨醇酯-20	—	—	2
	棕榈树异丙酯	—	2	—
	羟苯甲酯	—	0.15	0.15
	羟苯丙酯	—	0.05	0.05
添加相	丁二醇	5	—	—
	1,3-丁二醇	—	—	5
	羟苯甲酯	0.12	—	—
	羟苯丙酯	0.02	—	—
	透明质酸钠	0.02	—	—
	氨甲基丙醇	—	0.3	0.1
	中药组合物	3	4	3

制备方法

美白抗衰老化妆品的中药组合物的制备方法：将中药粉碎，分别用20～100目筛子筛分，混合，按液料质量比为(5∶1)～(20∶1)加入提取溶剂，浸泡1～5h后，在10～100MPa提取压力下用高压均质提取机进行常温提取，提取液经离心分离后，用膜浓缩，浓缩液用大孔树脂吸附，再用体积分数为10%～95%的乙醇多次洗脱，收集洗脱液，膜浓缩至提取液与中药的质量比为(5∶1)～(1∶5)，再加入丁二醇溶解，过滤，制得中药组合物。提取溶剂为水、乙醇或乙醇水溶液。

美白抗衰老精华液制备步骤如下：

(1) 将添加相原料中的羟苯甲酯和羟苯丙酯预先在1,3-丁二醇中加热溶解至澄清透明，备用；

(2) 将水相投入到水相制备锅中，搅拌均匀，加热搅拌至80～85℃；

(3) 保温 20min,然后开冷却水降温到 30～35℃;

(4) 加入添加相和中药组合物,搅拌均匀,检验合格后出料。

美白抗衰老修复面膜制备步骤如下:

(1) 将水相投入到水相制备锅中,搅拌均匀,加热搅拌至 80～85℃;

(2) 将油相投入到油相制备锅中,搅拌均匀,加热搅拌至 80～85℃;

(3) 将水相锅中物料抽入到乳化锅中,将油相锅中物料抽入到乳化锅中,搅拌均匀,然后将乳化锅内抽真空,均质乳化 10min;

(4) 保温 20min,然后开冷却水降温到 30～35℃;

(5) 加入添加相和中药组合物,搅拌均匀,检验合格后出料。

美白抗衰老护肤乳制备步骤如下:

(1) 将水相投入到水相制备锅中,搅拌均匀,加热搅拌至 80～85℃;

(2) 将油相投入到油相制备锅中,搅拌均匀,加热搅拌至 80～85℃;

(3) 将水相锅中物料抽入到乳化锅中,将油相锅中物料抽入到乳化锅中,搅拌均匀,然后将乳化锅内抽真空,均质乳化 10min;

(4) 保温 20min,然后开冷却水降温到 30～35℃;

(5) 加入添加相和中药组合物,搅拌均匀,检验合格后出料。

原料配伍　本品各组分质量份配比范围为:

美白抗衰老的中药组合物由以下质量份的组分制成:芙蓉花 5～40,荷花 5～30,桃花 5～25,白茯苓 5～25,白及 5～25,甘草 5～25。

所述的美白抗衰老的中药组合物用于化妆品中,含有的美白抗衰老的中药组合物的添加量为 0.01%～20%。

产品应用　本品是一种美白抗衰老化妆品。

产品特性　本品具有良好的美白抗衰老功效,可以有效改善皮肤色素的沉积,令肌肤透亮细腻。

配方 36　美白抗衰老护肤品

原料配比

原料	配比(质量份)		
	1#	2#	3#
去离子水	50	55	60
人参提取物	10	12	15
葡萄籽提取物	10	12	15
茉莉花	2	3	3.5
胶原蛋白	4	5	6
甘油	3	4	5
苯甲酸钠	1	1.5	2
丙二醇脂肪酸酯	2	3	3.5
EGCG 单体	0.8	1	1.4

制备方法

(1) 将去离子水加热至 60~65℃,加入人参提取物、葡萄籽提取物,搅匀后于 25~30℃放置 10~40min,然后过滤,得复配提取物溶液;提取物需要初步溶解、过滤后才能使用,最后添加 EGCG 单体可以避免其他原料处理过程中破坏其结构而影响效果。

(2) 将胶原蛋白、添加剂与所述的复配提取物溶液混合均匀后加入 EGCG 单体,搅匀溶解后的美白抗衰老护肤品。当需要添加香料时,将所述的香料与人参提取物、葡萄籽提取物一起加入到去离子水中。

原料配伍 本品各组分质量份配比范围为:去离子水 50~60,EGCG 单体 0.8~1.4,人参提取物 10~15,葡萄籽提取物 10~15,茉莉花 2~4,胶原蛋白 4~6,甘油 3~5,苯甲酸钠 1~2,丙二醇脂肪酸酯 2~4。

添加剂包括保湿剂、防腐剂和乳化剂。保湿剂为 3~5 份,防腐剂为 1~2 份,乳化剂为 2~3.5 份。

所述的保湿剂可以为甘油、丙二醇、山梨醇、聚乙二醇、透明质酸等。

所述的防腐剂可以为苯甲酸钠、山梨酸钾、咪唑烷基脲、己内酰脲等。

所述的乳化剂可以为丙二醇脂肪酸酯、单硬脂酸甘油酯、氢化卵磷脂等。

所述的美白抗衰老护肤品的组成还包括香料。香料可以改善产品气味,含量过低起不到效果,过高会影响主要成分发挥作用。以质量份计,所述的香料为 2~3.5 份。所述的香料可以为茉莉花。

所述的人参提取物和葡萄籽提取物均为市面上可购买的产品,其中人参提取物中有效成分人参总皂苷≥80%,葡萄籽提取物中有效成分原花青素≥80%。

产品应用 本品主要是一种美白抗衰老护肤品。

产品特性

(1) 本产品以 EGCG 为核心原料,添加其他相应成分进行合理搭配组成护肤品配方,具有优异的美白抗氧化(即抗衰老)作用。

(2) EGCG 多效护肤,能从源头调解皮肤多重问题,胶原蛋白具有保湿、滋养皮肤、亮肤、紧肤、防皱效果。

(3) 原料利用高纯度 EGCG,少量高效的特点,改善了化妆品之间的配伍性。

(4) 本化妆品的原料为天然植物提取物,更加安全,环保,无重金属及有机溶剂残留等问题。

配方 37 美白抗衰老化妆品（二）

原料配比

原料			配比（质量份）		
			1#	2#	3#
油相	油脂	硬脂酸	7	—	3
		羊毛脂	—	4	—
		棕榈酸异丙酯	5	—	—
		二甲基硅油	—	6	4
		杏仁油	4	6	—
		蓖麻油	1	—	—
		貂油	—	2	—
		橄榄油	—	—	4
		白油	—	3	—
		硬脂酸丁醇酯	—	—	4
	乳化剂	单硬脂酸甘油酯	8	6	—
		失水山梨糖醇油酸酯	—	3	—
		失水山梨糖醇单棕榈酸酯	—	—	4
	助乳化剂	十六醇	2	—	1.5
		十八醇	—	2.5	1
水相	保湿剂	1,3-丁二醇	4	2	—
		甘油	—	2	6
	碱剂	三乙醇胺	0.9	—	—
	增稠剂	羧甲基纤维素	0.2	—	—
	乳化剂	聚氧乙烯十六醇醚	—	3	2
		聚氧乙烯醚失水山梨糖醇硬脂酸酯	3	2	—
		平平加	—	2	—
		聚氧乙烯醚失水山梨糖醇棕榈酸酯	—	—	2
	稳定剂	乙二胺四乙酸钠	0.1	—	—
		去离子水	60.4	52.8	64.3
功能性组分		石榴皮提取物	0.5	0.6	0.5
		螺旋藻提取物	0.8	0.8	0.5
		玉米超氧化歧化酶提取物	0.6	0.6	0.5
	果酸混合物	乳酸	1	1	1.2
		苹果酸	1	—	—
		柠檬酸	—	—	1.2
防腐剂		对羟基苯甲酸丁酯	0.5	0.7	—
		对羟基苯甲酸丙酯	—	—	0.3

制备方法

（1）将油相中的所有物料加入到反应锅 A 中，边搅拌边升温至所有物料均溶解，保持 20～30min。

（2）将水相中的所有物料加入到反应锅 B 中，边搅拌边升温至 80～90℃，保持 20～30min。将步骤（1）中溶解的物料加到反应锅 B 中，搅拌

20～30min。

(3) 将反应锅 B 中的物料降温至 40～50℃，加入防腐剂和功能性组分中的物料，保温搅拌 20～30min，缓慢降温至室温，得到美白抗衰老化妆品。

原料配伍　本品各组分质量份配比范围为：

油相：油脂 15～25，乳化剂 0.5～10，助乳化剂 1～5。

水相：去离子水 30～75，乳化剂 0.5～8，保湿剂 3～8，碱剂 0～3，增稠剂 0～1.5，稳定剂 0～0.5。

功能性组分：石榴皮提取物 0.5～1.5，螺旋藻提取物 0.5～3，玉米超氧化歧化酶提取物 0.5～3，果酸混合物 1～5。

防腐剂 0.3～2。

所述的油相中的油脂包括动物性油脂，如硬脂酸、羊毛脂、鲸蜡、貂油；植物性油脂，如椰子油、橄榄油、霍霍巴油、蓖麻油、杏仁油、玉米胚芽油；矿物油，如白油；合成油脂，如二甲基硅油、苯基甲基硅油、环甲基硅油、氨基硅油、棕榈酸异丙酯、硬脂酸丁醇酯。优选的方案为动物性油脂、植物性油脂及合成油脂三类油脂中至少两类油脂的混合物。油相中的乳化剂包括单硬脂酸甘油酯、失水山梨糖醇油酸酯、失水山梨糖醇单硬脂酸酯、失水山梨糖醇单棕榈酸酯、脂肪醇聚氧乙烯醚等中的一种或几种的混合物。油相中的助乳化剂包括十六醇、十八醇。

所述水相中的乳化剂包括硬脂酸谷氨酸钠、聚氧乙烯十六醇醚、聚氧乙烯醚失水山梨糖醇硬脂酸酯、聚氧乙烯醚失水山梨糖醇棕榈酸酯、脂肪醇聚氧乙烯醚、平平加等中的一种或几种的混合物。水相中的保湿剂包括甘油、1,3-丙二醇、1,3-丁二醇、山梨糖醇中的一种或几种。水相中的碱剂有氢氧化钾、氢氧化钠、三乙醇胺、二乙醇胺、乙醇胺中的一种。水相中的增稠剂包括硬脂基二甲基氧化胺、汉生胶、阿拉伯树胶、羧甲基纤维素、羟乙基纤维素、瓜尔胶等中的一种或几种。水相中的稳定剂包括乙二胺四乙酸钠、柠檬酸钠。

所述的石榴皮提取物是将石榴皮粉碎，利用有机溶剂在超声波辅助作用下浸提其中的活性组分，随后用活性炭进行脱色处理，过滤去除活性炭后，减压蒸馏去除有机溶剂即可得到提取物。得到的提取物用磷脂进行包埋处理得到粒径为 1～20μm 的包埋石榴皮提取物。

所述的螺旋藻提取物是将螺旋藻进行超声波破碎后，利用磷酸盐缓冲溶液浸提其中的活性成分，随后采用凝胶柱子色谱分离、纯化浓缩，得到的提取物产品。得到的提取物用磷脂进行包埋处理得到粒径为 1～20μm 的包埋螺旋藻提取物。

所述的玉米超氧化歧化酶提取物是将玉米浸泡发芽后进行粉碎打浆，利用磷酸盐缓冲溶液浸提玉米浆中的超氧化歧化酶，随后升高温度利用热变性法纯化提取超氧化歧化酶，得到提取物。得到的提取物用明胶进行包埋处理，得到粒径为 1~20μm 的包埋玉米超氧化歧化酶提取物。

所述的果酸混合物包括乳酸、曲酸、柠檬酸、苹果酸、酒石酸。果酸混合物经磷脂包埋处理，得到粒径为 1~20μm 的包埋果酸混合物。

所述防腐剂包括对羟基苯甲酸甲酯、羟基苯甲酸丙酯、羟基苯甲酸丁酯、双（羟甲基）咪唑烷基脲中的一种或几种。

产品应用　本品主要是一种同时具有美白和抗衰老功能的化妆品。

产品特性　本化妆品的活性组分来自于天然提取物，通过活性组分的合理复配，同时具有美白和抗衰老功效。活性成分通过包埋处理，有效地解决了活性组分的分散性和稳定性问题，同时也可有效地延缓活性组分的释放速度，达到长期有效、安全使用的目的。

配方 38　美白抗衰老洁面乳

原料配比

原料	配比(质量份)		
	1#	2#	3#
月桂酸	4	4	4
甘油	8	6	8
氢氧化钾	2	2	4
角鲨烷	4	6	4
月桂酰谷氨酸钠	2	2	4
单硬脂酸甘油酯	4	4	6
聚乙二醇	4	4	4
杜仲提取物	2	2	2
辣木叶提取物	4	2	2
麦门冬提取物	4	2	4
银杏叶提取物	4	2	4
EDTA 二钠	1	1	1
羟苯甲酯	0.2	0.2	0.2
香精	0.08	0.08	0.08
水	加至 100	加至 100	加至 100

制备方法

(1) 往油相锅中加入月桂酸、角鲨烷、单硬脂酸甘油酯、羟苯甲酯，搅拌加热至 80~90℃，搅拌至物料完全溶解，得到物料 A；

(2) 往水相锅中加入甘油、氢氧化钾、聚乙二醇、EDTA 二钠，搅拌加热至 80~90℃，搅拌至物料完全溶解，得到物料 B；

(3) 往乳化锅中加入物料 A 和物料 B，搅拌混合均匀，加热至 80~90℃，保温 30~40min 后开始降温；

(4) 体系降温至 50℃，加入月桂酰谷氨酸钠，搅拌至均匀；

(5) 体系继续降温至 40℃，加入杜仲提取物、辣木叶提取物、麦门冬提取物、银杏叶提取物和香精，搅拌至均匀，降温至室温，出料即得美白抗衰老洁面乳。

原料配伍 本品各组分质量份配比范围为：月桂酸2~8，甘油6~10，氢氧化钾1~6，角鲨烷4~8，月桂酰谷氨酸钠1~4，单硬脂酸甘油酯2~6，聚乙二醇2~4，杜仲提取物2~4，辣木叶提取物2~4，麦门冬提取物2~6，银杏叶提取物2~6，EDTA二钠1~2，羟苯甲酯0.08~0.4，香精0.08~0.6，水加至100。

所述杜仲提取物的制备方法为：取杜仲，洗净，干燥后粉碎，过80~100目筛，加入其质量6~10倍量体积分数为70%~85%的乙醇，浸泡4~8h，在45~65℃温度下超声提取两次，每次30~60min，超声频率为25~35kHz，过滤，合并滤液，滤液减压浓缩至60℃时，得到相对密度为1.05~1.2的浸膏，即得。

所述辣木叶提取物的制备方法为：取辣木叶，洗净，干燥后粉碎，过80~100目筛，加入药材总量8~12倍量体积分数为50%~70%的乙醇，再加入药材总量1.5%~3%的蜗牛酶，在38~45℃下浸提1~2h，然后在85~95℃回流提取1~2h，过滤，滤液减压浓缩至60℃时，得到相对密度为1.1~1.25的浸膏，即得。

所述麦门冬提取物的制备方法为：取麦门冬，洗去杂质，干燥后粉碎，过60~80目筛，加入药材总质量6~8倍量体积分数为60%~80%的乙醇，微波提取8~15min，微波功率为240~300W，提取温度为45~65℃，过滤，滤液减压浓缩至60℃时，得到相对密度为1.2~1.25的浸膏，即得。

所述银杏叶提取物的制备方法为：取银杏叶，洗去杂质，干燥后粉碎，过60~80目筛，得粗粉；将粗粉置于超临界二氧化碳萃取装置中，加入粗粉总量30%~45%体积分数为70%~85%的乙醇，调控二氧化碳流量为15~20L/h，萃取压力为15~20MPa，萃取温度为40~60℃，萃取时间为1.5~2h，减压分离，即得。

产品应用 本品是一种美白抗衰老洁面乳。

使用方法：每日早晚各使用一次，使用前将脸部以清水打湿，挤出适量洁面乳于掌心，加入少量清水揉搓起丰富泡沫，在脸部按摩片刻后以清水冲洗干净。

产品特性

(1) 本产品添加杜仲提取物、辣木叶提取物、麦门冬提取物、银杏叶提取物，洁净皮肤的同时及时补水保湿，且将抗皱成分有效地送达肌肤深层，修复受损或缺乏养分的细胞，减少细纹、淡化色斑、延缓衰老，使肌肤水润光滑、有弹性。

(2) 本产品温和亲肤，起泡丰富、易冲洗，无重金属、无起泡剂等，含有多种天然活性成分，对肌肤无刺激；可深层清洁、补水保湿、美白抗皱。

配方 39 祛皱抗衰老化妆品

原料配比

原料			配比(质量份)			
			1#	2#	3#	4#
油相组分	(小烛树蜡/霍霍巴蜡/米糠)聚甘油-3 酯(和)甘油硬脂酸酯(和)鲸蜡硬脂醇(和)硬脂酰乳酰乳酸钠		1	1	1	1
	鲸蜡硬脂基葡糖苷		1	1	1	1
	鲸蜡硬脂醇		1	1	1	1
	角鲨烷		2	2	2	2
	小麦胚芽油		1	1	1	1
	太阳花籽油		1	1	1	1
	可可籽脂		2	2	2	2
水相组分	水		加至100	加至100	加至100	加至100
	甘油		5	5	5	5
	丁二醇		1	1	1	1
	戊二醇		1	1	1	1
	海藻糖		0.5	0.5	0.5	0.5
	聚丙烯酸钠		0.3	0.3	0.3	0.3
添加相组分		生育酚乙酸酯	1	1	1	1
	活性物	三氟乙酰三肽-2、甘油和葡聚糖	3	—	—	1
		紫雏菊提取物	—	3	—	1
		白松露提取物	—	—	3	1
	香精		0.1	0.1	0.1	0.1
	防腐剂		0.1	0.1	0.1	0.1

制备方法

(1) 将植物油脂、角鲨烷、鲸蜡硬脂醇、乳化剂加热至80~90℃，搅拌至完全溶解，得油相；

(2) 将增稠剂、保湿剂、去离子水加热至80~95℃，搅拌至完全溶解，得水相；

(3) 将所述油相和水相混合均匀，搅拌乳化，得到乳化液；

(4) 在所述乳化液中添加生育酚乙酸酯，搅拌均匀，得到混合液；

(5) 将所述混合液降温至50~60℃加入活性物、香精和防腐剂，制得成品，即为祛皱抗衰老的化妆品。

原料配伍 本品各组分质量份配比范围为：乳化剂1~3，保湿剂5~15，润肤剂5~15，活性物2~6，增稠剂0.1~0.4，防腐剂0.1~0.5，水加至 100。

为使产品的气味更加符合消费者的需求，可以在产品中添加香精，添加的香精量量份为 0.02~0.1。

所述的润肤剂为天然植物油脂、生育酚乙酸酯、鲸蜡硬脂醇和角鲨烷的组合。所述天然植物油脂、生育酚乙酸酯、鲸蜡硬脂醇和角鲨烷的质量份比为 (0.1~3)∶(0.1~5)∶(0.5~2)∶(1~5)。

所述的天然植物油脂包括但不限于油橄榄果油、小麦胚芽油、霍霍巴油、葡萄籽油、甜杏仁油、澳洲坚果油、白池花籽油、牡丹花籽油、刺阿甘树油、巴巴苏籽油、桃仁油、甜橙果皮油、深海两节荠籽油、太阳花籽油、鳄梨油、蓖麻籽油、印度藤黄籽脂、大花可可树籽脂、牛油果树果脂、芒果籽脂、大红桔脂、可可籽脂。优选的天然植物油脂为小麦胚芽油、太阳花籽油与可可籽脂的组合。

所述乳化剂为天然无 PEG 乳化剂，（小烛树蜡/霍霍巴蜡/米糠）聚甘油-3 酯（和）甘油硬脂酸酯（和）鲸蜡硬脂醇（和）硬脂酰乳酰乳酸钠（乳化剂 Emulium KAPPA）、鲸蜡硬脂基葡糖苷、肉豆蔻醇和肉豆蔻基葡糖苷、鲸蜡硬脂醇和椰油基葡糖苷、花生醇、山嵛醇和花生醇葡糖苷、C_{14}~C_{22} 醇和 C_{14}~C_{22} 烷基葡糖苷、椰油基葡糖苷和椰油醇、羟硬脂基葡糖苷和羟硬脂醇、鲸蜡硬脂基橄榄油酯和山梨醇橄榄油酸酯中的一种或两种以上的组合。

所述保湿剂为甘油、丙二醇、丁二醇、戊二醇、蛋白多糖、海藻糖、葡聚糖中的至少一种或几种的组合。

所述增稠剂为黄原胶、硅酸铝镁、丙烯酰二甲基牛磺酸铵/维生素 P 共聚物、聚丙烯酸钠中的一种或两种以上的组合。

所述活性物为混合物 A、紫雏菊提取物、白松露提取物中一种或者两种以上的组合；所述混合物 A 为三氟乙酰三肽-2、甘油和葡聚糖的混合物，三氟乙酰三肽-2、甘油、葡聚糖的质量比为（0.15~0.025）∶（65~75）∶（0.04~0.08）。

产品应用　本品主要是一种具有祛皱抗衰老作用的化妆品。

产品特性　本产品所述的祛皱抗衰老化妆品有，肤感柔润，铺展性好、易吸收，冷热稳定性优异等特点。本产品，可以明显地提高皮肤的弹性，减少面部皮肤细纹、皱纹，能够减轻皮肤下垂、松弛，同时具备质感轻盈、易吸收的特点，抗衰老作用好。

配方 40　含辅酶 Q10 润肤防皱抗衰老化妆品

原料配比

原料	配比			
	1#润肤霜	2#晚霜	3#面霜	4#手足养护霜
辅酶 Q10/g	0.3	0.1	0.2	0.3
芝麻油/g	10	28	20	20
硫辛酸/g	0.5	0.3	0.5	0.3
神经酰胺/g	—	—	1	—
透明质酸/g	—	—	0.5	0.5
β-葡聚糖/g	—	—	1	—
甘草酸二钾/g	0.1	0.1	0.1	0.1
牛磺酸/g	0.2	0.1	0.2	0.1
维生素 E/g	1	1	0.5	0.5
维生素 D/g	1	1	0.5	0.5
维生素 C/g	—	0.2	—	—
维生素 B_6/g	—	0.2	—	—
矿物油/g	—	5～10	—	—
羊毛脂/g	—	10～12	—	—
硬脂酸/g	8～1.2	3～4.5	—	—
蜂蜡/g	2～3	—	—	—
鲸蜡/g	—	5.4～6.5	—	—
鲸蜡硬脂醇/g	—	—	2～4	2～4
聚二甲基硅氧烷/聚甲基硅氧烷共聚物/g	—	—	3～7	3～7
PEG-100 硬脂酸酯/g	—	—	3～6	3～6
鲸蜡醇/g	—	10～12	—	—
十六醇/g	5～7	—	—	—
角鲨烷/g	8～10	—	—	—
单硬脂酸甘油酯/g	2～3	—	—	—
聚氧乙烯单月桂酸酯/g	2～3	—	—	—
聚乙二醇-400/g	—	—	5～8	5～8
丙二醇/g	3～5	—	3～5	3～5
环聚二甲基硅氧烷/g	—	—	15～20	15～20
十三烷醇偏苯三酸酯/g	—	—	5～8	5～8
氢化聚癸烯/g	—	—	3～7	3～7
羊毛脂衍生物/g	1～2	—	—	—
三乙醇胺/g	—	8～10	—	—
丙烯酰胺/丙烯酸钠共聚物/g	—	—	1～3	1～3
羟苯乙酯/g	0.1～0.2	0.1～0.2	0.1～0.2	0.1～0.2
羟苯丙酯/g	—	—	0.1～0.2	0.1～0.2
羟苯甲酯/g	—	—	0.1～0.2	0.1～0.2
香精/g	适量	适量	—	—
去离子水/mL	40～55	30～40	适量	适量

制备方法

1#润肤霜制备：

（1）称取配方量的辅酶 Q10，加进芝麻油中，在 30～40℃时振动 30min，使辅酶 Q10 充分溶解在芝麻油中。

（2）取硬脂酸、蜂蜡、十六醇、角鲨烷、单硬脂酸甘油酯、羊毛脂衍生物、聚氧乙烯单月桂酸酯混合熔融至 80℃，加入预先溶解在芝麻油中的辅酶 Q10、维生素 E 及维生素 D，搅拌溶解得油相。

（3）取羟苯乙酯、丙二醇、牛磺酸、硫辛酸、甘草酸二钾和蒸馏水加热溶解至 80℃得水相。

（4）将水相缓慢加入油相中，边加边搅拌，40℃以下加入适量香精，放冷即得米黄色细腻乳膏。

2#晚霜制备工艺：

（1）称取配方量的辅酶 Q10，加进芝麻油中，在 30～40℃时振动 30min，使辅酶 Q10 充分溶解在芝麻油中。

（2）取矿物油、羊毛脂、硬脂酸、鲸蜡、鲸蜡醇混合熔融至 80℃，加入预先溶解在芝麻油中的辅酶 Q10 及维生素 E 和维生素 D，搅拌溶解得油相。

（3）另取三乙醇胺、羟苯乙酯、牛磺酸、硫辛酸、甘草酸二钾和去离子水加热溶解至 80℃得水相。

（4）将油相缓慢加入水相中，边加边搅拌。

（5）45℃以下加入维生素 C、维生素 B_6 及适量香精，放冷即得。

3#面霜制备工艺：

（1）称取配方量的辅酶 Q10，加进芝麻油中，在 30～40℃时振动 30min，使辅酶 Q10 充分溶解在芝麻油中。

（2）按化妆品的常规工艺添加配方中的各种成分，即可。

4#手足养护霜配制方法：

（1）称取配方量的辅酶 Q10，加进芝麻油中，在 30～40℃时振动 30min，使辅酶 Q10 充分溶解在芝麻油中。

（2）按化妆品的常规工艺添加配方中的各种成分，即可。

原料配伍　本品各组分配比范围为：

润肤霜：辅酶 Q10 0.1～0.5g，芝麻油 10～30g，硫辛酸 0.1～0.5g，甘草酸二钾 0.1～0.5g，牛磺酸 0.1～0.5g，维生素 E 0.5～2g，维生素 D 0.5～2g，硬脂酸 8～1.2g，蜂蜡 2～3g，十六醇 5～7g，角鲨烷 8～10g，单硬脂酸甘油酯 2～3g，聚氧乙烯单月桂酸酯 2～3g，丙二醇 3～5g，羊毛脂衍生物 1～2g，羟苯乙酯 0.1～0.2g，香精适量，去离子水 40～55mL。

晚霜：辅酶 Q10 0.1～0.5g，芝麻油 10～30g，硫辛酸 0.1～0.5g，甘草酸二钾 0.1～0.5g，牛磺酸 0.1～0.5g，维生素 E 0.5～2g，维生素 D 0.5～2g，维生素 C 0.1～0.5g，维生素 B_6 0.1～0.5g，矿物油 5～10g，羊毛脂 10～12g，硬脂酸 3～4.5g，鲸蜡 5.4～6.5g，鲸蜡醇 10～12g，三乙醇胺 8～10g，羟苯乙酯 0.1～0.2g，香精适量，去离子水 30～40mL。

面霜：辅酶 Q10 0.1～0.5g，芝麻油 10～30g，神经酰胺 0.5～1.5g，透明质酸 0.3～2g，β-葡聚糖 0.1～1g，硫辛酸 0.1～0.5g，甘草酸二钾 0.1～0.5g，牛磺酸 0.1～0.5g，维生素 E 0.5～2g，维生素 D 0.5～2g，聚乙二醇-400 5～8g，丙二醇 3～5g，环聚二甲基硅氧烷 15～20g，十三烷醇偏苯三酸酯 5～8g，氢化聚癸烯 3～7g，鲸蜡硬脂醇 2～4g，聚二甲基硅氧烷/聚甲基硅氧烷共聚物 3～7g，PEG-100 硬脂酸酯 3～6g，丙烯酰胺/丙烯酸钠共聚物 1～3g，苯氧乙醇 0.1～0.2g，羟苯甲酯 0.1～0.2g，羟苯乙酯 0.1～0.2g，去离子水适量。

手足养护霜：辅酶 Q10 0.1～0.5g，芝麻油 10～30g，透明质酸 0.3～2g，硫辛酸 0.1～0.5g，甘草酸二钾 0.1～0.5g，牛磺酸 0.1～0.5g，维生素 E 0.5～2g，维生素 D 0.5～2g，聚乙二醇-400 5～8g，丙二醇 3～5g，环聚二甲基硅氧烷 15～20g，十三烷醇偏苯三酸酯 5～8g，氢化聚癸烯 3～7g，鲸蜡硬脂醇 2～4g，聚二甲基硅氧烷/聚甲基硅氧烷共聚物 3～7g，PEG-100 硬脂酸酯 3～6g，丙烯酰胺/丙烯酸钠共聚物 1～3g，苯氧乙醇 0.1～0.2g，羟苯甲酯 0.1～0.2g，羟苯丙酯 0.1～0.2g，去离子水适量。

产品应用 本品主要是一组专供中老年人护肤，减缓皮肤衰老的化妆品。

产品特性 芝麻油是辅酶 Q10 的良好的助渗剂，可以促进辅酶 Q10 的透皮吸收，可以使辅酶 Q10 迅速穿透表皮进入真皮层，更好地发挥护肤作用，芝麻油的抗氧化成分还可以使辅酶 Q10 从氧化型迅速转换成还原型，迅速发挥抗氧化的作用，两者联合应用，可以使皮肤干燥、粗糙、鳞屑、肥厚等症状加速消退，芝麻油与辅酶 Q10 联合应用，还可更好地在皮肤表面协同发挥抗炎、抗菌、抗病毒的作用。本产品把辅酶 Q10 以特定的形式溶解在芝麻油中，制备成可供外用的护肤膏霜、如润肤霜、晚霜、面霜、手足养护霜，可以迅速补充肌肤所需水分，并可在皮肤表面形成一层乳化皮脂薄膜，防止水分蒸发，保持皮肤的滋润，发挥润肤防皱抗衰老的功效。本产品针对中老年人皮肤变化的特点，以润肤、抗皱，预防皮肤衰老为目标，设计一组含辅酶 Q10 与芝麻油的组合物的护肤外用制剂及化妆品，克服现有技术对中老年人皮肤护理的不足。

配方 41　天然抗衰老红石榴护肤品

原料配比

原料	配比（质量份）		
	1#	2#	3#
红石榴果肉提取物	10	15	12.5
红石榴皮提取物	1	7	4
红石榴籽油	1	4	2.5
红石榴花精油	3	6	4.5
小球藻生长因子	5	8	6.5
红枣多糖	1	2	1.5
丝精	3	4	3.5
当归提取物	3	6	4.5
黄柏提取物	3	4	3.5
甘草提取物	4	5	4.5
百合提取物	2	3	2.5
玫瑰纯露	1	2	1.5
茶树纯露	0.5	1	1
丝胶	2	3	2.5
水溶性珍珠粉	1	3	2
椰油酰基丙氨酸三乙醇胺盐	3	5	4
椰油酰胺丙基甜菜碱	1	3	2
月桂酸单甘油酯	1	2	1.5
冰川水	加至100	加至100	加至100

制备方法

（1）取鲜红石榴洗净，分离果肉、籽、皮，先将红石榴果肉直接榨汁得到红石榴原汁，澄清过滤，收集清液，浓缩后冷冻干燥，得到红石榴果肉提取物；然后将红石榴籽烘干，含水率控制在8%～10%，投入压榨机内压榨，温度控制在50～80℃，得到初级红石榴籽油，取出残渣，粉碎至80目，籽渣末投入石油醚中超声波辅助浸提，按料液比（质量体积比）1:10，在提取温度35～50℃、超声功率60W的条件下提取1～2h，减压蒸馏，得到次级红石榴籽油，合并初级红石榴籽油和次级红石榴籽油，得到的混合籽油中加入其质量2%～5%的活性炭，搅拌10～20min，过滤，得到红石榴籽油；将红石榴皮烘干，粉碎至60～80目，加入其质量15～20倍量的水，在45～85℃的条件下超声波辅助浸提，超声功率为80W，提取时间为2～3h，然后离心，过滤，减压浓缩，冷冻干燥，得到红石榴皮提取物。

（2）将红石榴鲜花和水投入蒸馏釜进行蒸馏，红石榴鲜花和水的质量比为1:（5～6），向蒸馏釜内通入蒸汽对红石榴鲜花和水直接加热，蒸馏5～5.5h，蒸馏釜内的真空度为-0.8～-0.1MPa，蒸馏温度为90～95℃，蒸馏釜出来的馏出物冷却后导入油水分离器，在28～38℃条件下进行油水分离，弃去水层，得到的油层即为红石榴花精油。

（3）在冰川水中依次加入红石榴果肉提取物、红石榴皮提取物、小球藻生长因子、红枣多糖、当归提取物、黄柏提取物、甘草提取物、百合提取物、玫瑰纯露、茶树纯露，并搅拌，然后加热至 35～55℃，继续加入丝胶、丝精、水溶性珍珠粉使溶解，得到组分 A。

(4) 将红石榴籽油和红石榴花精油混合，加热至 45～65℃，向其中加入月桂酸单甘油酯、椰油酰基丙氨酸三乙醇胺盐、椰油酰胺丙基甜菜碱，搅拌均匀使混溶，得到组分 B。

(5) 在温度 40℃条件下，将组分 A 和组分 B 混合，补足冰川水，乳化均匀，降至室温，检测合格后灌装，包装。

原料配伍 本品各组分质量份配比范围为：红石榴果肉提取物 10～15，红石榴皮提取物 1～7，红石榴籽油 1～4，红石榴花精油 3～6，小球藻生长因子 5～8，红枣多糖 1～2，丝精 3～4，当归提取物 3～6，黄柏提取物 3～4，甘草提取物 4～5，百合提取物 2～3，玫瑰纯露 1～2，茶树纯露 0.5～1，丝胶 2～3，水溶性珍珠粉 1～3，椰油酰基丙氨酸三乙醇胺盐 3～5，椰油酰胺丙基甜菜碱 1～3，月桂酸单甘油酯 1～2 和冰川水加至 100。

产品应用 本品是一种天然抗衰老红石榴护肤品。

产品特性 本产品以红石榴为主要原料，利用其花、籽、皮、果肉的提取物辅以甘草、丝精、小球藻等天然成分，调理修护皮肤，有效祛除皮肤表面干燥老化角质，控制皮肤油脂分泌过量，具有养颜美容功能，可增强皮肤的弹性和活力，深层洁净滋润，有抗衰老功效。

配方 42 天然抗衰老化妆品

原料配比

原料		配比(质量份)			
		1#	2#	3#	4#
A组分	霍霍巴油	5	2	5	2
	棕榈酸异丙酯	1	0.6	1	0.6
	聚丙烯酰胺	0.6	0.3	0.6	0.3
	红没药醇	0.1	0.05	0.1	0.05
	氮酮	0.1	0.05	0.1	0.05
	十六烷基糖苷	2.5	1.5	2.5	1.5
	单硬脂酸甘油酯	1	7	1	7
B组分	透明质酸钠	3	2	3	2
	尼泊金甲酯	0.2	0.2	0.2	0.2
	氨基酸保湿剂	2	1	2	1
	1,3-二羟甲基-5,5-二甲基乙内酰脲	0.1	0.1	0.1	0.1
C组分	染料木素	0.2	0.2	0.2	0.2
	阿魏酸	0.02	0.02	0.02	0.02
	藁本内酯	0.02	0.02	0.02	0.02
	当归提取物	—	—	2	0.5
	甘油	3	2	3	2
	去离子水	加至 100	加至 100	加至 100	加至 100

制备方法

(1) 将 A 组分的所有原料于烧杯中加热至 80～90℃，搅拌至完全溶解后得 Ⅰ 相；

(2) 将 B 组分的所有原料逐一加入去离子水中，加热至 80～90℃，搅拌至完全溶解后得 Ⅱ 相；

(3) 将 Ⅱ 相加入 Ⅰ 相中，用均质机均质 1～5min，搅拌降温至 40℃，加入 C 组分，搅拌至混合均匀即可。

原料配伍　本品各组分质量份配比范围为：

A 组分：霍霍巴油 2～8，棕榈酸异丙酯 0.5～4，聚丙烯酰胺 0.2～4，红没药醇 0.01～0.5，氮酮 0.01～0.5，十六烷基糖苷 1～6，单硬脂酸甘油酯 1～7；

B 组分：透明质酸钠 1～5，尼泊金甲酯 0.2～0.4，氨基酸保湿剂 0.5～5，1,3-二羟甲基-5,5-二甲基乙内酰脲 0.2～0.5；

C 组分：染料木素 0.1～0.4，阿魏酸 0.01～0.05，蒿本内酯 0.01～0.05，当归提取物 0.5～2，甘油 1～7；

去离子水加至 100。

所述的当归提取物中含有阿魏酸和蒿本内酯。

产品应用　本品是天然抗衰老化妆品，用于绝经后的老年女性。

产品特性

(1) 本产品将染料木素与阿魏酸和蒿本内酯或染料木素与当归提取物合用，能起到更好的协同促进作用，从而延缓皮肤衰老，保持面部皮肤弹性，减少皱纹，促进面部血液循环，保持面色红润，抑制皮肤黑色素的形成，还起到美白的作用。同时本品还能促进植物雌激素的透皮吸收，药物提取物自身又可以起到很好的抗氧化保质作用。

(2) 本产品的抗衰老化妆品主要适用于停经后妇女，以解决停经后妇女的内源性生理衰老为目的，色泽洁白细腻、气味清新淡雅、感官舒适滋润、不油腻、透气性好，早晚都可以使用，而且不含香精和防腐剂，对皮肤刺激性小，无不良反应，安全可靠。

配方 43　天然抗衰老面膜液

原料配比

原料	配比(质量份)		
	1#	2#	3#
枸杞子	40	45	42
三七	42	36	38
五味子	24	18	20
刺五加	19	17	18
上清液	60	70	65
山梨醇	12	10	11
海藻酸钠	16	14	15
抗坏血酸	8	6	4
400 目竹纤维	22	18	20

制备方法

(1) 按质量份数计,取 40~45 份枸杞子、36~42 份三七、18~24 份五味子及 17~19 份刺五加,放入 50℃烘箱中干燥 3~5h,再放入粉碎机中进行粉碎,过 200 目筛,将过筛颗粒使用高压喷枪,在 1~2MPa 下喷入长 30~40cm,内径为 8~12cm 的竹筒内,喷入的颗粒与竹筒的质量比为 1:(10~12);

(2) 在上述颗粒喷入竹筒后,向竹筒内加入质量分数为 40%的乙醇溶液,加入量为竹筒容积的 60%~70%,使用质量分数为 5%的柠檬酸溶液调节 pH 值至 6~6.5,使用半透膜密封竹筒开口,并开口向上置于蒸锅中,在 100~110℃下蒸煮 3~5h;

(3) 在上述蒸煮完成后,将竹筒取出自然冷却至室温,使用混合液填充竹筒,再加入混合液质量 0.8%~1.2%的乳酸菌粉,并将竹筒口向上置于恒温培养箱中,在 30~35℃下发酵 20~24h,所述混合液为质量分数为 10%葡萄糖溶液、质量分数为 3%透明质酸钠溶液和质量分数为 2.5%亚麻酸乙醇溶液按体积比 8:2:1 混合而成;

(4) 在上述发酵结束后,将竹筒至于超声振荡器中,在 30~40kHz 下振荡 1~2h,随后将竹筒内的混合物倒入离心机中,在 5000r/min 离心 10~15min,收集上清液,按质量份数计,取 60~70 份上清液、10~12 份山梨醇、14~16 份海藻酸钠、4~8 份抗坏血酸及 18~22 份 400 目竹纤维,放入搅拌机中混合均匀,并杀菌消毒,即可得到天然抗衰老面膜液。

原料配伍 本品各组分质量份配比范围为:枸杞子 40~45,三七 36~42,五味子 18~24,刺五加 17~19,上清液 60~70,山梨醇 10~12,海藻酸钠 14~16,抗坏血酸 4~8,400 目竹纤维 18~22。

产品应用 本品是一种天然抗衰老面膜液。

应用方法:将本产品所得的天然抗衰老面膜液与 30~35℃的水按体积比 1:1 混合均匀,首先使用水将脸洗净,早晚各一次使用混合均匀的混合液均匀涂敷于脸部,早上涂敷 10~15min 后使用清水将其洗净,晚上涂敷无须清洗,10~15 天后检测,皮肤变得柔软光滑,充满弹性,同时面膜液无味,耐温为 -15~45℃,抗衰老性比传统面膜提高 35%~45%。

产品特性

(1) 本产品对皮肤无刺激,抗衰老显著;

(2) 本产品增强人体机体免疫功能,促进新陈代谢,使肌肤的含氧量大幅上升,皮肤变得柔软光滑,充满弹性。

配方 44 抗衰老化妆品组合物

原料配比

原料	配比(质量份)		
	1#	2#	3#
沙漠座莲提取物	3	5	4
吴茱萸提取物	3	5	4
欧蓍草提取物	3	5	4
雪莲提取物	3	5	4
竹叶黄酮	0.03	0.05	0.04
α-葡聚糖	0.1	0.3	0.2
鼠李糖半乳糖醛酸聚糖	0.1	0.3	0.2
谷氨酸	0.3	0.5	0.4
甜杏仁油	1	3	2
金属硫蛋白	0.01	0.03	0.02
咖啡因	0.01	0.03	0.02
火龙果酵素	0.3	0.5	0.4
熊果酸	1	3	2
富醚斯金	0.01	0.03	0.02
维生素 E	1	3	2
卵磷脂	3	8	5
辛酸癸酸聚乙二醇甘油酯	15	20	17
1,2-丙二醇	3	5	4
肉豆蔻酸异丙酯	8	12	10
去离子水	加至100	加至100	加至100

制备方法

(1) 按上述质量份称取各组分后，将竹叶黄酮、α-葡聚糖、鼠李糖半乳糖醛酸聚糖、金属硫蛋白、咖啡因、火龙果酵素及富醚斯金加入去离子水中混合均匀，得水相。

(2) 将沙漠座莲提取物、吴茱萸提取物、欧蓍草提取物、雪莲提取物、谷氨酸、甜杏仁油及维生素 E 加入肉豆蔻酸异丙酯中混合均匀，得油相。

(3) 将熊果酸、卵磷脂、辛酸癸酸聚乙二醇甘油酯及 1,2-丙二醇混合均匀，得乳化剂/助乳化剂混合物。

(4) 将水相和乳化剂/助乳化剂混合物混合并超声振荡 10～30min，加入油相，超声振荡至呈均一透明乳液，即得用于抗衰老的化妆品组合物。超声振荡温度为 10～30℃。控制振荡温度以保护各种不耐热的抗衰老活性因子。

原料配伍 本品各组分质量份配比范围为：沙漠座莲提取物 3～5，吴茱萸提取物 3～5，欧蓍草提取物 3～5，雪莲提取物 3～5，竹叶黄酮 0.03～0.05，α-葡聚糖 0.1～0.3，鼠李糖半乳糖醛酸聚糖 0.1～0.3，谷氨酸 0.3～0.5，甜杏仁油 1～3，金属硫蛋白 0.01～0.03，咖啡因 0.01～0.03，火龙果酵素 0.3～0.5，熊果酸 1～3，富醚斯金 0.01～0.03，维生素 E 1～3，卵磷脂 3～8，辛酸癸酸聚乙二醇甘油酯 15～20，1,2-丙二醇 3～5，肉豆蔻酸异丙酯

8~12，去离子水加至 100。

产品应用 本品是一种用于抗衰老的化妆品组合物，可以按所需量添加在各种面霜、面膜等抗衰老化妆品中，兼容性与配伍性好，应用范围广，也可作为抗衰老产品直接使用。

产品特性

（1）本品采用全方位的配方组合，加入多种特殊成分，将各有效成分有机配伍形成纳米微乳液体系，无须添加任何防腐剂，无刺激性，使用安全性、稳定性和外观感好，对皮肤刺激小，无油腻感，能快速渗透皮肤，通过各种有效成分合理搭配，共同协同和联合增效，从而达到延缓皮肤衰老和美容的功效；

（2）通过对溶媒的种类的调配，将不同来源、不同理化特性的抗衰老功效成分有机配伍成一种纳米微乳液体系，纳米微乳液具有良好的透皮渗透性和稳定性，因此有效解决了功效成分和生物活性物质透皮吸收困难以及稳定性差的技术问题。

参考文献

中国专利公告
CN-201110250112.9
CN-201110325644.4
CN-201010276017.1
CN-201010276056.1
CN-201010188180.2
CN-201110040370.4
CN-201110256654.7
CN-201010563205.2
CN-201010577168.0
CN-201110325649.7
CN-201110233407.5
CN-201710753838.1
CN-201710848760.1
CN-201410197898.6
CN-201610034337.3
CN-201610569722.8
CN-201610099156.9
CN-201710391557.6
CN-201510950720.9
CN-201410598151.1
CN-201610890610.2
CN-201410323565.3
CN-201610264556.0
CN-201610799618.8
CN-201611241507.1
CN-201610552682.6
CN-201210492287.5
CN-201410185388.7

CN-200810158996.3
CN-201010022048.4
CN-201010568177.3
CN-201110227336.8
CN-201110048869.X
CN-201110198166.5
CN-201010211715.3
CN-201010292214.2
CN-201110271215.3
CN-201010559303.9
CN-201010219051.5
CN-201010535817.0
CN-200910021991.0
CN-201510258989.0
CN-201510674890.9
CN-201510746963.0
CN-201610768736.2
CN-201510711991.9
CN-201610352225.2
CN-201610352157.X
CN-201610355949.2
CN-201610345909.X
CN-201610345924.4
CN-201610348441.X
CN-201610613626.9
CN-201610037508.8
CN-201710134445.2
CN-201510173817.3
CN-201610987727.2

CN-201710261734.9
CN-201710537678.7
CN-201710046314.9
CN-201611209653.6
CN-201510803008.6
CN-201510538993.2
CN-201410324122.6
CN-201610538995.6
CN-201510793366.3
CN-201710364718.2
CN-201610.19081.0
CN-201410176978.3
CN-201510012087.9
CN-201610490027.2
CN-201510799141.9
CN-201610741980.X
CN-201710007079.4
CN-201710187739.1
CN-201611057564.4
CN-201610748921.5
CN-201410048897.5
CN-201510793627.1
CN-201510297298.1
CN-201510182649.4
CN-201610189191.X
CN-201611237337.X
CN-201610484419.8
CN-201610208940.9